修科生として海上保安大学校で教育を受ける。私は、そこで、彼らに刑法の基本を中心に教えた。ところが、担当はそれだけではなかった。特徴的なのは、「幹部研修」といって、一旦現場に出て経験を積んだ幹部（現場の課長クラス）昇任直前の腕利きの海上保安官を一年に二回、それぞれ二か月ほど集めて、講義のほか、海上犯罪や航行安全に関する事例研究や課題研究を班ごとに行うのであるが、これを七年間担当した。これが実におもしろい。錚々たる海の男を相手に、現場の実例に理論を当てはめつつ、あらゆる角度から検討を加えていくのである。これこそ本来の実務研究であり、現場感覚に裏付けられた鋭い質問（これは研修終了後も続いたのだが）が飛んできて、時間を忘れて調べたり、当直（これは学生のための当直であった）で寮に泊まるときには、議論が深夜に及ぶことも稀ではなかった。報告書をまとめるころには、何ともいえない充実感が湧いてきた。今でも、当時の研修生の熱い眼差しが思い出される。

このような環境の中で、最初に学問的関心を抱いたのは、やはり海難事故と過失犯との関係であった。当時、法益論も研究していたので、海洋環境をめぐる犯罪にも大きな関心を抱いていたが（現在でもそうである）、過失犯の研究は、わが師である井上祐司教授およびその師である井上正治博士の影響もあって、私の頭の中では特別な地位を占めており、何とか自分なりの過失犯研究ができないものかと思案していたので、海難事故、とりわけ海上交通事故は、格好の研究素材であった。ちょうどそのころ、ドイツの刑法および法哲学の碩学であるアルトゥール・カウフマン博士の大著 Das Schuldprinzip. Eine strafrechtlich-rechtsphilosophische Untersuchung. 2 Aufl. 1976 の翻訳中であり、責任原理を基調としたこの書を何とか理解し切れば、日本の刑法学会および実務に一定のインパクトを与えられるのではないかと思い、基礎理論の研究にも力を入れていたが、難解な書を前に翻訳は遅々として進まず、江田島に沈みゆく夕日を研究室から眺めながら嘆息すること、しばしばであった（この翻訳『責任原理——刑法的・法哲学的研究――』は、結局一六年の歳月をかけ、二〇〇〇年の一月に九州大学出版会から刊行された)。しかし、大國教授の励ましもあり、まずは海上交通事故と過失犯について判例研究や実証的研究を深めることを優先した。両井上先生も、実は、過失犯の理論的研究と並行して実証的研究をされていることに気付いたことも大きい(井上正治博士の代表作『過失犯の構造』(一九五八年・有斐閣)の第一章は「過失事故の刑事学的構造――自動車事故にちなんで――」であり、また同『判例にあらわれた過失犯の理論』(一九五九年・酒井書店)は徹底的に判例を分析したものであり、さらに井上祐司教授の代表作『行為無価値と過失犯論』(一九七三年・成文堂)の最後の補論は「踏切事故の実態――その刑法的処理状況の分析――」である)。

こうなると、好奇心の強い私は、大國教授の影響を受けて、しばしば現場に足を運んだ。海上保安庁の巡視船や巡視艇の協力を得て、地元の瀬戸内海はいうに及ばず、東京湾、伊勢湾、舞鶴湾から北陸沖等の海上交通の実態をこの目で調査した。事件があった海域では、関係者から詳細に話を聞くことができた。とりわけ、一九八八年に世間の注目を集めた潜水艦なだしおと遊漁船第一富士丸の衝突事件が起きたときは、しばらくして海上保安庁の羽田航空基地のヘリコプターで上空から衝突現場の説明を受けることができ、研究が深まったと同時にその事故の悲惨さを改めて感じたことであった。また、海難救助の大変さと重大さを思い知らされた。さらに、刑事事件としての処理が個別事情を十分に汲み取ったものであることも実感した。その中で、まずは(当然のことだが)事実を事実として受け止めることの重要性を再認識させられた。「海事刑法」という分野を開拓しようと決意したのは、そのころであり、その後、広島大学に移ってからも、その基本姿勢は変わっていない。瀬戸内海をはじめ、フェリーや釣り船に乗るときも、飛行機から海上を眺めるときも、海上交通の実態にいつも関心を持つようになった。

こうしてまとめた成果は、ようやく一九八九年六月一〇日に第六七回日本刑法学会(於北海道大学)において「海上交通事故と過失犯論」という題目の報告で日の目をみることになったのである。これは、論文として刑法雑誌三〇巻三号（一九九〇年）に掲載されたが（本書第1章の元になったもの）、大谷實教授には、その「編集後記」において、「伝統的過失論に立脚しながら、豊富な資料および判例を駆使して、海上交通事故という特殊な分野に研究の光を当てたものである。おそらく刑法学者によるこの分野の初めての本格的研究であり、その論旨に対する賛否はともかくとして、今後、この問題に関する必読文献となるであろう」、と評価していただいた。また、さらに心強かったのは、研究者としても優れた研究を残しておられる米田桊邦弁護士が、法律時報六五巻一一号（一九九三年）の「刑事法学の動き」で四頁（一二三頁―一二六頁）にも亘ってこの論文を取り上げて下さったことである（これは後に、米田桊邦『機能的刑法と過失』（一九九四年・成文堂）一五〇頁以下に収められている）。米田弁護士は、その後も私の研究に多大の関心を持って下さっているが、今日までこの研究が続いたのは、その励ましによるところが大きい。この場をお借りして心より謝意を表したい。

さて、本書は、その後に書いたものも含めて、新しい資料や文献に差し替えたほか、大幅な加筆修正を加え（とはいえ若干の重複は避けがたい）、書き下ろしの序章を受けて、第一部に海上交通事故に関するもの（第1章から第6章）、第二部に艦船覆没・破壊罪に関するもの（第7章および第8章）を配列し、終章も書き加え、書名も『海上交通犯罪の研究』とした。それは、海上交通事故と公共危険罪である艦船覆没・破壊罪をまとめて考察することにより、過失犯の研究というだけではなく、海上交通犯罪をトータルに捉えて、これを「海事刑法」という研究分野のひとつとして位置づけ、将来、「海事刑法」を確立したいからにほかならない。本書に基本原理として貫かれているのは、人間の本質存在に根差した「責任原理」である。責任原理ないし責任主義は、行為主義や罪刑法定主義と並んで、近代刑法の基本原理であり、これは、学説のみならず実務においても貫徹されなければならないものであると考える（この点については、甲斐克則「責任原理の基礎づけと意義――アルトゥール・カウフマン『責任原理』を中心として――」横山晃一郎先生追悼論文集『市民社会と刑事法の交錯』（一九九七年・成文堂）七九頁以下、同「『認識ある過失』と『認識なき過失』――アルトゥール・カウフマンの問題提起を受けて――」『西原春夫先生古稀祝賀論文集　第二巻』（一九九八年・成文堂）一頁以下、同「過失『責任』の意味および本質――責任原理を視座として――」刑法雑誌三八巻一号（一九九八年）一頁以下参照）。被害者に思いを馳せることが重要であると同様、被害の甚大さから社会感情だけで刑罰を科してはならない点にも留意する必要がある。本書では、とりわけ海上交通事故の基本形態ともいうべき事例はだいたい取り上げて検討したし、過失犯や危険犯の理論的な検討・考察も試みた。本書が、刑事法の研究者のみならず、交通法の研究者、海上保安官、海難審判の関係者、法曹関係者等に幅広く読まれて、海上交通犯罪に関する理解が広まれば、望外の幸せである。もちろん、なお検討したい海上交通犯罪の問題もあり、その他の海難事故の分析、海洋環境犯罪の研究、漁業犯罪の研究等をまとめる仕事も残されているが、それは他日を期したい。とりあえず、本書『海上交通犯罪の研究』を『海事刑法研究第一巻』として上梓し、新たに第二巻以降の刊行を目指したい。

なお、本書が完成するにあたっては、多くの方々の支援を得た。何よりも、大國仁教授（海上保安大学校名誉教授、現・岡山商科大学教授）には、これまでも述べてきたとおり、有形・無形にお世話になった。大國教授との出会いがなければ、この研究は、出発点にも立てなかったであろう。また、故伊藤寧教授も、海上保安大学校での私の前任者として、退官後も海上犯罪について数多くの示唆を賜った。ちょうど、本書の第2章の元となっているのは、もともと大國教授の退官記念を祝して書かれたものであり、第7章の元となっているのは、もともと故伊藤教授の追悼論集に書かれたものである。このような事情もあり、本書を大國教授と故伊藤教授に献じることにしたい。さらに、大学院時代からの畏友であり、私の学問上の最も良き理解者である海上保安大学校の松生建教授には、当初の研究段階から、いつも貴重なご意見を賜った。さらに、海上保安大学校の北川佳世子助教授には、本書の構成について相談に乗っていただいたり、新たな資料を提供していただいたりした。このお二人にも、心より感謝申し上げたい。その他、現場調査（特に「刑事過失論の総合的研究――責任原理を視座として――」と題する研究に対する平成九年度および一〇年度文部省科学研究費補助金による援助はこの調査に大いに役立った）に際してご協力いただいた各地の海上保安部の方々にもこの場をお借りして御礼申し上げたい。

最後に、出版に際しては、阿部耕一社長、土子三男編集部長をはじめとする成文堂の方々に格別のご配慮を賜った。深く感謝申し上げたい。とりわけ本書の刊行を熱心に勧めて下さった本郷三好編集部次長には、本書が迅速に出版できるように最大限のご配慮をしていただいたことに対して厚く御礼申し上げたい。

二〇〇一年七月

広島大学法学部の研究室から瀬戸内海の潮騒を心で聞きつつ

甲　斐　克　則

【初出一覧】

（本書ではいずれもかなりの加筆修正を施してあるが、参考までに初出一覧を掲げる）

序　章　書き下ろし

［第1部］海上交通事故

第1章　海上交通事故と過失犯論　刑法雑誌三〇巻三号（一九九〇年）

第2章　船舶衝突事故と過失犯論――なだしお事件判決に寄せて――

片山信弘＝甲斐克則編『海上犯罪の理論と実務――大國仁先生退官記念論集――』（一九九三年・中央法規出版）

第3章　船舶衝突事故と信頼の原則――典型事例研究――　一部加筆

・狭水道における船舶衝突死傷事故につき信頼の原則が否定された事例（フェリーふたば・貨物船グレート・ビクトリー号衝突事件）海上保安大学校研究報告三四巻二号（一九八九年）

・東京湾の中ノ瀬航路出口付近で起きた船舶衝突事故につき大型タンカーの船長の過失が認められた事例（タンカー第拾雄洋丸・貨物船パシフィック・アレス号衝突事件）海上保安大学校研究報告三五巻一号（一九八九年）

・漁船同士の衝突事故について信頼の原則が否定された事例（漁船第二源盛丸・漁船えり丸衝突事件）海上保安大学校研究報告三六巻二号（一九九一年）

第4章　船舶転覆事故と過失犯論――典型事例研究――　一部書き下ろし

・構造上欠陥を有する貨物船の転覆事故につき船長の過失責任が認められた事例（津久見丸事件）海上保安大学校研究報告三五巻二号（一九九〇年）

第5章　瀬渡し船の事故と過失犯論――いわゆる「危険の引受け」論を顧慮しつつ――　副題付加・加筆修正

海上保安問題研究会編『海上保安と海難』（一九九六年・中央法規出版）

第6章　エンジン始動に伴う船舶事故と監督過失――漁船第一五喜一丸事件を素材として――　改題・加筆修正
・潜水作業中に機関長がエンジンを始動させたため潜水夫が死亡した場合において、信頼の原則を根拠に船長に対し業務上過失致死の責任が否定された事例（漁船第一五喜一丸事件）　海上保安大学校研究報告三六巻一号（一九九〇年）

［第二部］　艦船覆没・破壊罪

第7章　艦船覆没・破壊罪の考察――汽車・電車転覆・破壊罪と対比しつつ――
姫路法学二七・二八合併号（一九九九年）

第8章　公海上の船舶覆没行為と刑法一二六条二項の適用　改題・加筆修正
・刑法一条二項にいう「日本船舶」にあたるとされ、かつ公海上における船舶覆没行為につき刑法一条二項により同法一二六条二項の適用があるとされた事例（第三伸栄丸事件）　海上保安大学校研究報告三三巻一号（一九八七年）

終　章　書き下ろし

目次

第二部　艦船覆没・破壊罪

序章

一　日本は四面を海に囲まれた海洋国であり、海は、古来より海上交通や漁業をはじめとする生活の場として人々に活用されてきた。一方で、そこには当然というべきか、海を場とする独自の犯罪も多く発生している。しかし、刑事法学者の目は、あまり海に向かわない。普段、海と関わりない生活をしていれば、そして、大陸法の典型といえるドイツ刑法の影響を多大に受けてきたことからすれば、これも無理からぬことである。しかし、刑法理論も、海から眺め直すと、新たな発見も多い。交通犯罪然り、過失犯然り、危険犯然り、環境犯罪然り、国際刑法また然り。さらに、手続法でも同様のことがいえる。

本書は、このような問題意識から、海上交通犯罪に着眼して、これを刑法理論的観点から分析・検討しようとするものである。

二　交通犯罪も、通常は陸上の交通事故、とりわけ自動車交通事故が中心に論じられる。それは、事故の量的関係からして当然のことである。そして、自動車交通事故を素材とした立派な研究書もいくつか公刊されてきた。(1) また、件数が少ない航空機事故についても、研究書が公刊されている。(2) しかし、海上交通事故をはじめとする海上交通犯罪の本格的研究書がまだ刊行されていないのは、寂寞の感がある。(3) 本書は、この問題に関心を持ち続けている刑法研究者の使命感・責任感の表出として、なお不十分なところがあることを自覚しつつも、『海上交通犯罪の研究』として敢えて世に問おうとするものである。

歴史的にみれば、交通手段としては、船舶による海上交通の方が圧倒的に古く、長い伝統があり、そしてそれゆえに様々な海難事故が起きている。(4) 大きな海難事故として、例えば、一九一二年四月に大西洋で氷山に衝突して起きた世界的に有名な豪華客船タイタニック号（総トン数四六、三〇〇トン、全長二六五メートル、幅二八メートル）の沈没事件は、死者一、五〇三名という大惨事となり、当時最新鋭の大型客船の事故であっただけに世界中を驚かせたし（この事件は映画によっても語り継がれている）、国内では、後述のように、古くは一九五五年五月一一日に濃霧の瀬戸内海で起きた国鉄宇高連絡船第三宇高丸と紫雲丸との衝突事故があり、乗客・乗員合わせて一六六名死亡、乗客五七名負傷という大惨事となり、比較的最近の事件としては、一九八八年七月二三日に東京湾で起きた潜水艦なだしおと遊漁船第一富士丸の衝突事件があり、死者二九名、負傷者一六名という大惨事となった。これらの大惨事を前にすると、刑事責任の問題を検討することは、一見すると些事であるような気もするが、それにもかかわらず、責任の所在を明確にすることなく、政策論だけを展開するわけにもいかないであろう。

また、海難事故は多様であって、船舶の衝突や転覆といった典型的な過失事故のほか、船舶火災、スキューバダイビングや水泳等の最中での事故、さらには保険金目当ての船舶覆没・破壊といった故意海難もある。これらをすべて一書で取り上げて検討することは不可能である。残された海難事故の検討は、その他の海上犯罪である漁業犯罪、海洋環境犯罪、密輸・密航犯罪等も含め、今後継続してまとめていくこととする。本書を敢えて『海事刑法研究第一巻』とした所以である。

三　そこで、本書では、全体を二部に分けて、第一部で狭義の海上交通事故を取り上げ、第二部で艦船覆没・破壊罪を取り上げることとする。第一部では、第1章において総論ともいえる「海上交通事故と過失犯論」を論じた。これによって、海上交通事故の実態および刑事学的位置づけ、さらには過失犯一般および海上交通事犯に対する筆者の基本的考えと基本的アプローチが理解されるであろう。それは、一言でいえば、基本的には過失を責任段階で考える旧過失論に立脚しつつ、「責任なければ刑罰なし」という原理を実質化した実質的責任原理に根差した過失犯論であるといえる。(5) それを受けて、第2章「船舶衝突事故と過失犯論——なだしお事件判決に寄せて——」では、衝撃的事件となった潜水艦なだしおと第一富士丸の衝突事件の判決を中心に理論的観点から詳細に分析・検討した。また、第3章「船舶衝突事故と信頼の原則——典型事例研究——」では、船舶衝突事故において信頼の原則が適用可能な場面を探るため、典型事例を取り上げて検討を加えているし、第4章「船舶転覆事故と過失犯論——典型事例研究——」では、船長の過失責任と運航管理者の過失責任の在り方を探るため、典型事例を取り上げて検討を加えている。いずれも各事件の個別事情を十分に考慮する内容となっている。事実の概要もかなり詳細になっているのは、前述の理由のためである。第5章「瀬渡し船の事故と過失犯論——いわゆる『危険の引受け』論を顧慮しつつ——」では、日本でも最近議論が盛んになった被害者の「危険の引受け」ないし「自己答責性」の問題を意識しつつ、瀬渡し業者の過失責任について論じた。これによって、日本でも海上においてはこの種の事例が一定数あることを広く知ってもらい、今後の議論の素材としていただきたい。第6章「エンジン始動に伴う船舶事故と監督過失——漁船第一五喜一丸事件を素材として——」では、海上交通の特性を示すともいえるエンジン始動に伴う船舶の過失事犯の処理について監督過失を中心に考察した。

第二部は、故意海難である艦船覆没・破壊罪について考察を加えた。第7章「艦船覆没・破壊罪の考察——汽車・電車転覆破壊罪と対比しつつ——」では、立法史的展開と判例分析を素材としつつ、公共危険罪である艦船覆没・破壊罪（刑法一二六条二項）の罪質および「破壊」概念について理論的考察を加えた。本罪は、厳密には海上交通犯罪の枠を超える公共危険罪であるが、海上交通犯罪との関係も緊密な罪であるため、本書での考察の対象とした。これは、（業務上）過失往来危険罪（刑法一二九条）にも当てはまる問題でもある。第8章「公海上の船舶覆没行為と刑法一二六条二項の適用――第三伸栄丸事件を素材として――」では、海上交通犯罪が国際問題と関わる部分があることから、刑法一条二項にいう「日本船舶」とは何か、公海上における船舶覆没につき刑法一条二項により一二六条二項の適用が可能かについて、第三伸栄丸事件を中心素材として理論的検討を加えた。

四　なお、海上交通事故への対応として、厳罰主義だけでは限界があることも自覚しておかなければならない。(6) これは、船舶安全法、船舶職員法、船員法、船舶法、海上交通安全法、港則法等の海上交通法規ないし海事関係法令（海上衝突予防法は罰則がないので除外する）にも妥当する。(7) 海上保安庁の報告(8)によれば、平成一二年（二〇〇〇年）の海事関係法令違反の送致件数は、三、〇六八件であり、平成八年（一九九六年）以後をみても、年々減少している。(9) これは、取締りによる厳罰化というよりも、プレジャーボートの増加に伴い、安全確保のための行政指導重視への転換があったのではないかと推測される。(10) かつて、行政監察局もその旨を指摘していたが、(11) 妥当な傾向と思われる。読者は、このような背景にも留意して本書を読んでいただきたい。最終的には、犯罪として処罰に値するものを適正に処罰すれば足りる、ということになる。

（1）　代表的なものとして、西原春夫『交通事故と信頼の原則』（一九六九・成文堂）、同『交通事故と過失の認定』（一九七五・成文堂）、大塚仁『自動車事故と業務上過失責任』（一九六四・日本評論社）がある。なお、本書では、原則として初出の場合にかぎり書籍の出版社名を記し、以後は省略することとする。

（2）　土本武司『航空事故と刑事責任』（一九九四・判例時報社）。

（3）　もっとも、実務家による貴重な研究として、荒木紀夫『海上交通事犯に関する研究』法務研究報告書六〇巻二号（一九七二）がある。しかし、判例の整理が主な内容であり、理論的分析まではなされていない。

（4）　重大海難事例については、福島弘『海難防止論』（一九七二・成山堂）二〇九頁以下および渡辺加藤一『海難史話』（一九七九・海文堂）参照。また、海難関係の判例集として、海上保安大学校海難刑事判例研究会編集『海難刑事判例集』（一九八二・東京法令）、同『新・海難刑事判例集』（一九九九・東京法令）がある。本書でも、これを判例の典拠として引用している。なお、日本の古代から江戸時代までの海上交通関係の歴史を分析したものとして、住田正一『日本海法史』（一九八一・五月書房）がある。

（5）　詳細については、甲斐克則「責任原理の基礎づけと意義――アルトゥール・カウフマン『責任原理』を中心として――」横山晃一郎先生追悼論文集『市民社会と刑事法の交錯』（一九九七・成文堂）七九頁以下、同「『認識ある過失』と『認識なき過失』――アルトゥール・カウフマンの問題提起を受けて――」『西原春夫先生古稀祝賀論文集　第二巻』（一九九八・成文堂）一頁以下、同「過失『責任』の意味および本質――責任原理を視座として――」刑法雑誌三八巻一号（一九九八）一頁以下参照。Vgl. auch Arthur Kaufmann, Das Schuldprinzip. Eine strafrechtlich-rechtsphilosophische Untersuchung. 2 Aufl. 1976. 邦訳として、アルトゥール・カウフマン『責任原理――刑法的・法哲学的研究――』甲斐克則訳（二〇〇〇・九州大学出版会）参照。

（6）　米田泰邦『機能的刑法と過失』（一九九四・成文堂）一五〇頁以下、特に一六〇頁参照。

（7）　この点について、坂本茂宏「海上交通規制と刑罰」石原一彦＝佐々木史朗＝西原春夫＝松尾浩也編『現代刑罰法大系3　個人生活と刑罰』（一九八二・日本評論社）一三五頁以下参照。

（8）　海上保安庁警備救難部警備第一課『平成12年の犯罪送致状況分析』（二〇〇一年三月）による。

（9）　ちなみに、平成八年は四、五二六件、平成九年は四、三一七件、平成一〇年は四、〇五三件、平成一一年は四、〇二八件である。また、その内訳は、後掲**［別表］**のとおりである。

（10）　『平成一二年版　海上保安白書』は、第三章において「マリンレジャーの事故防止策と救助体制の充実強化」という題目で、プレジャーボートや磯釣りの愛好者にアンケートを実施した結果を分析しており(七七頁以下)、事前の安全指導の強化が報告されている。

（11）　総務庁行政監察局編『海上交通の現状と問題点――総務庁の行政監察結果からみて――』（一九九〇・大蔵省印刷局）一五四頁以下、その他関係各所の勧告参照。

なお、参考までに、「海上交通安全法上の航路及び適用海域図」（海上交通安全法施行令）を掲げておくので、随時参照されたい。

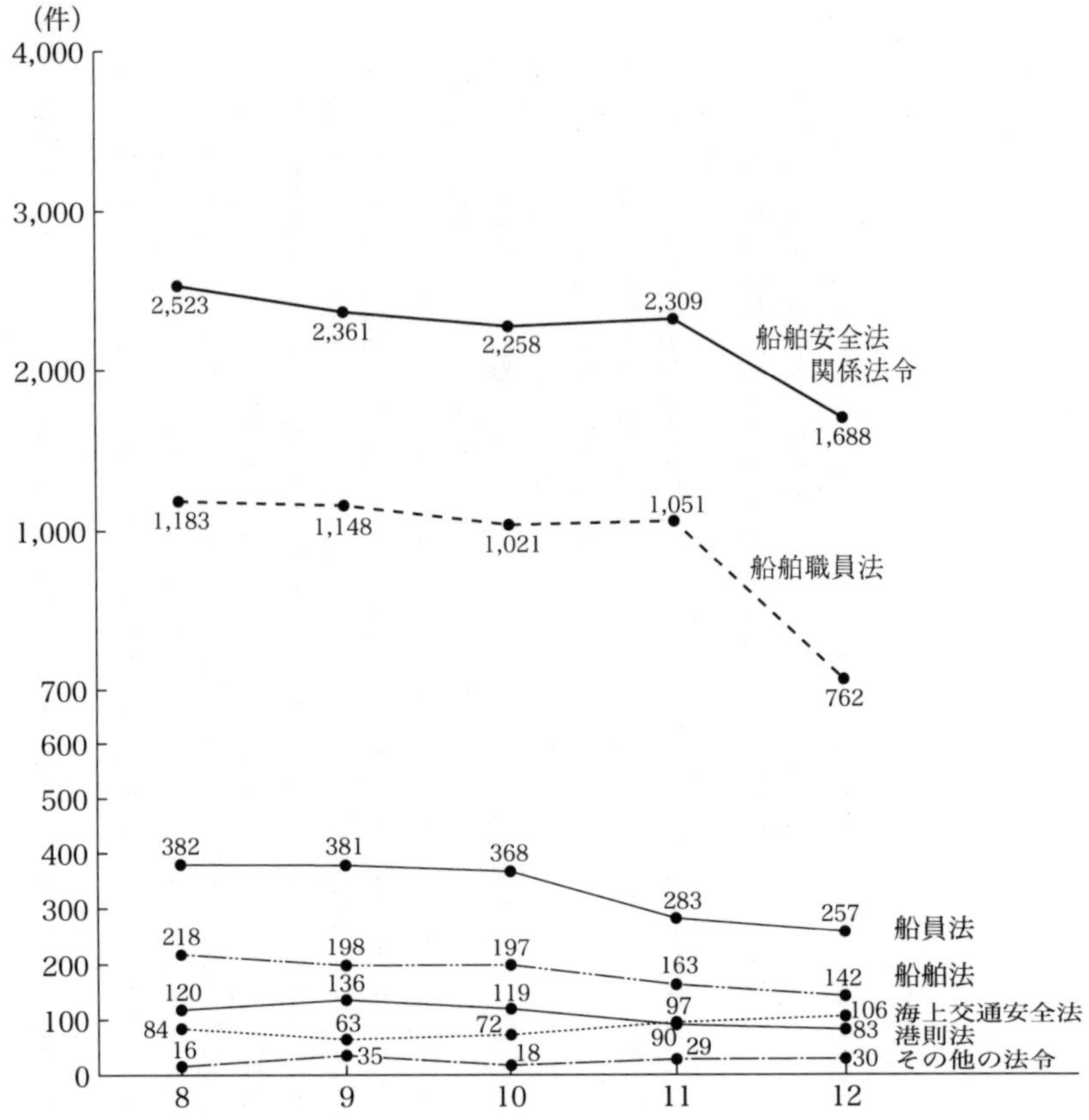

〔別表〕 海事関係法令別送致状況の推移

【初出一覧】

（本書ではいずれもかなりの加筆修正を施してあるが、参考までに初出一覧を掲げる）

序　章　書き下ろし

［第一部］　海上交通事故

第1章　海上交通事故と過失犯論　刑法雑誌三〇巻三号（一九九〇年）

第2章　船舶衝突事故と過失犯論――なだしお事件判決に寄せて――
片山信弘＝甲斐克則編『海上犯罪の理論と実務――大國仁先生退官記念論集――』（一九九三年・中央法規出版）

第3章　船舶衝突事故と信頼の原則――典型事例研究――　一部加筆

・狭水道における船舶衝突死傷事故につき信頼の原則が否定された事例（フェリーふたば・貨物船グレート・ビクトリー号衝突事件）　海上保安大学校研究報告三四巻二号（一九八九年）

・東京湾の中ノ瀬航路出口付近で起きた船舶衝突事故につき大型タンカーの船長の過失が認められた事例（タンカー第拾雄洋丸・貨物船パシフィック・アレス号衝突事件）　海上保安大学校研究報告三五巻一号（一九八九年）

・漁船同士の衝突事故について信頼の原則が否定された事例（漁船第二源盛丸・漁船えり丸衝突事件）　海上保安大学校研究報告三六巻二号（一九九一年）

第4章　船舶転覆事故と過失犯論――典型事例研究――　一部書き下ろし

・構造上欠陥を有する貨物船の転覆事故につき船長の過失責任が認められた事例（津久見丸事件）　海上保安大学校研究報告三五巻二号（一九九〇年）

第5章　瀬渡し船の事故と過失犯論――いわゆる「危険の引受け」論を顧慮しつつ――　副題付加・加筆修正
海上保安問題研究会編『海上保安と海難』（一九九六年・中央法規出版）

第一部　海上交通事故

第1章　海上交通事故と過失犯論

一　序

一　わが国の過失犯論は、いわゆる「過失犯の構造」をめぐる議論を経て、ホテルやデパート等の火災事故あるいは爆発事故等における管理・監督者の刑事過失をめぐる理論的および実践的議論に移行してきているように思われる。(1) もちろんこのことは、「過失犯の構造」をめぐる議論が解決したことを意味するものではなく、むしろ管理・監督者の刑事過失を論じる中で、改めて伝統的過失論、新過失論ないし危惧感説の相互の理論的検証が行われているといえよう。そしてその中で、新たにそれぞれの理論の問題性が明らかにされつつある。例えば、注意義務およびその標準の問題にしても、新過失論の説く客観的注意義務の内容と程度はどのようなものか、伝統的過失論ではいかなる標準でよいのか、という点はなお不明確であるし、(2) 予見可能性の問題にしても、通説の説く具体的予見可能性の内容および程度については必ずしも明確でなく、危惧感説との距離はそれほどないとの指摘や、(3) 予見可能性概念そのものに対する疑念も表明されている。(4) これらの問題は、管理・監督者の刑事過失をめぐる議論において深刻な形で現れている。また、この中にあって、信頼の原則をどう位置づけ、どう適用するのかという問題も、なお争われている。(5)

二　本章では、基本的に伝統的過失論に立脚しつつ、海上交通事故を素材として、これらの問題のうち、特に、注意義務の内容を再検討し、客観的注意義務および信頼の原則の意義を問い直し、併せて具体的予見可能性の内容と限界を少しでも明確にするために「予見の対象」について検討し、予見「可能性」判断の構造を模索することにする。

それでは何故、敢えて海上交通事故をここで素材として取り上げる必要があるのか。いくつかの理由がある。第一に、わが国の新過失論の普及過程を見ると、井上正治博士の研究[6]以来、自動車交通事故の増加に対応しているように思われる。自動車交通事故は、その発生件数といい、被害者数といい、他の過失事犯の比でないこと、学者も実務家も日常経験的にこれに直接的もしくは間接的に関与し、その内容を理解しやすいこと、道路交通環境の整備と相俟って道路交通法規の整備が進み、注意義務規定が数多く明文化されたため、「客観的注意義務」違反があれば過失を認定しやすいこと、しかも新過失論の目玉ともいうべき信頼の原則が受容されやすい素地ができたこと、これらの要因が重なり、新過失論の普及に格好の素材を提供し、他の領域にも浸透しつつ、学説・実務に定着したと考えられる。

ところが、同じ交通事故でも、海上交通事故の場合、発生件数こそ自動車交通事故より少ないものの、古くは一九五五年五月一一日に濃霧の瀬戸内海で起きた貨車航送船第三宇高丸と貨客航送船紫雲丸の衝突事件（死者一六五名、負傷者五七名——高松高判昭和三八・三・一九高刑集一六巻一号一六八頁）や一九八八年七月二三日に東京湾で起きた潜水艦なだしおと遊漁船第一富士丸との衝突事件[7]（死者二九名、負傷者一六名）に代表されるように、一挙に大多数の死傷者を出す大事故をはじめ、大なり小なり毎年相当数発生しており、死傷事故に関してはむしろ個別事情を十分に考慮した判例がかなり見受けられ、少なくとも信頼の原則を正面から適用して無罪とした判例は、これまでのところ見あたらない（実質的に認めたものは大阪高判平成四・六・三〇判タ八三一号二三六頁の一件である）。ある意味で、海上交通事故は、その歴史からも形態からも、交通事故の原型のように思われる。

そこで、第二に、海上交通事故の特性をみると、形態だけでも衝突、転覆、座礁があり、また、気象、海象、海域の特性、脱出方法・救助の困難性、溺死の危険性等、海上における特有の危険性がある。加えて、船舶の大きさも、一トン未満の小型船舶から数万トン以上もの大型船舶まであり、船舶の種類も、客船、貨物船、フェリー、漁船、危険物積載船（タンカー）、プレジャーボート、サルベージ船、巡視船、護衛艦、潜水艦等々、多様（したがって衝突の組合せも多様）であるし、国籍（船籍）も多様である。その他、運航形態をみても、船長が操船する場合もあるし長期航海の場合には当直航海士が操船する場合もあり、危険海域では水先人が付くこともあって、事故があった場合、注意義務の帰属主体は誰かという問題が出てくる。例えば、視界制限状態下で機船クレスト・ユニティー号が汽船第二光洋丸と衝突し、汽船を沈没させ乗員六名が死傷した事件では、水先人に過失責任が認められている（松山地判平成八・一二・九新・海難刑事判例集三三四頁）。しかも、海上衝突予防法、海上交通安全法、港則法等の海上交通法規がこれに関係してくるので、注意義務の内容、信頼の原則、予見可能性の問題等、過失犯論の根本問題にも言及せざるをえない。また、船舶衝突事故と自動車衝突事故とを比較することは刑事学的にも興味深いし、転覆事故では、船長を中心とする船内の組織および陸上の運航管理者を含め、管理・監督者の過失責任を問う契機をそこに含んでいる。衝突、座礁から生じる船舶の火災や爆発まで射程に入れると、因果問題も含め、陸上のホテル火災や爆発事故に匹敵する問題性がそこに潜んでいる。

第三に、日本刑法学会では、これまで海上交通事故に関する本格的研究がほとんどないので、(8) 実践的にも理論的にもその解明が必要である。しかも、筆者自身、日常的に海の事故や犯罪に関する知識・情報・素材を入手しやすい立場にあったことも、この研究に駆りたてる要因になっている。

三　以上の問題意識から、本章では、まず、海上交通事故の実態を解明すべく、刑事学的側面に焦点を当てた考察を加え、つぎに、主要判例の分析を行い、それを参考にしつつ、注意義務の内容および信頼の原則について検討し、予見の対象の問題にも言及して、具体的予見可能性の判断構造を解明する糸口を見いだすこととしたい。(9)

（1）　この点について、三井誠「管理・監督過失をめぐる問題の所在――火災刑事事件を素材に――」刑法雑誌二八巻一号（一九八七）一七頁以下、内藤謙『刑法講義総論(下)Ⅰ』（一九九一・有斐閣）一一七二頁以下、中山研一＝米田泰邦編『火災と刑事責任――管理者の過失処罰を中心に――』（一九九三・成文堂）、「特集・監督過失――火災事故判例を中心に」刑法雑誌三四巻一号（一九九五）五九頁以下、「特集・過失犯理論の総合的研究」刑法雑誌三八巻一号（一九九八）一頁以下、「特集・過失犯論」現代刑事法二巻七号（二〇〇〇）四頁以下等参照。

（2）　これらの点については、松宮孝明「『信頼の原則』による過失限定の意味――(西)ドイツ判例を素材として――」犯罪と刑罰一号（一九八五）九七頁以下、同「『過失の標準』について(一)～(三)」南山法学一一巻一号（一九八七）五九頁以下、同二号四一頁以下、同三号（一九八八）四七頁以下、同「予見可能性と危惧感」同四号二五頁以下参照。なお、これらの論稿は一書にまとめられた（同著『刑事過失論の研究』（一九八九・成文堂））ので、以下の引用は同書による。

（3）　前田雅英・日本刑法学会ワークショップ「監督過失」での発言・刑法雑誌二六巻一号（一九八四）一三三頁。

（4）　山中敬一「過失犯における因果経過の予見可能性について――因果関係の錯誤の問題をも含めて――(一)(二)」関法二九巻一号（一九七九）二八頁以下、二号二五頁以下、特に五八―五九頁、米田泰邦「刑事過失の限定法理と可罰的監督義務違反――北大電気メス禍事件控訴審判決によせて――(一)(二)(三)」判例タイムズ三四二号（一九七七）一一頁以下、三四五号一九頁以下、三四六号三四頁以下、特に「(一)」の一八頁参照。

（5）　例えば、西原春夫「監督責任の限界設定と信頼の原則(上)(下)」法曹時報三〇巻二号（一九七八）一頁以下、三号一頁以下、井上祐司「『監督過失』と信頼の原則――札幌白石中央病院火災事故に関連して――」法政研究四九巻一＝三号（一九八三）二七頁以下参照。

（6）　井上正治『過失犯の構造』（一九五八・有斐閣）、同『判例にあらわれた過失犯の理論』（一九五九・酒井書店）。

(7)　事故の概要については、園部逸夫＝谷川久＝野尻豊＝森島昭夫「『なだしお』と『第一富士丸』の海上衝突事故」ジュリスト九二二号（一九八八）四頁以下、磯田壯一郎「海上交通事故の現状と問題点」同誌二三頁以下、落合誠一「潜水艦なだしおと遊漁船第一富士丸の衝突事故の法律問題」法学教室一〇一号（一九八九）一四頁以下参照。本件の海難審判の裁決および刑事判決については、照井敬「なだしお・第一富士丸衝突事故の海難審判裁決」ジュリスト九四三号（一九八九）九九頁以下、同「なだしお・第一富士丸衝突事件の海難審判第二審裁決の意義」ジュリスト九六六号（一九九〇）七八頁以下、同「なだしお・第一富士丸衝突事故刑事裁判第一審判決の意義」ジュリスト一〇一七号（一九九三）七〇頁以下、甲斐克則「船舶衝突事故と過失犯論――なだしお事件判決に寄せて――」片山信弘・甲斐克則編・大國仁先生退官記念論集『海上犯罪の理論と実務』（一九九三・中央法規）一四七頁以下〔本書第2章〕参照。

(8)　例えば、過失犯の総合的研究論文を収めている日沖憲郎博士還暦祝賀『過失犯(1)(2)』（一九六六・有斐閣）においても、海上交通事犯だけは除外されているし、井上正治・前出注(6)『判例にあらわれた過失犯の理論』でも、わずかに「いか釣漁場における漁船の接触事故防止義務」に関する仙台高判昭和二八・四・一三高刑集六巻三号三三八頁だけしか取り扱われていない。その他では、藤木英雄博士が『注釈刑法(5)各則(3)』（団藤重光編・一九六八・有斐閣）一六七―一六八頁で「船舶の運行に関する注意義務」という項目を、また『刑法各論』（一九七二・有斐閣）一七五―一七八頁で「船舶事故と過失」という項目を設けて論じているほか、別冊ジュリスト『運輸判例百選』（一九七一）および『交通事故判例百選（第二版）』（一九七五）で若干の判例評釈がある程度である。なお、実務家による貴重な研究として、荒木紀男『海上交通事犯に関する研究』法務研究報告書六〇集二号（一九七二）があるほか、解説書として、山根正美『海事法規の判例』（一九八二・成山堂）がある。また、最近では、大塚裕史「無灯火船との衝突事故と信頼の原則」海上保安問題研究編『海上保安と海難』（一九九六・中央法規）二一一頁以下のほか、若干の判例研究が出はじめた。その他、大國仁「船舶往来妨害罪の罪質」海保大研究報告一六巻一号（一九九二）一頁以下、同「交通と刑法」竹内正＝伊藤寧編『刑法と現代社会〔改訂版〕』（一九九二・嵯峨野書院）一六三頁以下、坂本茂宏「海上交通規制と刑罰」石原一彦＝佐々木史朗＝西原春夫＝松尾浩也編『現代刑罰法大系3　個人生活と刑罰』（一九八二・日本評論社）一三五頁以下は、過失犯論自体を扱うものではないが、本章執筆に際して大いに示唆を受けた。

(9)　本章は、第六七回日本刑法学会大会（於北海道大学、一九八九年六月一〇日）において報告した原稿に新たな資料および文献を加え、若干の加筆・修正を施したものであり、作成にあたっては、海上保安大学校の大國仁名誉教授、松生建教授および北川佳世子助教授に貴重なアドバイスを受けた。記して謝意を表する次第である。

二　海上交通事故の刑事学的側面

一　まず、海上交通事故の実態について、海上保安庁発行の各種統計資料に依りつつ概観しておこう。(10)

統計上、海上交通事故は、海難として把握されている。過去五年間をみても、海難の中で典型的なものは、衝突、乗揚（座礁）、機関故障、転覆で、毎年一定程度発生し、多くの場合死傷事故となる（資料①・②参照）。原因は、人為的要因とそれ以外の要因とに分かれるが、過失犯の対象となるべき人為的要因のうち、見張不十分、機関取扱不良、操船不適切がかなり多く、気象・海象不注意、船位不確認、居眠運航などがそれに続く（資料③参照）。他方、人為的要因以外のものでも、不可抗力を除けば、材質構造上の欠陥などは、場合によっては設計者や運航管理者等の刑事責任を問いうる契機を内包していると考えられる。

二　また、事故に遭遇した船舶の大きさと種類についてみると、五トン未満の小型船舶の事故が圧倒的に多く、この中には一トン未満のものが相当含まれている。かつては漁船が圧倒的に多かったが、ブームもあってか平成九年以降はモーターボートを中心とするプレジャーボートの事故が最も多く、次いで漁船、貨物船、その他の一般船舶、タンカー、旅客船の順となっている（資料④・⑤・⑥参照）。なお、旅客船の事故は発生件数こそ少ないものの、ひとたび事故が起きれば被害も甚大であることに注意を要する。他方、漁船の中でも小型漁船の事故が圧倒的に多く、しかも衝突が相当多いことも、わが国の漁業の実情をよく反映していると思われる（資料⑦・⑧参照）。すなわち、小人数で漁ろうに従事しつつ操船にも注意しなければならないので、過労での居眠りや見張り不十分が原因の事故が後を絶たず、加えて漁船の場合、航路が不確定な場合が多いからだと推察される。その発生場所も、三海里未満ないし港内が大半であり(資料⑨参照)、より具体的には海運や漁業の盛んな瀬戸内海がその地形や潮流の複雑さのためか圧倒的に多く、次いで東京湾、伊勢湾と続き、この三海域だけで全国のほぼ三分の一を占めている(資料⑩参照)。

事故の被害状況、特に死亡者、行方不明者をみると、これまた漁船が多い。しかも、以前は件数とは逆に、衝突より転覆による死亡・行方不明が圧倒的に多かったが、平成七年以降は逆転している。いずれにせよ、衝突事故と転覆事故の危険性を物語っている(資料⑪・⑫・⑬参照)。気象・海象(不注意)のほかに、積載オーバーないし定員オーバー、あるいは船舶の構造上の欠陥も転覆原因となることがあり、その場合には、運航管理者の過失責任を問う余地もあると考えられる。なお、刑法犯としての罪名は、送致件数をみるかぎりでは、(業務上)過失往来妨害罪が圧倒的に多く、次いで業務上過失致死傷罪である。(11)

三　以上、海上交通事故の実態を概観したが、要するに、自動車交通事故と比較した場合、過失認定に際して個別的具体的事情を考慮せざるをえない要因がきわめて多いといえよう。確かに、海上交通ルールの基本となる海上衝突予防法はあるが、実態としてはそれは一応の目安にしかならない場合も多く、特に小型船舶と大型船舶では停船の距離感に差があるし、小型のプレジャーボートや漁船の場合、自動車と異なり航路の予測ができず、信頼に足りる事情が限定されるように思われる。また、大きさや外観だけでは旋回圏等の性能が判断できない場合もあり、加えて潮流、海域の特性、夜間航行、漁ろうに従事している船舶なども考慮すると、ますますその感が強い。

なお、前述の三海域(東京湾、伊勢湾、瀬戸内海)には、海上交通安全法により航路が設けられているが(序章参照)、同法三条一項は、漁ろうに従事している船舶にはその適用を除外しているし、港内を規制する港則法三五条では、「船舶交通の妨となる虞のある港内の場所においては、みだりに漁ろうをしてはならない」(傍点筆者)、としか規定していない。海の実態を考慮すると、道路交通法のように詳細な注意義務規定を設けることは、不可能といえよう。

資料①　海難の推移

（単位：隻）（要救助）

	H 2	H 3	H 4	H 5	H 6	H 7	H 8	H 9	H 10	H 11
衝突	404	441	400	363	373	391	412	364	318	382
	(405)	(456)	(400)	(368)	(373)	(391)	(422)	(365)	(319)	(382)
乗揚	374	367	361	317	347	347	297	312	326	351
	(391)	(424)	(370)	(329)	(352)	(355)	(311)	(317)	(332)	(383)
転覆	234	218	185	200	161	131	155	145	172	148
	(263)	(407)	(190)	(268)	(169)	(134)	(193)	(148)	(204)	(179)
火災	114	99	119	114	136	96	134	98	107	110
	(115)	(99)	(119)	(114)	(136)	(108)	(134)	(98)	(107)	(110)
爆発	9	6	3	3	4	1	4	4	3	3
	(9)	(7)	(3)	(3)	(4)	(1)	(4)	(4)	(3)	(3)
浸水	127	114	100	84	105	124	89	70	100	90
	(168)	(252)	(116)	(107)	(109)	(128)	(103)	(73)	(104)	(94)
機関故障	272	285	208	247	224	237	264	264	268	315
	(275)	(287)	(209)	(248)	(224)	(237)	(266)	(264)	(268)	(315)
推進器傷害	132	147	142	123	118	121	127	140	128	126
	(134)	(150)	(144)	(123)	(118)	(121)	(127)	(140)	(128)	(126)
舵故障	23	18	17	16	15	22	25	21	23	39
	(23)	(21)	(17)	(16)	(15)	(22)	(25)	(21)	(23)	(39)
行方不明	3	7	3	1	2	2	3	5	3	3
	(4)	(9)	(3)	(1)	(2)	(2)	(3)	(5)	(3)	(7)
その他	268	228	236	208	225	253	244	242	232	277
	(286)	(259)	(239)	(214)	(229)	(255)	(270)	(243)	(235)	(282)
計	1960	1930	1774	1676	1710	1725	1754	1665	1680	1844
	(2073)	(2371)	(1810)	(1791)	(1731)	(1754)	(1858)	(1678)	(1726)	(1920)

※（ ）内は、台風及び異常気象下の海難を含んだ隻数で、再掲。

(海上保安庁警備救難部航行安全課「平成 11 年における要救助海難及び人身事故の発生と救助状況」6 頁」

資料②　要救助船舶の海難種類別隻数の推移

（台風及び異常気象下のものを除く。）

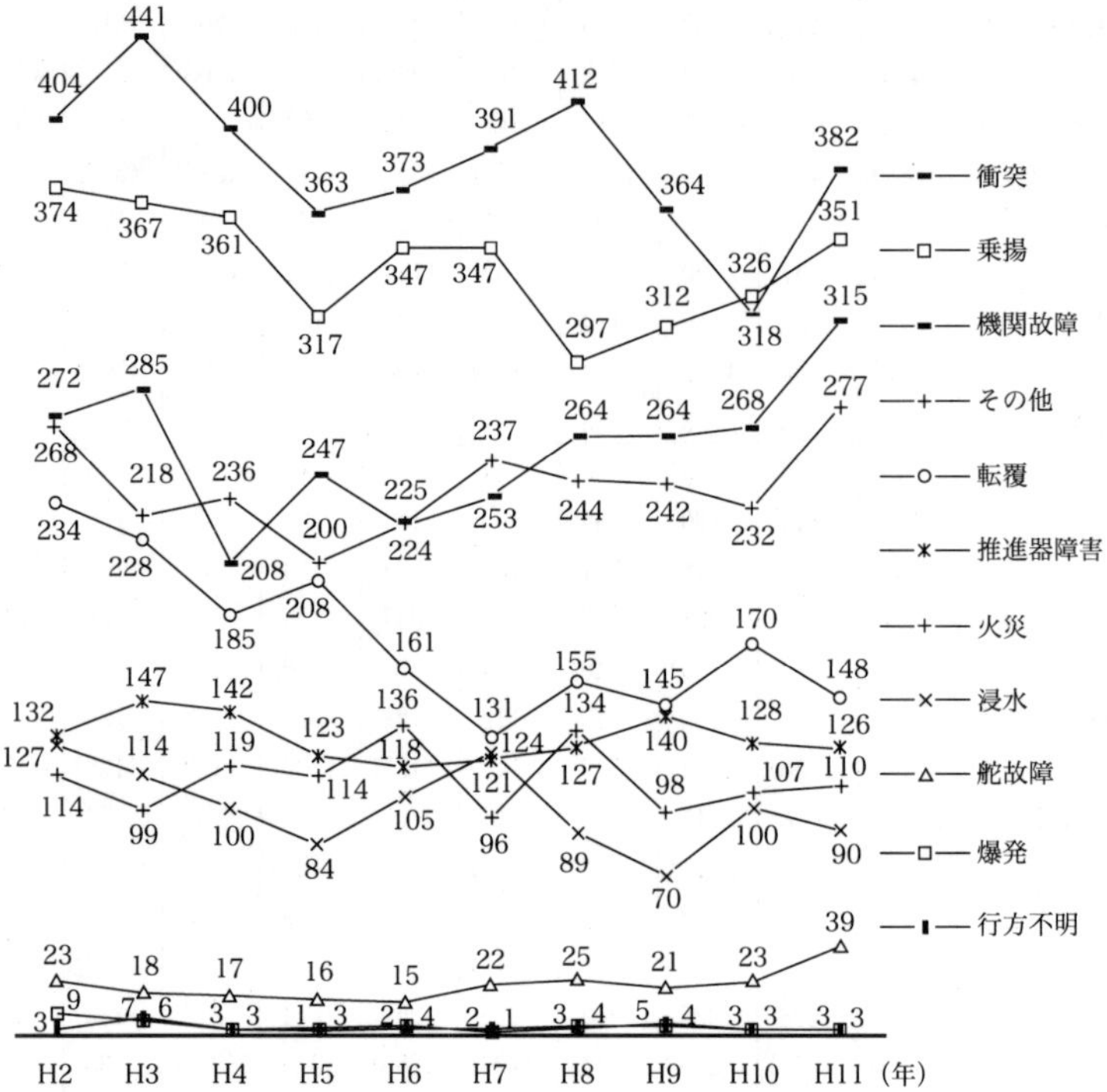

（海上保安庁警備救難部航行安全課「平成 11 年における要救助海難及び人身事故の発生と救助状況」6 頁）

資料③　要救助船舶の原因別隻数

（台風及び異常気象下のものを除く。）

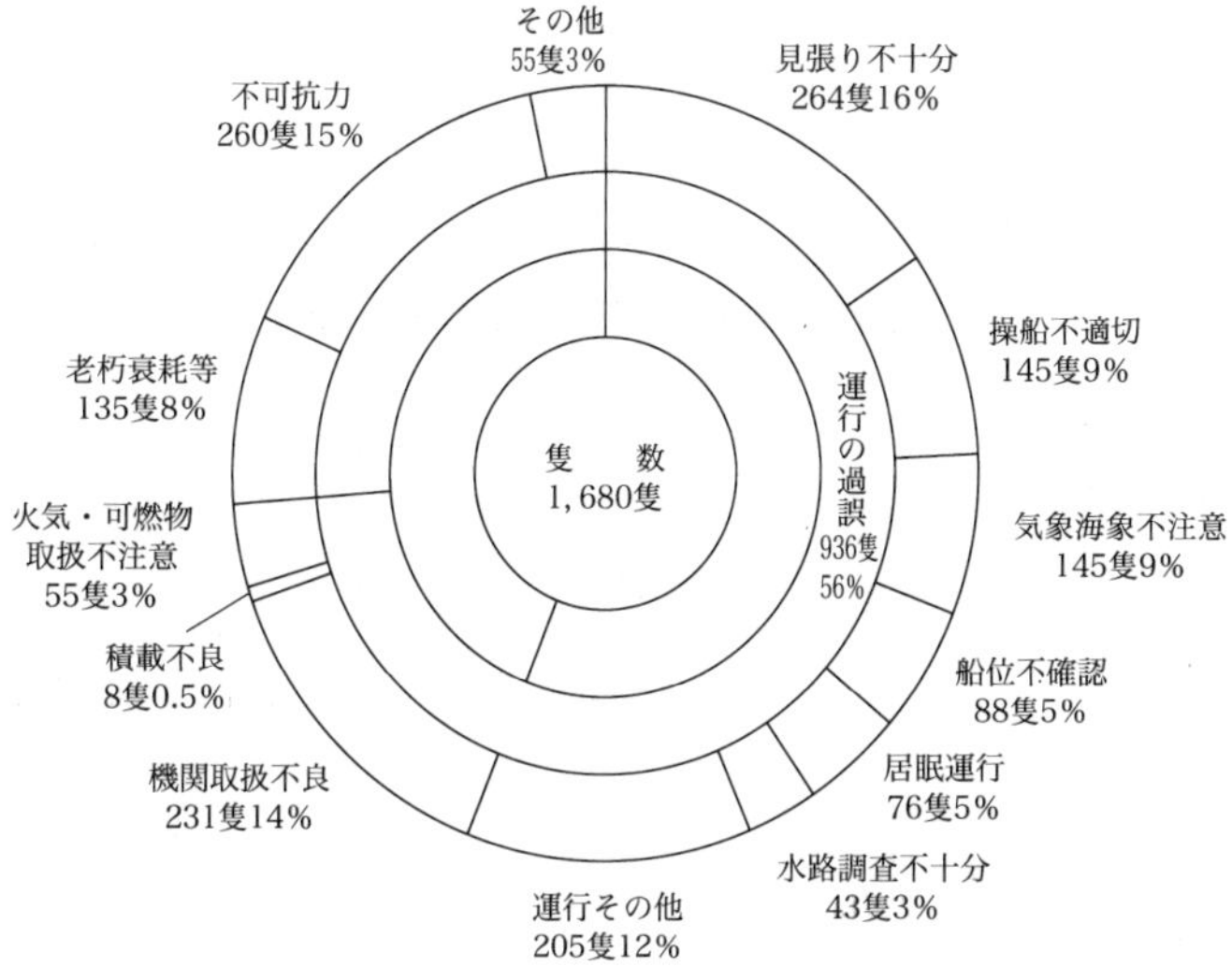

（平成11年版海上保安白書92頁）

資料④　トン数別海難の推移

（単位：隻）（要救助）

	平成4年	平成5年	平成6年	平成7年	平成8年	平成9年
5トン未満	943	980	968	950	1,041	947
5〜20トン	328	320	338	338	324	317
20〜50トン	23	33	28	31	322	27
50〜100トン	65	49	48	54	39	49
100〜200トン	131	113	99	121	115	88
200〜500トン	132	111	105	105	116	88
500〜1千トン	65	52	45	49	36	43
1千〜8千トン	49	48	41	38	72	49
3千〜1万トン	44	55	36	47	55	46
1万〜3万トン	23	17	15	11	16	11
3万〜10万トン	7	12	7	7	11	9
10万トン以上		1	1	3	1	4
計	1,810	1,791	1,731	1,754	1,858	1,678

（平成9年要救助海難統計5頁）

資料⑤　要救助船舶の用途別隻数の推移

（台風及び異常気象下のものを除く。）

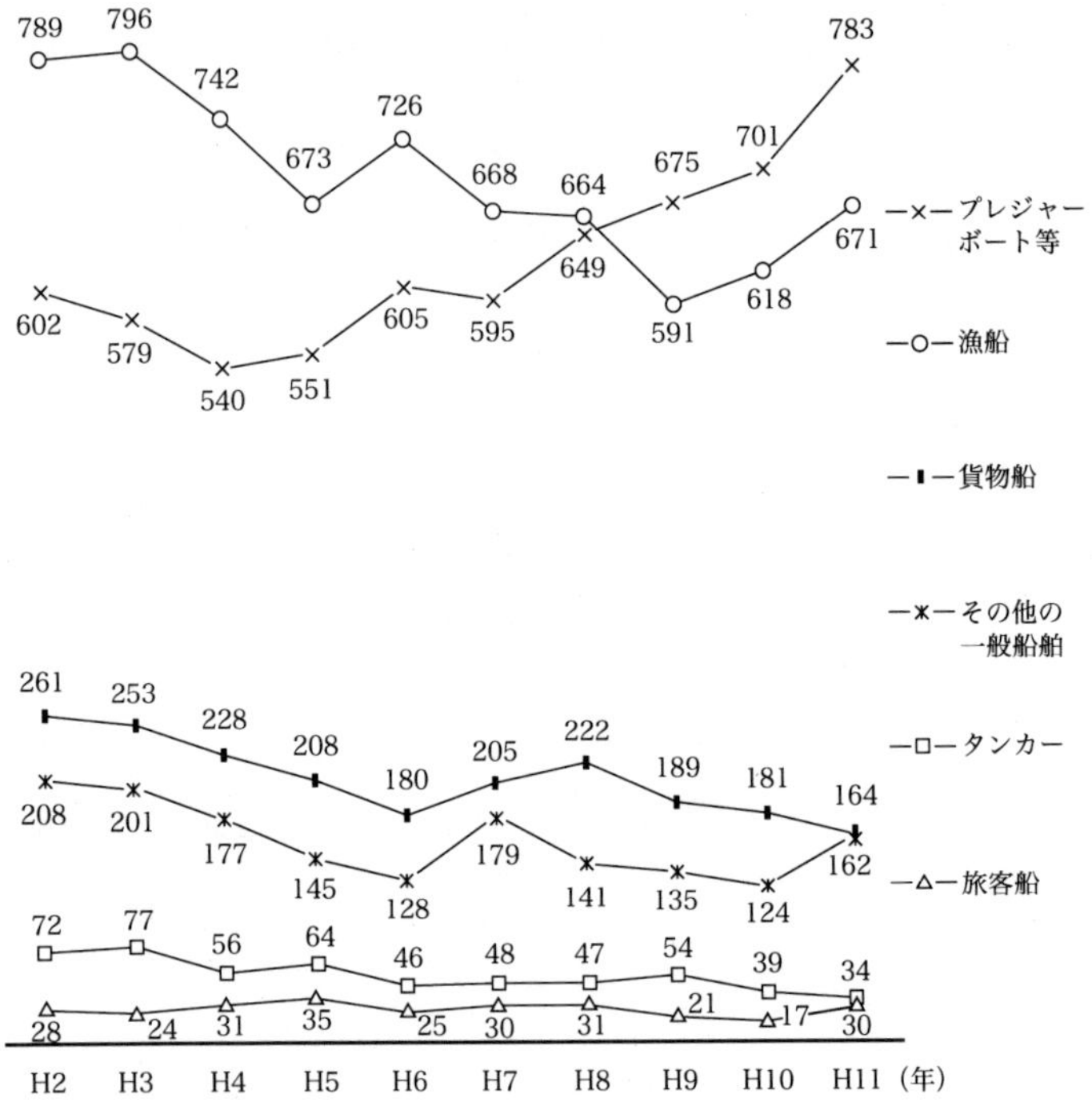

（海上保安庁警備救難部航行安全課「平成11年における要救助海難及び人身事故の発生と救助状況」5頁）

資料⑥　要救助船舶の用途別隻数の推移

（台風及び異常気象下のものを除く。）

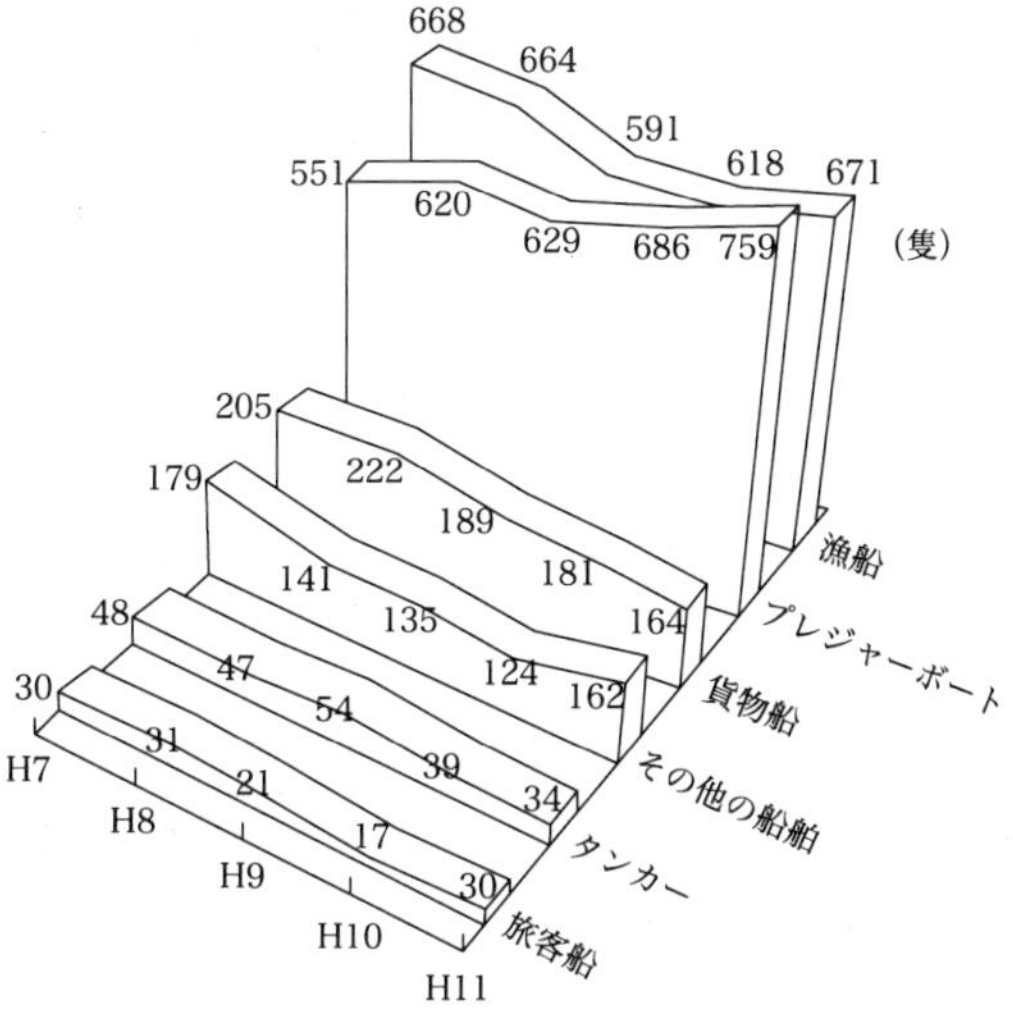

（平成12年版海上保安白書31頁）

資料⑦　漁船海難の推移

（単位：隻）（要救助）

	衝突	乗揚	転覆	火災	爆発	浸水	機関故障	推進器故障	舵故障	行方不明	その他	計
平成4年	207	105	94	66	2	45	68	55	6	2	108	758
平成5年	200	93	116	71		36	66	48	1		101	732
平成6年	189	129	68	98	1	36	66	39	2	2	107	737
平成7年	181	91	62	57		44	68	46	4	2	118	673
平成8年	198	92	78	87	2	22	57	39	4	2	124	705
平成9年	169	101	53	56	1	20	55	35	6	4	96	596

（平成9年要救助海難統計30頁）

資料⑧　漁船のトン数別海難の推移

（単位：隻）（要救助）

	平成4年	平成5年	平成6年	平成7年	平成8年	平成9年
5トン未満	446	447	439	403	427	331
5〜20トン	196	183	194	164	194	181
20〜50トン	12	25	20	21	21	11
50〜100トン	40	30	25	34	11	31
100〜200トン	41	23	34	36	29	26
200〜500トン	22	21	21	12	22	12
500〜1千トン	1		4	1		4
1千〜3千トン		3				
3千〜1万トン				2	1	
計	785	732	737	673	705	596

（平成9年要救助海難統計30頁）

資料⑨　要救助船舶の距岸別隻数の推移

（台風及び異常気象下のものを除く。）

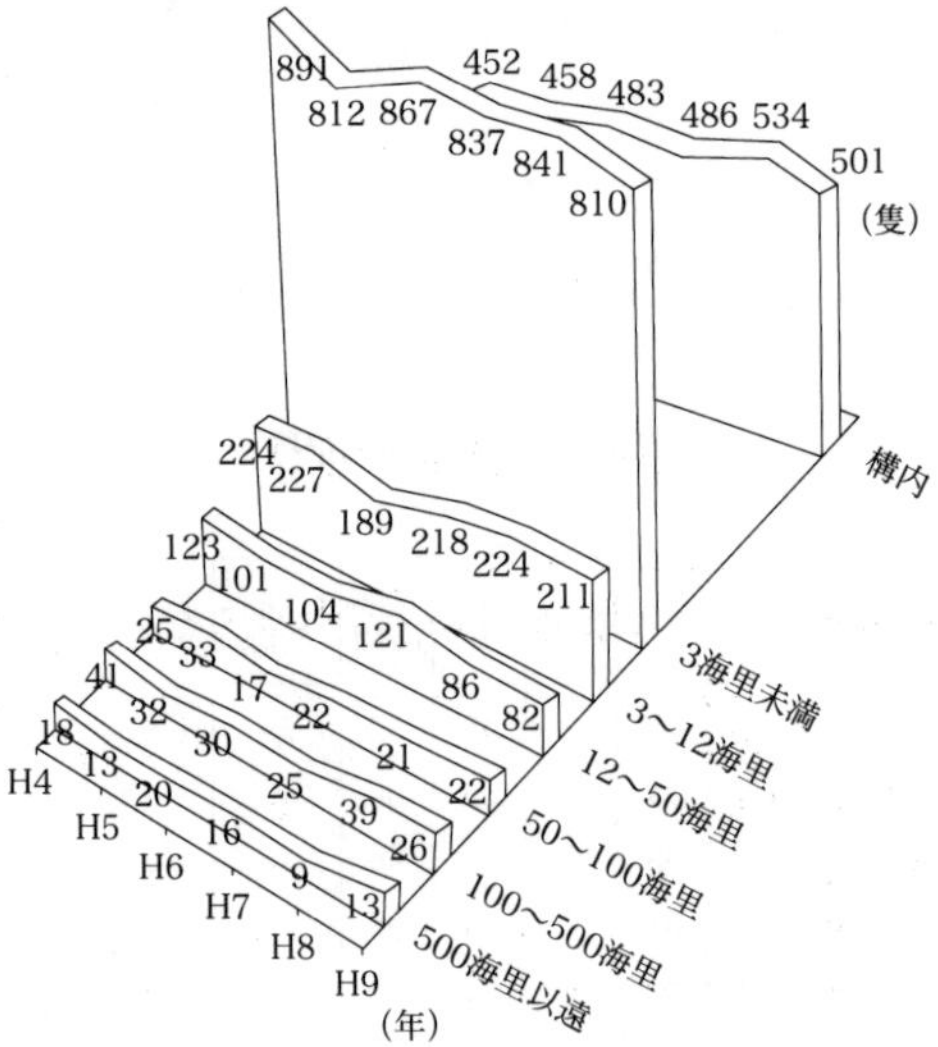

（平成10年版海上保安白書124頁）

資料⑩　三海域の海難の推移

（単位：隻）（要救助）

		衝突	乗揚	転覆	火災	爆発	浸水	機関故障	推進器障害	舵故障	行方不明	その他	計
東京湾	平成４年	22	24	7	6		7	16	11	3		15	111
	平成５年	10	34	21	5		7	21	9			11	118
	平成６年	13	21	6	7	1	9	24	16	5		15	117
	平成７年	21	27	8	7		11	31	16	1		20	142
	平成８年	17	24	5	5		7	57	27	8		17	167
	平成９年	11	34	5	7		6	62	34	1		24	184
伊勢湾	平成４年	10	7	3	2		1	6	4		1	1	35
	平成５年	14	4	3	4		2	7	5			5	44
	平成６年	10	6	17	24		2	6	5			4	74
	平成７年	18	6	2	1		1	3	3				34
	平成８年	4	4	1	2		3	1				1	16
	平成９年	9	3	4				1	2			4	23
瀬戸内海	平成４年	116	111	35	21		26	54	27	5		61	456
	平成５年	88	107	35	23	1	21	57	22	6		50	410
	平成６年	113	76	24	22	2	24	48	23			52	384
	平成７年	126	124	27	17		29	54	25	4		70	476
	平成８年	146	89	35	21	2	15	64	20	4		54	451
	平成９年	97	83	24	30	1	17	59	22	5		50	388
三海域計	平成４年	148	142	45	29		34	76	42	8	1	77	602
	平成５年	112	145	59	32	1	30	85	36	6		66	572
	平成６年	136	103	47	53	3	35	73	44	5		71	575
	平成７年	165	157	37	25		41	88	44	5		90	652
	平成８年	167	117	41	28	2	25	122	47	12		73	634
	平成９年	117	120	33	37	1	23	122	58	6		78	595
全国計	平成４年	400	370	190	119	3	116	209	144	17	3	239	1810
	平成５年	368	329	268	114	3	107	248	123	16	1	214	1791
	平成６年	373	352	169	136	4	109	224	118	15	2	229	1731
	平成７年	391	355	134	108	1	128	237	121	22	2	255	1754
	平成８年	422	311	193	134	4	103	266	127	25	3	270	1858
	平成９年	365	317	148	98	4	73	264	140	21	5	243	1678

（平成９年要救助海難統計 37 頁）

資料⑪　海上における死亡・行方不明者数の推移

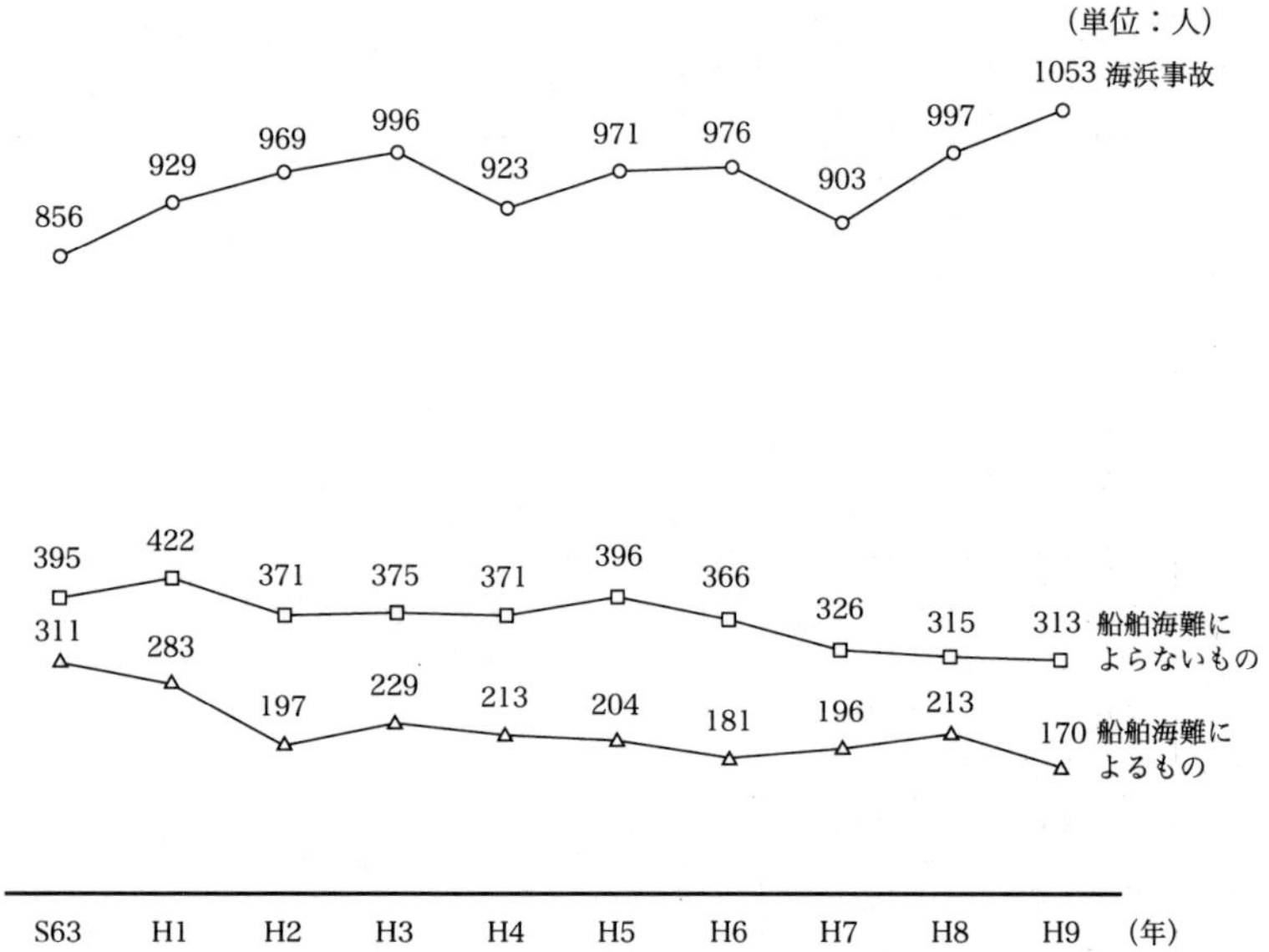

(注)　1．海兵事故とは、遊泳中、磯釣り中等海兵における事故による死亡・行方不明者数。

2．船舶海難によらないものとは、海中転落、傷害等船舶海難によらない船舶乗船者の事故による死亡・行方不明者。

3．船舶海難によるものとは、衝突、乗揚等船舶の海難に伴う死亡・行方不明者数

(平成9年要救助海難統計161頁)

資料⑫　船舶海難に伴う乗船者の死亡・行方不明者数の推移（用途別発生状況）

（単位：人）

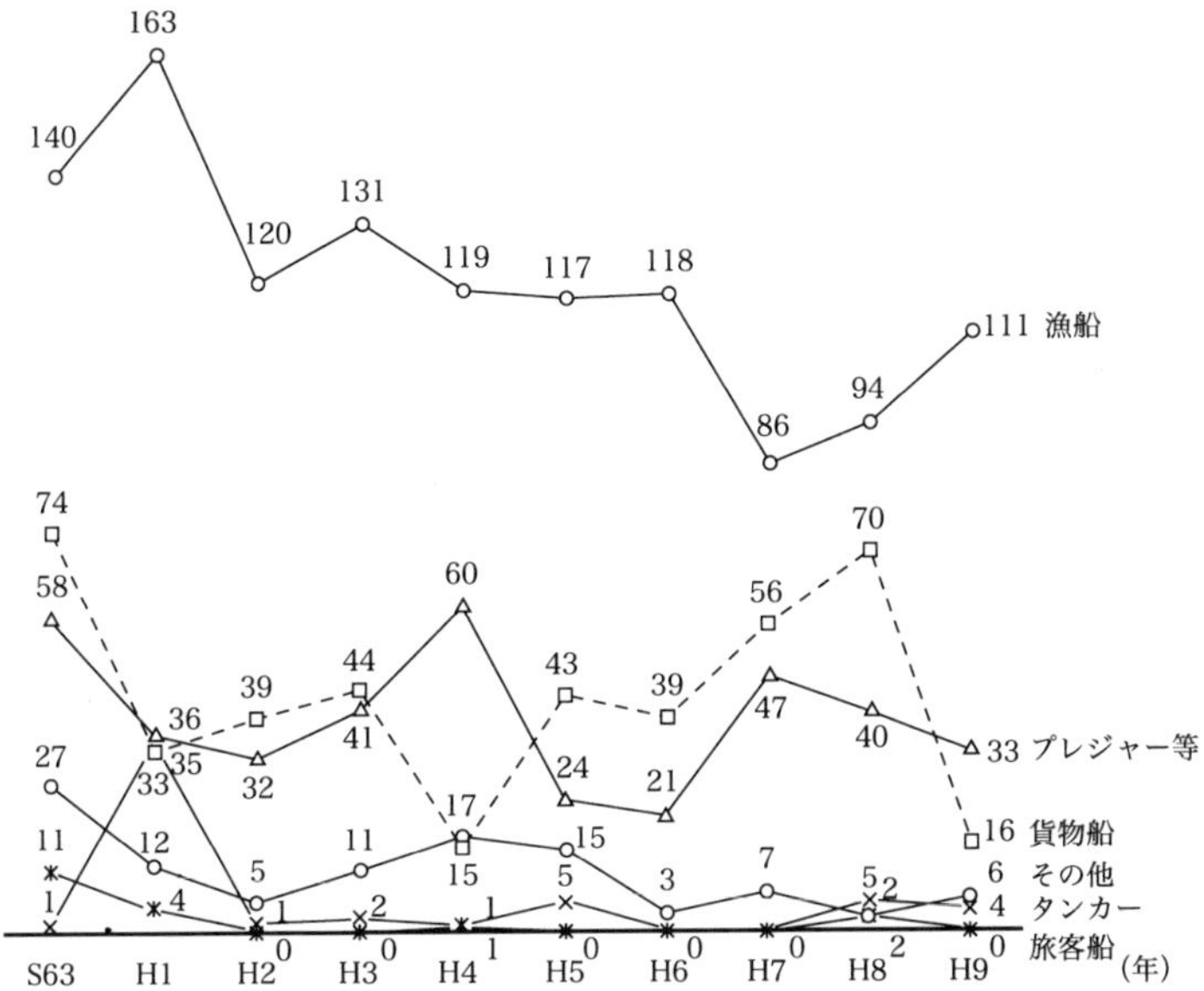

（平成9年要救助海難統計163頁）

資料⑬　船舶海難に伴う乗船者の死亡・行方不明者数の推移

（海難種類別発生状況）（単位：人）

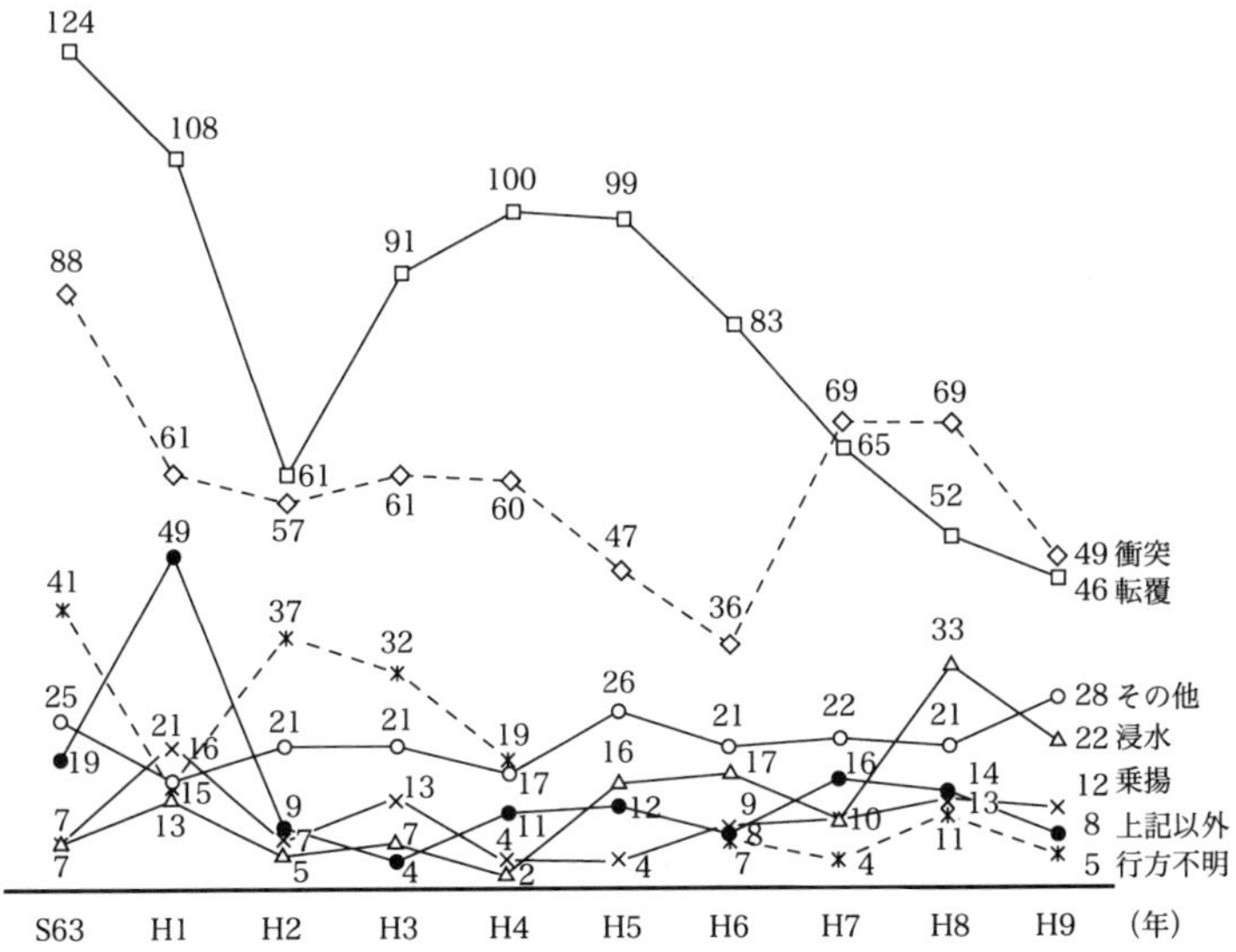

（平成9年要救助海難統計162頁）

(10)　本書で取り上げた以外の資料として、海難審判庁が毎年発行している『海難審判の現況』があるが、それは海難審判を対象とした事故統計であるため、海上交通事故全体については、『海上保安白書』や『海上保安統計年報』等、海上保安庁発行の各種統計資料（ホーム・ページも含む）が最も正確といえる。『犯罪白書』や『司法統計年報』では、この実態はほとんど把握できない。なお、本書で用いた「要救助海難統計」は平成九年まで出されていたが、その後は統計公表方式が変わった。初出論文との整合性を保つため、本書では敢えて「平成九年要救助海難統計」も用いた。

(11)　海上保安庁の「平成12年の犯罪送致状況分析」二四頁によれば、業務上過失往来妨害罪が一、〇二五件で、海上保安庁が処理する刑法犯の九割近くを占めている。

三　海上交通事故判例の分析

一　右にみた海上交通事故の実態分析の結果は、判例にも表れているように思われる。六〇件近い判例を検討したが、本章では、論証において重要と思われるものに限定することとする。(12)

まず最初に、衝突関係の判例について検討する。衝突の形態としては、追越し、横切り、行会い、出入港などが考えられるが、特に問題となるのは、横切りと行会いである。

横切り関係の事故として、まず、神戸港沖で起きた貨物船りっちもんど丸と貨客船ときわ丸の衝突事件（神戸地判昭和四三・一二・一八下刑集一〇巻一二号一二四四頁）を取り上げてみよう。りっちもんど丸（総トン数九、五四七・二二トン）の船長である被告人は、昭和三八年二月二六日午前零時三〇分ころ、同船の船橋で操船指揮をし、神戸港から名古屋港へ向けて出向後三〇分して、二等航海士と共に見張りをしていた際、自船左舷船首約一〇度方向約一・五海里先に横切り関係で来航してくるときわ丸（総トン数二三八・九八トン）の白緑二灯を発見しながら、その動向に注意を払わず、疑問信号や注意喚起信号を発することもなく、漫然と航行したため、「ときわ丸」が自船に気付かずに近付いてきて狼狽し、ときわ丸が速力約八・五ノットで左舷前方約六〇〇メートルに接近した際、同船が左転して自船の前方を横切ろうとしているとき「面舵一杯」を命じて自船を右転させ、ひき続き「機関停止」「全速力後退」を命じたが間に合わず、ときわ丸と衝突し、乗員乗客計四七名を溺死させ、乗客七名に傷害を負わせたというものである。

本件の論点は、ときわ丸に海上衝突予防法上の避航義務があり、りっちもんど丸は逆に、針路、速力の保持義務を負う保持船にすぎないことから、避航船が避航しない場合になお注意義務があるか、というところにあった。神戸地裁は、こういう場合、「保持船は避航船のなすがままに手をこまねいて見ているより手がないというものではなく、殊に避航船において避航義務の存在に気づかないことも考えられるので、保持船は避航船に対し適切な時期に的確な方法で避航義務の存在を知らせ避航ないしその動向（右転か左転か）を明確にするように促すことができる筈であり、また促すべきである」、とし、「保持船の側で避航船は全て適切に避航してくれるものと信頼し保持義務を尽しておればそれで注意義務から解放されるというものではない」（傍点筆者）、と述べて、過失を肯定している。

本判決は、自動車交通事故に関して信頼の原則が定着しつつあるころに下されているだけに、具体的事情を考慮した予見可能性判断の論理構造をとり、信頼の原則を否定しているのは、実に興味深いところである。適用航法を形式的に守ればよいというものではないことを示す一例といえよう。

二　この傾向は、東京湾の中ノ瀬航路出口付近で起きた大型タンカー第拾雄洋丸と貨物船パシフィック・アレス号の衝突事件判決（横浜地判昭和五四・九・二八刑月一一巻九号一〇九九頁）にもみられる。(13) ナフサ約二万キロトン、プロパン約二万キロトン、ブタン約六、四〇〇キロトンを積載した大型タンカー第拾雄洋丸（総トン数四三、七二三・九一トン）

が、昭和四九年一一月九日一三時三〇分過ぎ、中ノ瀬航路を北上中、木更津航路から中ノ瀬航路北側出口付近に向け西進中の貨物船パシフィック・アレス号を右舷船首約三九度、距離約一・五海里付近の海上に認め、そのまま航行を続ければ同船と中ノ瀬航路外北側出口付近で衝突する危険が生じたが、船長たる被告人は、ただちに自船の機関を停止し、全速後進を指令し、緊急停船措置をとるなどせず、相手船が避航措置を講じるものと軽信し、長音一回の汽笛を鳴らしただけで、漫然と従前の速力で航行を続けたため、自船の右舷にパシフィック・アレス号の船首を衝突させ、その衝撃により自船に積載していたナフサ等に引火、炎上させて両船を全焼、破壊せしめ、三三名を溺死等で死亡させ、六名に傷害を負わせたというものである。

本件の論点は、海上交通安全法と海上衝突予防法上の適用航法が交錯する航路出口付近での横切り関係、見合関係において、操船者にいかなる注意義務が要求されるか、という点にあった。横浜地裁は、相手船の操船者に重大な注意義務違反があったことを認めつつ、被告人にも、相手船の異常な航行を約一・五海里の距離に視認し、これと衝突の危険があると判断した場合、ただちに機関停止、全速後進を指令し、緊急停船の措置を講ずべき特段の事情があったと判断し、さらに信頼の原則の適用も否定して、過失を肯定している。

本件では、雄洋丸が相手船と衝突のおそれがあると判断した時点で即座に機関停止、全速後進を指令したとすれば、雄洋丸の最短停船距離が一、四三〇メートルだから、雄洋丸の船体の長さ（二二七・一〇メートル）を考慮しても衝突は現実に回避可能であったといえる。ましてや本件は、その衝突地点が、中ノ瀬航路を北上する船舶の進路と木更津航路を出向して西進する船舶の進路とが直角に近い角度で交差する特異な海域であること、加えて雄洋丸が危険物を大量に積載しているということを考慮すれば、自船が衝突によってもたらす被害結果については具体的予見ができたといえる。しかも、中ノ瀬航路の左右両側は、浅瀬が多く、転舵の措置は危険であり、結局、衝突回避の方法としては、減速ないし停船しかなかったといえる。判決もこの点に過失内容を求めたものと解される。

三　つぎに、行会い関係についても同様のことがいえる。ここでは、瀬戸内海の狭水道で起きたフェリーふたば（総トン数一、九三三・〇六トン）と貨物船グレート・ビクトリー号（総トン数七、五一九・六五トン）の衝突事件判決（広島地判昭和五三・九・一一判時九四四号一二九頁）を取り上げげておこう。(14)ふたばの船長が、瀬戸内海のミルガ瀬戸という可航幅四〇〇メートルの狭い水道を北上しようとした際、反対方向から大型貨物船が南下してくるのを発見し、このままの速度ではミルガ瀬戸の最も狭い部分で行き会うことがわかっていながら、減速せず、当該場所は衝突予防法上の「狭い水道」にあたるから自船が右側を進行すれば相手船も反対側を通り、左舷対左舷で無事航過できるものと思って漫然と航行したところ、相手船は何も気付かないまま航行してきたため、あわてて減速し「面舵一杯」を命じたが間に合わず、両船が衝突し、ふたばは転覆し、死者五名、負傷者一〇名を出したというものである。

本件の論点は、衝突予防法上「狭い水道」と認定された場所で自船がその航法に則って右側通航していれば、相手船も右側通航するであろうと信頼してよく、したがって信頼の原則が適用され、予見可能性が否定されるか、という点にあった。広島地裁は、本件海域がいわゆる「狭い水道」にあたるか否かについて専門家の間でも見解が分かれている点を考慮しつつ、信頼の原則を否定し、このような状況において「敢えて本件ミルガ瀬戸を航行しようとする以上船員の常務としてスタンバイエンジン等によるある程度の減速措置をなすにとどまらず、本件のような具体的事実関係のもとでは、グ号が右転せずに直行してくる場合も慮っていつでも機関停止・後進全速や激右転等の措置によって安全に停止あるいは右転できる程度に十分減速しなければならない客観的注意義務があった」、と判断し、ふたばの船長の過失を肯定している。

客観的注意義務という言葉を用いている点に新過失論の影響も出ているが、その点は措くとしても、論理はむしろ、相手が大型船であること、狭い水道に入る前に減速なり停船して相手船の動向を具体的に確認することができたこと、かりに右側進行するにしても当初からそれとわかる態勢をとるべきであったこと等、具体的予見可能性を中心にした判決のように思われる。ともかく、信頼の原則が適用されていないことには、相応の理由があると考えられる。

四　つづいて、転覆事故判例を検討する。これは、相手船がいないので、多少事情が異なる。

有罪のケースとして、大分県の津久見港で起きた津久見丸事件判決（大分地判昭和三六・一二・一三下刑集三巻一一＝一二号一一八一頁）を取り上げてみよう。(15) 鉱石運搬船津久見丸（総トン数八〇二・〇二トン）の船長である被告人は、船長就任後すでに一五航海を無事終え、一六航海目に臨んだが、同船が従来から復原性があまりよくなかったため、満載状態での速力試験や傾斜試験を会社がすることになり、硫黄島から硫黄鉱石約一、〇六〇トンを積載して試験地の津久見港に向かい、そこで試験を開始した。ところが、同船は復原性がよくないので積付方法を工夫すべきところ、積荷のことは一等航海士に任せたままで、しかも操船に際して、機関をかつてない毎分三二〇回転にして右旋回したため、船体が左舷側に大きく傾斜して転覆沈没し、一〇名が死亡したというものである。大分地裁は、次の理由で船長の過失を肯定している。

第一に、船舶の最高責任者であり、最高技術者として運航全般の指揮にあたる船長は、安全な運航を期待するため、平素より各種書類に目を通し、船体の構造、性能、特殊性、復原性等を的確に把握するのはもちろん、貨物の積荷方法如何等によって復原力の減少をきたし堪航性を害することのないように十分配慮し、船舶転覆等の事故発生を未然に防止すべき業務上の注意義務があり、このことは実定法上も船長の発航前の検査義務に関する船員法八条より明らかである。第二に、被告人の操船は、通常の事態では一応適切でも、具体的諸条件の下では必ずしも妥当な操船であるとはいえず、業務上の注意義務を欠くものと認めざるをえない場合がある。第三に、「業務上の過失犯の成立の一要件である結果の予見可能性とは、一般的客観的にみて、その業務に従事する者であれば当該具体的事情のもとにおいて結果の発生を予見することが期待できたことを指称するものであり、且つその結果の発生の予見は、必ずしも理論的正確さをもって結果の発生することを認識（予見）する必要はなく、未必的にしろ結果の発生の可能性を認識（予見）する場合をも含むものと解すべきである。従って、本件津久見丸の転覆という結果の発生については、当時、復原性曲線図も作成されていなかったのであるから、船長において理論的正確さをもってこれを予見することは到底できなかったとしても、……当時の状況下において、本来復原性のあまりよくない船であり、機関を負荷〔回転数――甲斐〕四分の四に整定して航行中舵角十五度をとれば負荷四分の三の場合より復原性について保障のない一層大きな傾斜を惹起し、甲板上にすくい上げる海水の量も増加して多少でも復原性を悪化させることになることに思いを致したならば、一般船長はもちろん被告人も、負荷四分の四で航行中舵角十五度をとって旋回すると或いは転覆する危険性があるかも知れないと慮り、舵角十五度をとるよう指示することを思い止まって小さい舵角で徐々に旋回するよう指示したであろうと考えられるので……結果の予見可能性があったということができる」。

本判決は、当該具体的事情を考慮したうえで結果の予見可能性概念自体に言及している点のみならず、その認定に際して、予見の対象を具体的死傷結果にではなく転覆に求めている点でも重要な論点を提供している。しかも、結果発生の予見は必ずしも理論的正確さを必要としない、と述べている。このような把握は、後述のように、具体的予見可能性の判断枠組みを考えるうえでも、重要な示唆を与えているように思われる。

五　これに対して、無罪となったケースとして、客船美島丸事件判決（高松地判昭和三七・九・八下刑集四巻九＝一〇号八一三頁）を取り上げてみよう。定期客船美島丸（総トン数一三八・四五トン）の船長である被告人は、同船をドックで修理後、乗員乗客計六一名を乗せて高松港から大阪港に向け出向してまもなく、同船の運航指揮を海技免状を有しない甲板長に一任して自分は船長室で休息していたところ、もともと本船は復原性の弱い船（いわゆるトップヘビー）であったのに加え、前部三等室下に滞留した多量のビルジ水が船体の動揺に伴い遊動して左舷に片寄ったこと、甲板に約五トンの貨物を積んだため一層重心バランス（GM）(16)が崩れたこと、さらに風と波浪の影響が加わったため、甲板上より浸水し数分で後部から沈没し、乗員乗客計四五名が溺死し、四名が行方不明になったものである。

本件の論点は、積荷状態不確認と操船指揮を海技免状を有しない者に一任した点につき船長に過失責任を問いうるか、という点にあった。高松地裁は、具体的事情を考慮した結果、検察官が根拠とする船員法一〇条の船長の甲板上の指揮義務違反に基づく過失責任を否定した。その際、注目すべきことに、次のように述べている。「若しこれが許されないとするならば、航行時においては船長たるものは四、六時中船橋に佇立していることを余儀なくせられ、航海日誌その他船長としての重要な事務の処置が妨げられることは勿論、必要不可欠な最小限度の休息さえも奪われることにもなりかねないと言うことになって、結局船長に対して不可能を強いることに帰するから、法がそこまで要求する筈はありえない」。

本判決は、行政法規違反に基づく客観的注意義務違反という論理を正面から否定し、休息室がすぐ近くにあったとか、船長がすぐにかけつけていたという当該具体的状況を考慮したうえで、積荷状態不確認があったとはいえ、被告人には転覆という具体的予見可能性がなかったことを示したもののように解される。

六　このように、転覆事案においても、予見可能性を具体的に検証する姿勢が確認できる。また、転覆事案では、期待可能性の問題の事例としてよく引かれる、呉市の沖合で昭和七年に起きた第五柏島丸事件（大判昭和八・一一・

二一刑集一二巻二〇七二頁）のように、定員超過ないし積載オーバーによるケースがかなりある。第五柏島丸事件では、定員二四名のところをその五倍以上の一二八名が乗って転覆し、二八名が死亡しているし、昭和三二年に広島県三原市沖で起きた第五北川丸事件（広島地尾道支判昭和三三・七・三〇一審刑集一巻七号一一二二頁）では、旅客定員七七名（船員七名）のところを旅客二三四名も乗船させ、しかも危険な水路を甲板見習員に操舵させて沈没せしめ、死者一一三名、負傷者四九名を出している。にもかかわらず、処罰されたのは船長のみで、運航管理者の刑事責任は問われていない。具体的事情を考慮すれば、具体的予見可能性という観点からも船舶所有者ないし運航管理者の責任を問う余地があったものと思われる。

ちなみに、海上の船舶事故ではないが、昭和二九年に神奈川県の相模湖で起きた遊覧船内郷丸事件（横浜地判昭和三一・二・一四裁判所時報二〇二号三八頁）では、船長のみならず、船主に対しても業務上過失致死責任が認められている。事案は、同船に、旅客定員一九名（船員二名）のところを遊覧客七七名も乗船させたため、後部甲板の船べりがほとんど水面下に没し、船体改造の際生じた船尾の間隙より浸水し、出航後わずか一〇分で沈没して乗客二二名が溺死したというものである。本件では、船主自身が乗客勧誘をし、定員超過を招いていることもあって、船長のみならず船主にも過失が認められているが、そもそも船体の欠陥を承知で客を乗せること自体にも、具体的に過失があったものと思われる。

要するに、転覆事案では、船体自体の物的管理、定員超過ないし物品等の積載超過などの運航管理、適切な人員配備をしているかなどの船舶内の人的管理、および悪天候下での出航判断などの航行管理、これらのミスが当該具体的状況下で、転覆という事態と因果的に強く結び付く場合、船舶所有者ないし運航管理者の過失責任を具体的予見可能性という観点から問いうると考えられる。

七　以上、若干の海上交通事故判例を素材として検討した結果、傾向として、海上交通事故に関するかぎり、裁判所は、行政法規を中心とした客観的注意義務に拘束されることなく、具体的状況下での個別事情を考慮していることが確認できる。その要因として、海難原因については別途海難審判が慣習として刑事裁判に先行して行われるという外的要因も考えられるが、刑事裁判は必ずしも海難審判に拘束されないので（最判昭和三一・六・二八刑集一〇巻六号九三六頁）、それだけが要因とはいえないであろう。むしろ、海上交通事故発生のメカニズムからして、過失認定に際しても入念な具体的事情を考慮したうえで過失非難をしなければ、シーマンシップを持った関係者（自動車運転者との意識の差に注意！）も納得しない、という点が本質的なところに厳然と存在するのではないかと考えられる。

(12)　海上交通事故判例のさらなる検討については、本書第2章以下参照。
(13)　本判決の検討については、甲斐・海保大研究報告三五巻一号（一九八九）六九頁以下［本書第3章一〇二頁以下］参照。
(14)　本判決の検討については、甲斐・海保大研究報告三四巻二号（一九八九）一頁以下［本書第3章七八頁以下］参照。なお、本件は、グ号船長にも過失責任が認められているが（広島高判昭和五三・九・一二判例集不登載）、グ号船長の右側進行義務違反にウェイトを置いた判決である。
(15)　本判決の評釈として、窪田宏・前出注（8）『運輸判例百選』六二頁以下、甲斐・海保大研究報告三五巻二号（一九九〇）六九頁以下［本書第4章一五〇頁以下］がある。
(16)　GM＝メタセントリックハイト。「船体がおしのけた水の部分の重心にあたる点即ち浮心、を通る鉛直線と、船体の中心線との交点Mをメタセンタといい、これと船体の重心Gとの間の垂直距離GMをメタセントリックハイトと言う。重心がメタセンタより上方にあれば浮力と重力による偶力は少し傾いた船をますます傾けるように動く。重心が下方にあればこの偶力は船の復原力を保証する。GMの大小により復原力の大小が左右され、GMの小さいことをトップヘビーといい、そのような頭部過重船は復原力が小さい」（判決文八一八頁より）。

四　過失犯論の再検討

一　それでは、以上のような海上交通事故に関する刑事学的分析および判例の分析は、過失犯論全体の中でいかなる意味を持つのであろうか。とりあえず、三つの点が考えられる。第一に、注意義務の内容を再検討すること、第二に、信頼の原則について再検討すること、第三に、具体的予見可能性の判断構造の枠組を把握するため、予見の対象を確定すること、である。

まず第一に、注意義務の内容について検討する。自動車交通事故の場合、道路交通環境および道路交通法規の整備により、行政法規違反が客観的注意義務違反として把握されやすく、そのことが、例えば「信頼の原則」適用に関する「クリーンハンドの法則」なる議論[17]にも現れているように思われる。これに対して、海上交通事故の場合、確かに行政法規違反が注意義務違反であるとの印象を与える判例もあるが[18]、総じて過失認定に際しては海上交通法規等の行政法規に必ずしも拘束されておらず、具体的事情を考慮して予見可能性判断をしているといえる。このことは、単に交通環境の相違だけでは割り切れない要因を含んでいるように思われる。海上交通事故判例を見るかぎり、そもそも行政法規上の規定が刑法上の本来の注意義務内容を示しているのか、さらには「客観的注意義務」なる概念は本当に必要なのか、という疑問が出てくる。この点で、かつて中武靖夫判事が、「自動車運転者の注意義務」と題する論文の中で、客観的注意義務について、「これはまったく過失行為に対する客観的評価に他ならないのであって、注意義務というような心理的、主観的な何ものかを思わせるような表現は避けるべきであろう[19]」と述べておられるのは、過失認定に携わる裁判官の言葉なるがゆえに、説得力があるように思われる。実務上は、意思の緊張を欠いたかどうかを直接に認定し、言葉で表現することが困難だからという理由で、行政法上の注意義務が刑法上の「客観的注意義務」であるかのように用いられているともいわれるが、[20]それが過失認定を大まかなものにする弊害があるとすれば、[21]学説上も客観的注意義務という概念を解消する努力をすべきではないだろうか。海上交通事故判例を見るかぎり、客観的注意義務は、あまり機能していないように思われる。その言葉こそ用いている判例もあるが（前出・ふたば・グレート・ビクトリー号衝突事件判決参照）、あれだけ具体的事情を取り込んだ客観的注意義務は、もはや「客観的」基準とはなりえないであろう。客観的注意義務がこのように客観的内容を特定できないものであれば、[22]むしろ刑法上の注意義務は、伝統的過失論のように責任要素としての結果予見義務と解し（したがって注意義務自体に程度を付すべきでなく、それは「ある」か「ない」かである）、客観的側面は注意の程度を考えるときの参考資料であると考えた方が理論的にもすっきりするように思われる。[23]業務上過失における業務性などは、注意の程度の一応の客観的尺度を経験的に提供するものといえよう。

そもそも、客観的注意義務を尽くせば死が発生しても正当化可能だという構造も、正当防衛や緊急避難その他の正当化事由と比べて、法益衡量の余地を残さないだけに、根本的に問題だと思われる。逆に、行政法上の包括的義務を客観的注意義務と称して刑法に取り込めば、それこそ船長などは、長い航海の中で、船員法や海上衝突予防法その他の法規による数多くの義務でしばりつけられ、身動きがとれなくなるであろう。その意味でも、前述の美島丸事件判決は、意義があるといえよう。

二　これと関連して、第二に、海上交通事故の処理に際して、信頼の原則は安易に適用できないのではないか、という点を考察する必要がある。確かに、自動車交通事故の分野では、最高裁が昭和四〇年代に一連の判決を出し[24]て以来、信頼の原則が定着した観があるが、よく考えてみると、それは道路交通道徳・政策が普及しつつある時代と合致し、ドライバー同士においてもその理解の仕方に差があったため、そのくいちがいを是正すべく実務上定着せざるをえなかった側面もあるように思われる。[25] もちろん、今日、自動車交通事故はなお多いが、道路交通道徳がある程度一般的に普及した現在、それは信頼の原則を用いなければなお解決がつかないものなのか、あるいは真にそれを用いる場面はどのような場合か、検証する必要がある。

他方、海上交通事故についてみると、海上交通ルールの基本法たる海上衝突予防法が一八八九年(明治二五年)に制定されて以来、百年以上経過しているが、[26] 前述の衝突事故判例をみるかぎり、信頼に値しないとわかる事情があればこそ事故が発生しているといえよう。また、先にみた漁船事故の実態もそのことを示している。[27] 相手を信頼したがゆえに起きる事故もありえようが(例えば定期往復便同士が定常時に通常通りの状況ですれちがうとき)、それは事故としては例外のように思われる。海上交通事故判例を分析してみると、その信頼の内容は、単なる交通法規への信頼ではなく、当該具体的状況下での実質的信頼関係の存在を前提としているように思われる。

かくして、信頼の原則は、むしろ例外則であって、違法論の段階で論ずべき事情として位置づけるのは適切でなく、むしろその存在意義を維持するとすれば、責任段階で考慮すべき特殊事情と解すべきではなかろうか。すなわち、信頼の原則は、具体的予見可能性を否定する事由であり、法的顧慮に値する実質的信頼関係がある場合にはじめてそれが心理的に結果回避への動機づけを著しく阻止ないし緩和する方向に働くがゆえに行為者に具体的予見ができない、という解釈が可能かと思われる。[28] このことは、船舶の衝突事故のみならず、船舶内での船長以下、航海士、機関士などの分担作業についても考えておく必要があるし、管理・監督者の刑事過失の問題一般としても考えておく必要がある。さもなくば、形式的に分業さえしておけば責任を免れるという無責任体制を助長することになるであろう。

三　さて、第三に、新過失論が違法論で説いていた内容を責任段階へと解消しようとする以上、伝統的過失論の中核概念である具体的予見可能性の判断構造を呈示しなければならない。従来、これが不明確なため、予見可能性は伸縮自在なものだとの批判(29)を受けているのである。もとより、本書でそれをすべて解明することはできない。しかし、ここでは、その糸口として、予見の対象を確定することはできるように思われる。特に、前述の津久見丸事件判決が述べているように、予見の対象は具体的な人の死傷ではなく、当該転覆である点に着目する必要がある。衝突についても同様のことがいえる。何故、転覆なり衝突が予見できれば、死傷の結果まで予見できたといえるのか。それはおそらく、海上における転覆なり衝突という事実が、経験的に乗船者の死傷という事実と結び付いているからであろう。陸の事故と異なり、船舶が転覆すれば逃げ道がなく、溺死する可能性がきわめて高い。衝突すれば、その衝撃で死傷したりあるいは転覆同様溺死する可能性がきわめて高い。こういう強い経験的結び付きを当該具体的状況下でも肯定できれば、予見の対象は、転覆なり衝突で足りるといえよう。

もちろん、その経験的結び付きを当該具体的状況下で肯定するには、単なる転覆、衝突というだけではなお抽象的すぎる。一トン未満の小舟が水深一～二メートル程の浅瀬で転覆する場合を考えてみると、一般には死傷という事実と経験的に結び付かないが、同乗者が幼児であったり、真冬の北海道沖であったりすると、状況は変わる。通常は、水深の深いところを航行する船舶が多いので、転覆それ自体が死傷という事実に結び付くと考えられるが、あまり一般化してはならず、周囲の状況を加味する必要がある。衝突についても同様である。特に衝突の場合には、双方の船舶の速度と大きさ、衝突場所（狭水道とか港内とか航路とか）くらいは、具体的事情として考慮する必要がある。このようにみてくると、予見の対象に取り込むべき具体的事情は、具体的危険犯を基礎づける程度のものということができる。これは、海上交通事故の場合、業務上過失往来危険罪と業務上過失致死傷罪との密接な関係を考えれば、よりよく理解できるであろう。

四　ところが、これをさらに過失犯一般の問題として考えるとき、複雑な因果経過をたどって結果が発生する事案をどう把握するか、という問題が出てくる。これについては、判例・学説上、若干の展開がみられる。必要な範囲でそれを概観し、検討しておこう。

その契機を与えたのは、北大電気メス事件二審判決（札幌高判昭和五一・三・一八高刑集二九巻一号七八頁）である。そこでは、「特定の構成要件的結果及びその結果の発生に至る因果関係の基本的部分」が予見の対象とされ、「電流による身体の傷害」がそれにあたるとされた。しかし、これだけでは、どの程度の具体的事情を取り込むべきか、あるいは因果関係の基本的部分が複数ある場合、そのすべてが予見の対象なのか、その一部なのか、なお明らかでない。その後、水俣病刑事事件二審判決（福岡高判昭和五七・九・六高刑集三五巻二号八五頁）がこれを踏襲し、工場排水に有毒物質が含まれること、それが魚介類を経由して人体に入ること、この二つを予見の対象としている。しかし、工場排水に有毒物質が含まれていることを予見の対象とすることは、なお結果から遠く、責任主義の観点から問題がある。せいぜい、それが魚介類を経由して人体に入ることが予見の対象でなければならないであろう。その意味で興味深いのは、東京地裁の板橋ガス爆発事故判決（東京地判昭和五八・六・一判時一〇九五号二七頁）である。同判決によれば、因果関係の重要な部分とは、「因果の経過のうちで、その『事実』が予見できる場合は一般人にとって、通常、構成要件的結果（ないしはこれを予見せしめ得る他の『重要な部分』）に対しても予見可能性があるといいうる『事実』を指す」、という。これは、結果に近い因果的事実を予見の対象として把握しようとするもので、かなり明確化の努力がみられる。結論的には、被告人らの地位や経歴を考慮し、その重要部分たるガス管の折損、ひいては死傷の結果についても予見不可能と判断している。このような判例の努力は、具体的事情の考慮についてなお問題を残すとはいえ、評価すべきであろう。

他方、学説の努力も見られる。まず、西原春夫博士は、「予見可能性の対象は、結局は結果の発生であるが、それではあまりに抽象的にすぎる」として、「具体的には、結果発生の原因となった事実で、それを予見すれば通常人ならば結果回避措置をとったであろうような事実」である、[30]と説かれる。興味深い主張だが、結果発生の原因が複数ある場合、どう考えられるのか、あるいは結果回避措置をとるべき基準は本当に通常人でよいのか、という疑問が残る。

これに対して、前田雅英教授は、予見の対象は結果のみであることを明確に意識したうえで、「そのような事実の予見可能性があれば一般人ならば最終結果の予見が可能となるものを『因果関係の基本的部分』として設定し、その予見可能性を吟味することにより、直接、結果の予見可能性を問うことの曖昧性をある程度解消し得る[31]」、と主張される。かなり明確な枠組の呈示といえよう。しかし、「中間項理論」と呼ばれるこの説でも、「抽象化の程度の高い中間項」をどこまで設定しうるのかがなお不明確であるとの疑問が残る。

また、町野朔教授は、「予見可能性の対象は構成要件的に特定していれば足りるのであって、……傷害の態様・程度まで予見可能である必要はない」として、構成要件の同一性の範囲内でその対象の抽象化を肯定されたうえで、結果に至る現実的因果経過は予見可能性の対象ではないが、「結果は行為から因果経過をたどって発生するものである以上、因果連鎖のうちにあってその予見が結果に結び付く事実が予見不能であれば、結果の予見可能性は存在しない[32]」、と述べられる。そして、結局、「結果に対する結び付きの弱い事実は、危惧感説によるなら結果の予見可能性を与える事実として十分ではあるが、具体的予見可能性説によればそうではないことになる。すなわち、予見可能性はどの程度のものでなければならないかという問題は、結果を予見せしめる前段階の『重要な事実』としていかなるもので満足するかに現われることになる」[33]、と説かれる。例えば、森永ドライミルク事件差戻審判決（徳島地判昭和四八・一一・二八判時七二一号七頁）は、「規格品を発注しなかった行為から人体に有害な物質の混入があることの予見可能性は不要であり、『未知の類似品あるいは粗悪品の混入』が予見しえれば足りるとしたが、このような事実の認識は傷害結果発生の具体的予見可能性を与えるものとはいえない」[34]、ということになる。この町野教授の説は、結果に対する結び付きの強い事実、弱い事実をメルクマールとして出している点で、前田教授の枠組よりも明確であるといえよう。ただ、具体的事情をどこまで考慮できるかが、なお不明確なように思われる。

さらに、内藤謙教授は、「『因果関係の錯誤』とパラレルに考え、現実の因果経過において、行為者が認識可能であった、実行行為の危険性を基準としたとき、その行為の危険性が具体的態様における結果の中に実現したといえる場合に、実行行為の危険性の結果への相当な実現について予見可能性があったと解する」として、これを「因果関係の基本的部分」の予見可能性の内容として把握されている。そして、「その予見可能性は、現実に生じた因果経過を抽象化した過程の予見可能性ではなく、因果経過の現実の過程の中で具体的態様における結果発生との経験（法）則上の関連性が強い事実の予見可能性を意味する」[35]、と主張しておられる。内藤教授の見解は、基本的には町野教授の見解と同一方向にあると思われるが、「因果経過の現実の過程」を重視したうえで、「結果発生との経験（法）則上の関連性が強い事実」に着目されている点で、やはり示唆深いものを含んでいる。ただ、「具体的態様」をどの範囲まで考慮するのかをもう少し明確化する必要があるものと思われる。

五　いずれにせよ、このような判例・学説の展開は、具体的予見可能性の判断構造を明確化するうえで、かなり実りある成果をもたらすように思われる。以上の点を再び整理して、一応の定式化を試みると、次のように言えるであろう。すなわち、予見の対象とは、構成要件的結果に即座に結び付く事案では、当該具体的結果そのものであるが、複数の因果連鎖を経て結果に至る場合は、当該具体的事案において、最終結果たる当該法益侵害（場合によっては法益の危殆化）と経験的に蓋然的に強く結び付いた因果力をもった事象である。このような事象は、それぞれの事件に内在していると考えられる。船舶の転覆事故でも、例えば、津久見丸事件で、積荷の不安定、機関回転数のオーバー、舵角のとりすぎ、転覆、そして溺死というプロセスがあったが、転覆まで予見できたといえなければ、死の結果について過失責任を問うことはできないであろう。もちろん、その事象は、衝突の事案では衝突ということになるが、前述のように、海上交通事故における具体的危険犯たる業務上過失往来妨害（危険）罪と業務上過失致死傷罪との密接な関係からして、予見の対象に取り込むべき具体的事情の少なくとも客観的側面は、具体的危険犯を基礎づける程度のものであることを要するということができる。また、一般的に考えた場合、右の事象が必ずしも結果の直前に位置する因果の一コマでない場合（もう少し前に位置する場合）もありえようが、それが結果との経験的に強い結び付きがあれば、やはり同様に考えてよいであろう。そして、これが責任原理の限界ではなかろうか。このように考えることにより、危惧感説との差異がより明確になるし、その基本的枠組で管理・監督者の刑事過失の問題も考えることができるように思われる。

もちろん、これだけでは具体的予見可能性の判断構造を明示したことにならない。予見主体の心理的事情とか生理的事情、あるいは注意能力のような主観的事情(36)についても考察を加えたうえで、責任原理に根差した最終的な具体的予見可能性判断の構造枠組を呈示しなければならない。展開の詳細は別途行う必要があるが、さしあたりの私見を示せば、次のようになる。すなわち、行為主体および実行行為性（作為・不作為の区別はそれ以前の行為の段階で行う）の確認を前提として、第一に、因果関係の基本的部分の確定をし、第二に、その中から予見（可能性）の対象を確定し、第三に、行為者に具体的危険の予兆があったか否かを確認し、第四に、客観的事情も参考にしつつ当該行為者にどの程度の注意が要求されるか、どの程度の注意能力が認められるかを確定し、第五に、具体的予見可能性の肯定を妨げる事情である「信頼の原則」を適用しうる事情があったかどうかを検討する。これらをクリアーできてはじめて行為者に刑事責任としての具体的予見可能性、したがって注意義務違反という過失責任が肯定できるのである[37]。また、右に述べたことが、犯罪論体系上、伝統的過失論にとっても過失犯の構成要件を考え直さなければならない契機を含んでいるかどうか、それとも従来の伝統的な過失犯の体系のままでよいのか、こういった問題についても考察の必要性を感じるが、後日の課題として、ここでは敢えて立ち入らないことにする。

(17)　「クリーンハンドの法則」をめぐる議論については、松宮・前出注(2)『刑事過失論の研究』四七頁以下、九八頁以下、三八〇頁以下参照。

(18)　例えば、ふたば・グレート・ビクトリー号衝突事件におけるグ号側船長の過失を認めた前出注(14)の広島高判昭和五三・九・一二〔本書第3章九二頁以下参照〕が、そうである。

(19)　中武靖夫「自動車運転者の注意義務」日沖憲郎博士還暦祝賀『過失犯(2)』八八頁。なお、平場安治「過失犯の構造」井上正治博士還暦祝賀『刑事法学の諸相(上)』(一九八一・有斐閣)三一〇頁以下参照。

(20)　この点を指摘するものとして、平野龍一『刑法総論Ⅰ』(一九七二・有斐閣)二〇〇頁、中野次雄『刑法総論概要』(二版・一九八八・成文堂)九七頁、内藤・前出注(1)一一一二―一一一三頁参照。なお、裁判実務による過失認定の実態を分析したものとして、渡辺保夫「刑事上の過失について」刑法雑誌二〇巻三＝四号(一九七五)一頁以下は、興味深い。

(21)　新過失論自体の構造が、事件の個別性を捨象し、大まかな基準で事案を処理する傾向を有しているとの指摘もすでになされている。井上祐司『行為無価値と過失犯論』(一九七三・成文堂)の特に「はしがき」参照。なお、客観的注意義務のひとり歩きを警告するものとして、真鍋毅『現代刑事責任論序説』(一九八三・法律文化社)三二三頁以下をも参照。

(22)　「客観的注意義務」概念の曖昧さを指摘するものとして、松宮・前出注(2)『刑事過失論の研究』特に二二七頁参照。

(23)　この点に関して、古く瀧川博士が、「過失における注意義務は個人的の特質及び能力に関係する。これを定めるには、行為者が結果を認識し得たか、行為者の知的能力は結果の認識に達することが出来たかとゆう個人的標準が要求せられる。客観的標準、即ち通常人を標準とするときは愚者を苛酷に、天才を寛大に取扱う結果になる。能力を客観的に規定することは方法論的に誤って居る。併しこの際、過失における注意の程度は通常人を標準として、即ち客観的に定められねばならないとゆうことを一言する。注意の程度が客観的に、即ち同一事情のもとにある各人について一般的に定められるのでなければ過失を認めることは出来ない」、と述べておられるのは、示唆深い。瀧川幸辰『犯罪論序説』（八版・一九五四・有斐閣）一三九―一四〇頁。内藤・前出注(1)一一二五頁も、この見解に基本的に賛同する。ただ、「通常人」をもってくることについては、漫然としており、問題があるように思われる。その意味で平野博士が、過失の基準は主観的か客観的かという問題設定は必ずしも正確でないとして、「生理的なものは主観的基準によるべきであり」、「規範心理的なものは客観的基準によるべきだ」と説かれるのは、重要な指摘である。平野・前出注(20)二〇六頁。なお、過失の標準、注意義務の標準の問題の詳細については、松宮・前出注(2)『刑事過失論の研究』一二一頁以下参照。

(24)　最判昭和四一・一二・二〇刑集二〇巻一〇号一二一二頁、最判昭和四二・一〇・一三刑集二一巻八号一〇九七頁等をはじめ、かなりの数ある。詳細については、片岡聰『最高裁判例にあらわれた信頼の原則』（一九七五・東京法令）参照。

(25)　「信頼の原則」のわが国への導入、定着当時の様相を示すものとして、西原春夫『交通事故と信頼の原則』（一九六九・成文堂）、同『交通事故と過失の認定』（一九七五・成文堂）、井上祐司「信頼の原則と過失犯の理論」同・前出注(21)『行為無価値と過失犯論』五九頁以下、大谷実「危険の分配と信頼の原則」藤木英雄編著『過失犯――新旧過失論争――』（一九七五・学陽書房）七五頁以下等参照。

(26)　わが国における海上衝突予防法の変遷については、旧法時代のやや古いものとして、横田利雄『詳説・新海上衝突予防法』（一九六五・海文堂）、一九八三年政正後のものとして、海上保安庁監修『海上衝突予防法の解説』（一九八四・海文堂）等参照。

(27)　小型漁船同士の衝突死傷事故として興味深い判例として、福岡高判昭和六三・八・三一（新・海難刑事判例集二四六頁）がある。夜間、無灯火でいか釣り操業をしていた一人乗り小型漁船（総トン数〇・八八トン）に、やはり小型の一本釣り漁船（総トン数六・一トン）が漁を終えて帰港中衝突し、いか釣り漁船の操船者が死亡したという事案である。一審、二審とも、相手船が無灯火でも当時の具体的状況を考えれば、結果の予見ができたとして信頼の原則を認めず有罪に処している（本書第3章一一九頁以下参照）。また、類似の福岡高判平成九・三・一三判時一六一四号一四〇頁でも、同様の論理で予見可能性を肯定している。漁船の事故は、操業が絡むだけに客観的注意義務とか信頼の原則は、いよいよ適用の余地は狭くなる他方、大阪高判平成四・六・三〇判タ八三一号二三六頁では、漁船が夜間無灯火で航法に違反して向かって航行してきた伝馬船と衝突した事故につき、漁船の船長に過失はないと判示しているし、呉簡判平成一〇・三・二二（日弁連刑弁センター『無罪事例集第5集』五六頁）も無罪の判決を下している。その他いか釣漁船同士の接触死傷事故に関するやや古い判例としては、仙台高判昭和二八・四・一三高刑集六巻三号三三八頁がある。同判決は、いか釣り漁場における漁船の接触事故防止につき、後着の漁船は先着の漁船を、小型の漁船は大型の漁船を避けるべき海上慣習があったとしても、右は後着の漁船または小型の漁船により積極的な接触事故防止の義務を負わせたにすぎないもので、先着の漁船または大型の漁船に接触事故防止の義務がないという意味に解すべきでない、と判示し、先着の大型船の操船者の刑事過失を肯定している。漁船の衝突事故については、本書第3章一一九頁以下参照。

(28)　わが国における信頼の原則の理論的位置づけについては、前出注(25)に掲げた文献のほか、山中敬一「信頼の原則」中山研一＝西原春夫＝藤木英雄＝宮澤浩一編『現代刑法講座第三巻：過失から罪数まで』(一九七九・成文堂)七一頁以下、土本武司「信頼の原則」同『過失犯の研究』(一九八六・成文堂)四七頁以下、曽根威彦「信頼の原則――意義およびその理論体系的位置づけ――」藤木英雄＝板倉宏編『刑法の争点』(新版・一九八七)九八頁以下、内藤・前出注(1)一一四四頁以下、神山敏雄「信頼の原則の限界に関する一考察」『西原春夫先生古希祝賀論文集 第二巻』(一九九八・成文堂)四五頁以下、林陽一「信頼の原則」西田典之＝山口厚編『刑法の争点』(3版・二〇〇〇)七六頁以下等参照。

(29)　山中・前出注(4)「(二)」五八頁参照。

(30)　西原春夫『刑法総論』(一九七七・成文堂)一七四頁。

(31)　前田雅英『現代社会と実質的犯罪論』(一九九二・東京大学出版会)二四六頁。なお、同「予見可能性の対象について――食品事故を中心に――」『西原春夫先生古稀祝賀論文集 第二巻』四五頁以下参照。

(32)　町野朔「過失犯」町野朔＝堀内捷三＝西田典之＝前田雅英＝林幹人＝林美月子＝山口厚『考える刑法』(一九八三・弘文堂)一九三―一九四頁。

(33)　町野・前出注(32)一九五頁。

(34)　町野・前出注(32)一九五頁。

(35)　内藤・前出注(1)一一二〇頁。

(36)　この点について、大塚裕史「過失犯における注意義務と注意能力との関係」早稲田法学会誌三二巻(一九八一)六七頁以下は、注意義務が注意能力と対応関係に立つとの認識から、行為者の注意能力を注意義務確定のための判断資料として考慮し、それにもとづいて具体的類型人を設定しようとするもので報味深いが、客観的注意義務を前提とする以上、注意能力という一身専属的事由をその中に取り込むことは多少無理なように思われる。注意義務を端的に責任の問題として考えた方がすっきりするのではなかろうか。他方、実質的危険という客観的要素によって過失を認定することを主張される平野龍一博士も、「行為者が知っていた事情をも含めて判断する場合に、違法要素だとするのは、客観的違法論からすれば、一貫しないことになる。そうだとすると実質的危険も実は予見可能性であり、責任要素である主観的な本人の予見可能性という要素の有無を判断する場合の一つのプロセスにすぎないということになる」、と述べて、体系上の問題に多少の留保をされている。平野龍一「過失についての二、三の問題」井上正治博士還暦祝賀『刑事法学の諸相㊦』（一九八三・有斐閣）三〇〇頁。

(37)　以上の点については、甲斐克則「過失『責任』の意味および本質――責任原理を視座として――」刑法雑誌三八巻一号（一九九八）九―一〇頁参照。なお、私の過失犯の基礎理論ないし責任原理についての理解に関しては、同誌一頁以下のほか、甲斐克則「『認識ある過失』と『認識なき過失』――アルトゥール・カウフマンのの問題提起を受けて――」『西原春夫先生古稀祝賀論文集　第二巻』（一九九八）一頁以下、同「責任原理の基礎づけと意義――アルトゥール・カウフマン『責任原理』を中心として――」横山晃一郎先生追悼論文集『市民社会と刑事法の交錯』（一九九七・成文堂）七九頁以下参照。また、アルトゥール・カウフマン『責任原理――刑法的・法哲学的研究――』（甲斐克則訳・二〇〇〇・九州大学出版会）をも参照。

五　結　語

以上、従来ほとんど研究対象とされてこなかった海上交通事故を素材として、過失犯論の二、三の基本的問題について若干の考察を加えてきた。その趣旨は、海上交通事故の中に、陸上で一般に問題となる過失事犯の原型ないし縮図のようなものがある点に着目して、基本的に伝統的過失論に立脚しつつ、一般に用いられている客観的注意義務の内容を批判的に検討し、また信頼の原則についてもその適用ないし理論的位置づけに再検討を加え、具体的予見可能性を軸にした過失犯論をさらに展開させるべく、とりあえず予見の対象について考察しようとするものであった。前述のように、理論的に残された課題はなお多いが、過失犯の研究については、今後も、実証的研究と理論的研究を絶えず併行して、相互にフィードバックしつつ行う必要があるように思われる。特に、伝統的過失論の場合、個別事情を十分考慮した具体的予見可能性を軸とした理論構成をとるだけに、このことは不可欠と思われる。しかも、実証的研究も、単に判例を理論分析するだけでは、十分でない。可能なかぎり、実態調査を試みる必要がある。[38]

(38)　本書「はしがき」でも述べたように、本書をまとめるにあたっては、海上交通に関してかなり実態調査を試みていることを付言しておく。

第2章　船舶衝突事故と過失犯論
――なだしお事件判決に寄せて――

一　序

一　前章では、海上交通事故をめぐる過失犯論の諸問題について、刑事学的分析も踏まえた理論的考察を加えた。そこでは、自動車交通事故との対比を意識しつつ、海上交通事故の「交通事故としての原型性」を指摘し、海上交通事故の特性として、形態の多様性（衝突、転覆、座礁）、海上における危険の多様性（気象・海象・海域の危険性、救助の困難性等）、船舶の大きさ・種類の多様性、船籍の多様性、運航形態の多様性（誰が操船者か等）、さらに海上交通法規（特に海上衝突予防法、海上交通安全法、港則法）の関わり等を挙げ、それらがいずれも刑事過失の認定に大きく影響を及ぼす点を指摘し、代表的な衝突事故判例および転覆事故判例を素材として、注意義務、予見可能性ないし予見の対象、そして信頼の原則について検討した。(1) しかし、個々の問題点については論じ足りないところもあり、検討素材事例も限られていたので、本章でその補足をしておきたい。(2)

二　とりわけ重要なのは、世間が注目していた潜水艦なだしおと遊漁船第一富士丸の衝突事件刑事判決（以下、本件をなだしお事件、本判決をなだしお事件判決という）が下され、確定したことである（横浜地判平成四・一二・一〇判時一四五〇号二八頁）。同判決が「量刑の理由」の箇所で述べているように、「本件は、海上自衛隊の潜水艦と釣り客を乗せた遊漁船が衝突して遊漁船が覆没し、その乗客、乗員三〇名が死亡し、一七名が負傷したという近時の海難事故ではまれに見る大惨事であり、楽しかるべき行楽の一日に多数の者が一瞬にして悲劇のどん底に落ちた」事件であり、また「本件衝突事故の一方が潜水艦であったことから、特に国民の耳目を引き、社会に大きな衝撃を与えた」事件でもあった。そして、判決が両船の被告人に同時に下された点でも興味深い。

しかし、何よりも刑法理論的観点からは、船舶衝突事故の特徴ともいえる横切り関係（見合い関係）において海上衝突予防法上の適用航法および注意義務が過失犯成否にどのように関係するのか、という点が中心的検討課題になる。とりわけ本件の場合、動力船に対して優先権を有するヨット「イブワン」が介在しており、その分だけ適用航法それ自体の判断も難しく、後述のように本判決と海難審判の一審（横審平元・七・二五裁決録平成元年七・八・九合併号一二四二頁）および二審（高審平二・八・一〇裁決録平成二年七・八・九合併号一一〇七頁）、さらにはその裁決取消請求事件判決（東京高判平成六・二・二八判タ八五一号一〇〇頁）とで判断が分かれている。(3) なだしお事件判決は、なだしお艦長Yについて海上衝突予防法一五条一項の横切り船の定型的航法を優先すべきだという観点からその避航義務違反を根拠に有罪とし、第一富士丸船長Kについては、同法三四条五項（疑問信号吹鳴義務）違反と同法一七条三項（保持船の最善協力動作義務）違反を根拠に有罪とした。結論自体はある程度予測していたが、入念に書かれた判決文のその論理と射程範囲、特に海上交通法規と刑事過失との関係については、なお検討しておくべき点があるように思われる。

三　そこで本章では、「なだしお」事件判決を中心素材としつつ、船舶（同士の）衝突事故と過失犯論について考察を加えようと思う。順序として、第一に、なだしお事件の概要を示し、第二に、海上交通法規と注意義務との関係を中心にして判決の論理を分析し、第三に、関連問題に言及しながら船舶衝突事故と過失犯論について考察することとする。

(1) 甲斐克則「海上交通事故と過失犯論」刑法雑誌三〇巻三号（一九九〇）四七頁以下［本書第1章一〇頁以下］参照。

(2) なお、甲斐克則「狭水道における船舶衝突死傷事故につき信頼の原則が否定された事例（フェリーふたば・貨物船グレート・ビクトリー号衝突事件）」海保大研究報告三四巻二号（一九八九）一頁以下、同「東京湾の中ノ瀬航路出口付近で起きた船舶衝突事故につき大型タンカーの船長の過失が認められた事例（タンカー第拾雄洋丸・貨物船パシフィック・アレス号衝突事件）」同誌三五巻一号（一九八九）六九頁以下、同「構造上欠陥を有する貨物船の転覆事故につき船長の過失責任が認められた事例（津久見丸事件）」同誌三五巻二号（一九九〇）六九頁以下、同「漁船同士の衝突事故について信頼の原則が否定された事例（漁船第二源盛丸・漁船えり丸衝突事件）」同誌三六巻二号（一九九一）九頁以下［本書第3章および第4章］参照。

(3) 本件の海難審判一審については、照井敬「なだしお・第一富士丸衝突事故の海難審判裁決」ジュリスト九四三号（一九八九）九九頁以下、二審については、同「なだしお・第一富士丸衝突事故の海難審判第二審裁決の意義」ジュリスト九六六号（一九九〇）七八頁以下参照。なお、同『なだしお裁判の真相』（一九九二・成山堂）一頁以下参照。さらに、本件の事実関係を知るうえで貴重な資料として、第三管区海上保安本部『遊漁船第一富士丸・潜水艦なだしお衝突事故報告書』（一九八九）参照。
なお、最近では、二〇〇一年二月九日午後一時四五分（日本時間一〇日午前八時四五分）ころ、日本の宇和島水産高校のマグロはえ縄実習船えひめ丸（四九九トン）がハワイ沖で、アメリカの原子力潜水艦グリーンビル（六、〇八〇トン）に衝突され、えひめ丸の高校生、指導教官、船員ら計九名が行方不明になるというショッキングな事件も起きた。まさに海上交通事故の特異性を示すものといえる。

二　なだしお事件の概要

一　まず、議論の前提として、なだしお事件の概要をみておこう。
被告人Yは、昭和六三年七月二三日、潜水艦なだしお（排水トン数二、二五〇トン、全長七六・二メートル、最大幅九・九メートル、定員七五名）の艦長として同艦の艦橋にあって操艦の指揮を執り、浦賀水道航路を北上して同航路中央第五号灯浮標付近を通過後左転し、在日米軍横須賀基地に向けて真針路二七〇度、速力約一〇・八ノットで航行し、同日午後三時三五分ころ、同航路南航路を横断した直後の海上において、艦首右約三〇度、距離約一七〇〇メートルの海上に、自艦進路と交差する角度で同航路にほぼ平行して南下してくる第一富士丸（総トン数一五四トン、全長三三・二メートル、最大幅六・一メートル、最大搭載人員四四名、内乗客三六名、漁船を改造した遊漁船）を認めた。しかし、同船のコンパス方位はわずかに右方へ変化する気配はあったものの明確な変化は認められず、さらに、同三六分過ぎころ、自艦左前方の海上を自艦進路と交差する角度で北上して接近してくるヨット「イブワン」を避航するため機関「停止」を発令するとともに、「超長一声」の汽笛を発して同ヨットに警告し、同三七分前後ころには同ヨットを自艦左後方へ避航させたものの、その間も第一富士丸のコンパス方位に明確な変化は認められず、自艦の速度も前記機関「停止」により徐々に落ちていたうえ、同船はすでに距離約六二〇メートルに接近してきており、「前進」を発令してそのまま直進すれば同船と衝突するおそれがあったのに、自艦が同船の前方を先に横切ることができるものと軽信し、「前進強速」の指令を発して漫然同針路のまま航行を続けた。そして、同三七分半過ぎころ、同船との距離約三五〇メートルに至ってはじめて衝突の危険を感じ、右時刻ころから同分五〇秒ころまでの間に、まず「短一声」、「面舵一杯」の各指令を発したが、ハウリングにより面舵一杯の発令が操舵員に伝わらず、操舵員からの「再送」要求に対して再度「面舵一杯」を発し、続いて機関「停止」の指令を発し、さらに同三八分過ぎころ「後進原速」、「後進一杯」の各指令を発して自艦を右転させるとともに減速させたが及ばず、同三八分半前ころ、横須賀港東北防波堤東灯台から真方位一〇八・六度、距離約三、一八〇メートル付近海上において、同船の船首に自艦右艦首を衝突させて、同四〇分ころ、同船を右灯台から真方位一〇八・四度、距離約三、二八〇メートル付近において覆没させ、よって、同船の乗員および乗客のうち三〇名を死亡させ、一七名を負傷させた。

二　他方、被告人はKは、前同日、前記第一富士丸を自ら操船し、浦賀水道航路第五号灯浮標のほぼ西方約九〇〇メートル付近海上を伊豆大島方面に向けて真針路一四八度、速力約九・八ノットで航行し、午後三時三三分ころ、船首左約三〇度、距離約三、〇〇〇メートルの海上に自船進路と交差する角度で四方に向け航行してくる前記潜水艦なだしおを認めた。しかし、同三七分前後ころには、同艦はすでに距離約六二〇メートルに接近してきており、同艦のコンパス方位に明確な変化がなく、かつ、前記のとおり、同艦が前記ヨット「イブワン」に対しても避航のための変針措置を採ることなく直進してきたことから、そのまま航行すれば同艦と衝突するおそれがあったにもかかわらず、同艦に対する疑問信号を発することなく航行を続け、同三七分二〇秒前ころ、同艦が未だ衝突を避けるための適切な動作をとることなく距離約四六

別図（判決文より）

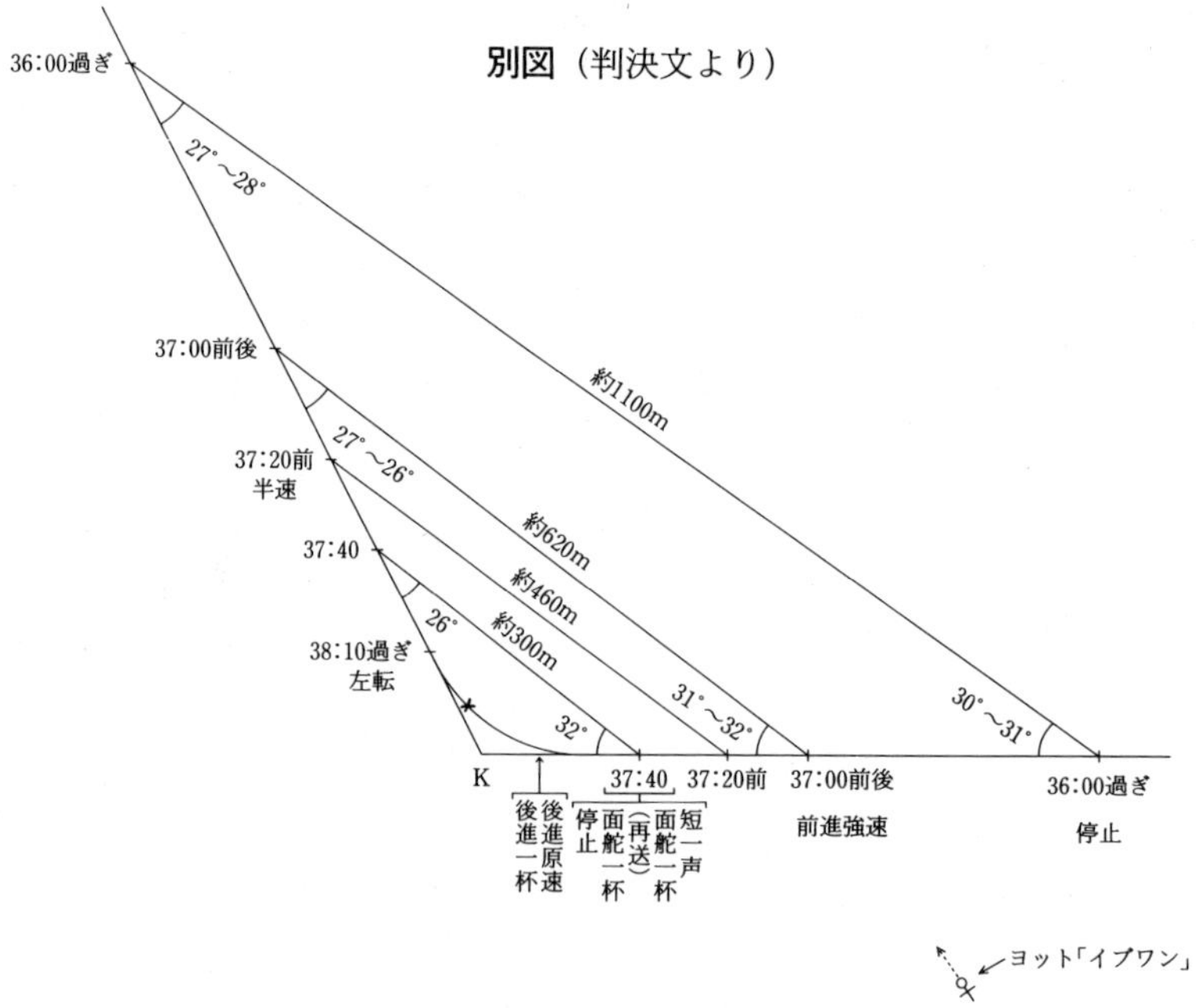

〇メートルの間近に接近してきた後も、漫然自船の速度を半速としただけで、同艦の動向を十分注視せず、かつ、同艦の発した右転を意味する「短一声」の汽笛の趣旨を理解しないまま同針路で航行を続けた。ところが、同三八分一〇秒過ぎころ、同艦との距離約一〇〇メートルに接近してはじめて同艦との衝突の危険を感じ、同艦が右転していることに気付かず同艦の艦尾方向に回るため自船を左転させたため、同艦右艦首に自船船首を衝突させて自船を覆没させ、よって前記のとおり乗員および乗客に多数の被害を生ぜしめた（なお、以上の事実関係につき**別図**参照）。

三　右事実につき、横浜地裁は、平成四年一二月二一日、業務上過失往来妨害罪と業務上過失致死傷罪でYを禁錮二年六月、執行猶予四年、Kを禁錮一年六月、執行猶予四年に処する判決を下した。以下、判決の論理を辿りつつ、検討を加えていこう。

三　なだしお事件判決の論理とその検討

一　㈠　**航法の適用**　争点の第一は、航法の適用をどうするか、にあった。すなわち、動力船であるなだしおは、午後三時三五分過ぎころ、同じく動力船である第一富士丸との間に、同船を右舷に見る関係において、互いに進路を横切る場合で衝突するおそれがある態勢となったが、続いて同分三〇秒過ぎころからは、動力船に対し優先通航権を有する帆船イブワンとの間にも互いに進路を横切る場合で衝突するおそれがある態勢となったわけであるが、このような場合、三船間にいかなる航法が適用されるべきか。

Yおよびの弁護人らは、海上衝突予防法一五条一項（横切り船の航法）は、二隻の動力船間においてのみ適用され、しかも両船が全く制約の存しない海上を航行する船舶であることを前提とするものであり、第三船の介在によって二隻の動力船間の行動が制約される場合には、同法の適用がない、と主張した。すなわち、動力船なだしお、帆船イブワン、動力船第一富士丸の三隻が接近して、なだしおとイブワン、なだしおと第一富士丸の各艦船間にそれぞれ進路を横切る関係があり、なだしおのイブワンに対する回避措置の結果によっては、なだしおと第一富士丸との態勢に変化が生じることになり、なだしおとしては、その後の自艦の行動に影響があり、そのことは第一富士丸においても同様であって、なだしおと第一富士丸とが、共に帆船イブワンの介在によって二艦船間の行動が制約される場合は、二隻の動力船間においてのみ適用される横切り船の航法が適用されないことは論を俟たないところであるから、本件においては、海上衝突予防法三九条の「船員の常務」によって律せられるべきであり、これによって必要とされる注意をもって適切な時期、方法により避譲動作をとればそれでよい、と。

要するに、具体的争点は、海上衝突予防法一五条一項の横切り船の定型的航法を優先すべきか、それとも同法三九条の「船員の常務」を根拠に非定型的航法を認めるべきか、にある。

二　判決は、「イブワンの介在によって、また、なだしおとイブワンとの二艦船間に衝突回避の措置がとられるとしても、それによってなだしおと第一富士丸の二艦船間の行動にどのような制約が加わるのか明らかでなく、むしろ本質的な影響は与えない」、として、Yらの主張を退けている。そして、見合い関係成立時点(4)につき、なだしお対第一富士丸間と、なだしお対イブワン間とで約三〇秒の差がある点を重視せず、両見合い関係が同時に成立したものとみなしたうえで、原則的定型的航法規定と例外的「船員の常務」規定について、次のように述べている。

「そのころ（三五分三〇秒ころ）の視認される各艦船の状況は、なだしおは、真針路二七〇度、速力一〇・八ノットで航行中のところ、『イブワン』は、なだしおの左舷前方、真針路三二五度〜三三〇度、速力四ノット強で帆走中であり、一方、第一富士丸は、なだしおの右舷約三〇度、距離約一四〇〇メートルばかりを真針路一四八度、速力約九・八ノットで航行中であって、動力船なだしおは帆船『イブワン』と著しく接近し衝突するおそれがあり得ると認むべき状況（衝突するおそれがある状況）にあり、また動力船第一富士丸とは横切り関係にあったのであるから、ここにおいて原則に則り二船間の航法（定型的航法）をそれぞれ適用すれば、なだしおは『イブワン』に対しては海上衝突予防法一八条一項、第一富士丸に対しては同法一五条一項の適用で避航船としての避航義務を負い、直ちに両船との衝突するおそれを解消すべく、適切な衝突回避措置をとらなければならなくなるが、この場合の措置は両船との衝突回避措置でなければならないが、当時『イブワン』は著しく接近しているものの、第一富士丸とはまだ距離もある状況であったから、大幅な右転、或いは速力の減速、停止（被告人Yは機関停止を下命しているが不十分）或いは減速とともに大幅な右転の措置をとれば両船との衝突するおそれは一挙に解消されると認められ、これに対し、『イブワン』、第一富士丸は、いずれも保持船として、ただ同法一七条に従い行動すればよいこととなる。要するに、本件においては、三艦船間に定型的航法が適用されても相矛盾する避航義務と保持義務を同時に負う艦船は存在せず、問題はないのであって、各艦船に定型的航法が適用されて然るべきであり、何の障害も生じないのである。したがって、本件のなだしお、第一富士丸の見合い関係には、海上衝突予防法一五条一項の横切り船の航法が適用され、船員の常務によって律するべきではないと言わなければならない」。

三　適用航法をめぐっては、本件発生直後から議論がなされており、本判決のように横切り航法適用説が有力であった[5]し、本判決についても、これを全面的に支持する論評がある[6]。なるほど、「軍艦の優先航行という考え方は、国内的にも国際的にも成立し難い[7]」と一般に解されているので、本件の場合、なだしおが艦隊行動をとらずに単独で航行していた以上、第一富士丸との間には、通常の動力船間の航法規定が適用されることに異論はないであろう。しかし、問題は、帆船であるヨット「イブワン」が介在する本件の適用航法をめぐり、海難審判一審および二審と本判決とがまったく異なる判断を示している点にある。

海難審判一審は、本件の場合、「単になだしおと富士丸との二隻の船舶間の関係のみでなく、衝突のおそれがある第三船のイブが介在していたのであるから、横切り船のような一対一の場合における航法規定では律し切れず、船員の常務によるのが相当」と判断し、同二審も、「本件のように第三船の介在によって二船間の行動が制約される場合には、二船間のみに適用される予防法一五条の航法規定は適用がないとするのが相当であ」り、「したがって本件は船員の常務によって律すべき」だ、と判断している。もちろん、後述のように、この二つの審判の過失内容についての判断には差異がある。しかも刑事裁判は海難審判に拘束されはしない（最判昭三一・六・二八刑集一〇巻六号九三六頁参照）ので、刑事裁判官は、独自の観点から判断を示すことができる。しかし、行政法規である海上衝突予防法上の適用航法それ自体の解釈を海難審判とはまったく異なる形で改めて刑事裁判において前面に出すという論理には、「行政裁判のやり直しではないか」、という疑問を感じる。衝突予防という側面を過度に重視してそれを刑事裁判に期待するのは、事後処理が基本であるはずの刑法理論としては問題があるといえよう。適用航法が疑わしい場合のために、海上衝突予防法自身、三九条で「船員の常務」規定を置いているのであり、潜水艦が関係するという特殊性があるとはいえ、帆船が介在する本件の場合、同三九条を前提としたうえでも十分に刑法上の過失判断をすることができたのではなかろうか。(8)

もっとも、「船員の常務」自体、一般条項的性格を有しているという問題点を自覚する必要があるし、本件の場合、イブワンが出現したものの、イブワンの素早い左転により、当初の見合い関係は消滅せずに継続していたので横切り航法を適用できる、という論理も成り立ちうる。(9) 本判決を刑法理論的観点から敢えて好意的にみれば、イブワンの出現は両船の見合い関係にある因果の流れを遮断するだけの力を有していなかったがゆえに、見合い関係は継続しており、そのかぎりでかろうじて横切り航法を適用しうるということになるであろう。

四　㈡なだしお艦長Yの過失　第二の争点は、なだしお艦長Yの過失をどのように把握するか、である。Yおよび Yの弁護人らは、Kが衝突の直前に第一富士丸を左転させたことが本件衝突の原因であり、この左転がなければ本件衝突は回避しえた、と主張した。

しかし、判決は、三五分過ぎころには第一富士丸と見合い関係が成立し、ついで同分三〇秒過ぎころにはイブワンとの関係でも避航船になった点を重視し、次のようにYの過失を認定している。

「避航船なだしおの操艦を指揮する被告人Yとしては、A水雷長の『右の漁船の方位僅かに落ちます。左のヨットの方位昇ります。右の漁船の方に向けます。』との進言を容れ、右転の措置をとるべきであったのに、これを拒み、ヨット『イブワン』に対する避航措置として定針のまま機関『停止』を下命したものの、三七分前後ころ、依然として第一富士丸のコンパス方位に明確な変化は認められないうえ、同船はすでに船間距離約六二〇メートルに接近してきており、同針路のまま航行を続ければ、同船と衝突するおそれがあったのであるから、直ちに大幅に右転し、或いは船足を止めるなどして、同船との衝突を未然に防止すべき業務上の注意義務があったと言うべきである。しかるに、被告人Yは、右の衝突回避の措置をとることなく第一富士丸の前を横切ろうとして前進強速を下命し、同針路のまま航行を続け、同分三〇秒過ぎころに至って衝突の危険を感じ、判示の衝突回避の措置をとったが間に合わず、自艦を第一富士丸に衝突させるに至ったのである。……三七分ころ、なだしおから、第一富士丸との会合点までの距離は約三三〇メートル、同分二〇秒ころ、同距離は約二五〇メートル、同分三〇秒ころ、同距離は約二〇〇メートルであるから、この数値に……若干の幅を考慮すると、被告人Yが前進強速を下命した三七分前後ころに、右の回避措置をとっていたとすれば本件衝突を回避し得たと考えられるから、被告人の右所為は操艦者としての業務上の注意義務を怠ったものと言うべく、これによって生じた衝突の結果につき過失責任を免れない」。

「……両艦船の航行状況下において、避航船であるなだしおを操艦する被告人Yが、余裕のある時期に先ずなすべき衝突を避けるための動作をとらず、前進強速を発令して自艦を直進航行させた過失行為により、保持船である第一富士丸に対し、衝突を回避するための緊急措置を取らせる危殆状況を作り出した以上、被告人Kが衝突直前に第一富士丸を左転させたがために本件衝突事故が生じたとしても、被告人Yは、その過失行為による危殆状況下に生じた衝突事故については、その過失行為によって生じた相当因果関係のある事故として過失責任を免れない」。

五

結論から言うと、艦内の連絡体制の不十分さを別としても、Yの過失は否定できないであろう。問題は、その過失内容である。判決は、注意義務内容として、大幅な右転あるいは停船による衝突防止義務を挙げ、①「余裕のある時期に先ずなすべき衝突を避けるための動作をとらず」、②「前進強速を発令して自艦を直進航行させた」行為を過失行為として挙げている。ここで、判決が、①の不作為と②の作為の両方を実行行為として捉えているのか、②の作為を中心に実行行為を捉えているのかは、判然としない。後者であれば、問題はない。具体的な危険の発生は、まさに三七分前後に見張り不十分なまま「前進強速」を発令して直進航行させたときに発生したのであり、かつこれが本件の実行行為であり主因であると解される。これにより犯罪結果との関係で新たな因果力が発生したともいえる。そして、Yもその直前にA水雷長の「右の漁船の方位僅かに落ちます。左のヨットの方位昇ります。右の漁船の方に向けます」、という進言を受けている以上、その進言を拒んだとしても、その時点で具体的な危険発生の予兆を認識していたと解され、したがって衝突の具体的予見可能性はあったといえる。

しかし、もし判決が前者だとすれば、①の不作為、すなわち余裕のある時期での衝突回避動作懈怠は、浦賀航路を出てイブワンおよび第一富士丸との見合い関係が同時に成立した時点から発生したということになるが、そのような把握をすれば、海上交通では避航義務が発生すれば常時過失行為が存在しているということにもなりかねず、問題である。やはり、②の作為を中心として過失行為を捉えるべきである。

では、「船員の常務」による航法を中心に考えた場合はどうなるであろうか。それに依拠した海難審判一審は、衝突の主因を、「なだしおが、動向監視不十分で、左右から接近する第三船及び第一富士丸と衝突のおそれがあった際、第三船と替わったのちも早期に第一富士丸との衝突を避けるための措置をとらなかった」点に求め、第一富士丸側の措置を二次的要因と捉えている。なだしお事件判決も、このことを「量刑の理由」の箇所で明確に述べている。これに対して海難審判二審は、「なだしお、第一富士丸及び第三船が互いに接近する状況で進行した際、なだしおにおいて、第一富士丸に対する動静監視が十分でなく衝突を避ける措置をとらなかったばかりか、操舵号令が確実に伝達されず右転の措置が遅れたことと、第一富士丸において、なだしおに対する動静判断が適切でなく衝突を避ける措置をとらなかったばかりか、著しく接近してから左転したことに因って発生した」と双方に同等の過失があった旨の判断を示している。東京高裁も、「本件においては、横切り船の航法が適用され、なだしおが避航船、富士丸が保持船の関係にあった」との立場から、「イブＩとの衝突のおそれがなくなって富士丸の前路を先に航過できるものと誤認し前進強速等の措置をとるに至った」Y艦長の不当運航に主因を認めている。なだしお側の過失に限ってみると、海難審判一審は実質的には前述の私見に近く、二審は過失をより早い時点に求めたものと解される。東京高裁判決は、その中間に位置づけられる。いずれにせよ、「船員の常務」規定に依拠しても、過失判断には幅がありうる。そして、「船員の常務」概念自体、一般条項的で曖昧な部分があり、それを過度に強調すると操船者に包括的注意義務を課すことにより絶対責任ないし結果責任を負わすことになりかねない(10)。

かくして、前述の適用航法をめぐる議論は、刑法理論からみると、参考資料(一応の目安)にはなるが、本質的問題ではないといえる(11)。刑事裁判においては、結局、行政法規上の義務を参考にしつつ、具体的な危険行為がその因果の流れの中で結果にどのように結び付いたのかを、行為当時の具体的状況と行為者の行為当時の認識（可能）状況とを突き合わせて検討し、注意義務ないし予見可能性についての判断をするほかないように思われる。

六　㈢第一富士丸船長Kの過失　第三の争点は、第一富士丸船長Kの過失の有無である。なだしお側に事故の主因があるとすれば、そして、判決の言うように横切り船航法を採用したとすれば、第一富士丸は保持船となることから、（必ずしも必然的ではないが）Kの過失を否定する可能性も皆無ではなかったといえるのではないか、が問題となる。Kの過失は、①疑問信号を吹鳴することを怠った過失と、②船足を止め、あるいは大幅に右転する動作を怠った過失の二点で争われた。

まず、①について。弁護人らは、Kが疑問信号を吹鳴しなかったのは、なだしお側には四名の見張りがいたので、避航船としての動作をとるべき客観的状況を把握していたはずであるから、敢えて疑問信号を吹鳴する必要がなかったこと、なだしおと第一富士丸の船間距離が離れていたため、信号が届かなかったこと、なだしおは、当時NI運転を実施しようとして敢えて海上衝突予防法を無視する行動をとっていたから、仮に疑問信号を吹鳴しても、その行動を是正させる効果は期待できなかったこと、などを理由として、疑問信号を吹鳴しなかったことと本件衝突との間には相当因果関係がない、と主張した。

しかし、判決は、(i)なだしお側が三七分前後ころには第一富士丸の方位変化についての注意が疎かになっていたこと、(ii)当時、NI運転の予定があったものの、敢えてそれを実施することは考え難い状況であったこと、(iii)三七分ころの両船間の船間距離は、約六二〇メートルであったから、この程度の距離ではなだしおにおいて第一富士丸の汽笛を聞き取れることが認められること、以上を理由に弁護人らの主張を退けている。そして、海上衝突予防法三四条五項を根拠に、「横切り船においても、避航船が避航義務に気付いていないことも考えられるから、保持船は、右法条により、避航船に対し、適切な時期に、その動向に疑問がある旨を知らせ、避航などの動向を明確にするなど適切な行動をとるよう促す義務がある」という前提から、次のような論理を展開している。

「被告人Kは、三六分過ぎころから三七分前後ころにかけ、なだしおがヨット『イブワン』の前を通り過ぎ、避航のための措置をとらず、保持船である自船の前方を航行せんとしているのを目撃したのであるから、遅くとも三七分過ぎころには、同被告人において、なだしおが衝突を避けるために十分な動作をとっているかどうか疑いが生じたものと認められるので、衝突を未然に防止するため、なだしおに対して、疑問信号を吹鳴し、避航などの動向を明確にするよう促す注意義務があったものと認められるが、被告人Kはこれを怠り、疑問信号を吹鳴しなかった。ところで、この疑問信号は、なだしおにおいて、同艦のみによって衝突回避動作をなしうる最後の時期が三七分ころから同分二〇秒ころまでという右疑問信号吹鳴義務の生じた時期に極めて接近した時期であったから、右信号によってなだしおに注意を促し同艦に速やかに回避動作をとらせるという大きな意味があったうえ、その直後の三七分三〇〜四〇秒ころ、第一富士丸自らが右転などの回避動作をすべき業務上の注意義務が生じるのであるから、疑問信号の吹鳴と右転するなどの回避動作とは互いに牽連関係にあり、かつ、共に極めて接近した時間内に生じた本件衝突を回避するための方法であったものと認められるから、右疑問信号吹鳴義務違反は、その直後に認められる右転などの回避動作義務違反と共に、本件衝突との間に相当因果関係があるものと言わなければならない」。

七

しかし、本件において疑問信号吹鳴義務違反は、刑事過失を基礎づけうるほど決定的なものといえようか。この点は、海難審判でも何ら問題とされていない。この義務は、海上衝突予防法上の（いわば行政法上の）義務であり、しかも、罰則規定のない海上衝突予防法自体、航海術の運用マニュアル的性格を有するものと解されている。(12) この義務が刑法上の注意義務になるには、具体的予見可能性があることを前提として、結果回避義務履行が結果回避にとって因果的に決定的なものでなければならないであろう。これは、海上衝突予防法にかぎらず、海上交通安全法や港則法の義務規定にもあてはまる。本件の場合、その義務履行をしていれば衝突を回避できたかは、因果関係論からみても疑問である。行政法上の義務を安易に刑法上の注意義務として取り込み、その不作為による過失を基礎づけようとする考えは、責任主義の観点から問題がある。[13] この点に関するかぎり、弁護人の主張にも一理あるように思われる。むしろKの過失内容は、②の点で議論すべきものといえよう。

八　そこでつぎに、②について。これは、重要な争点である。弁護人らは、三七分三〇秒ころ以降は、第一富士丸において、衝突を回避できる手段がなかったから、Kが左転の措置をとったことは本件事故との間に相当因果関係がなかった、と主張した。

しかし、判決は、入念な論理でこれを退け、②の過失も肯定した。その論理の中心は、海上衝突予防法一七条三項（保持船の最善協力動作義務）と結果回避可能性にある。判決は、同法条を根拠に、次のように述べる。

「被告人Kは、三七分二〇秒前ころ、なだしおが先行すると思って第一富士丸の速力を半速に減速したのであるから、……避航船なだしおが避航のための適切な行動をとっていないことを認識した筈であるところ、その時点での両艦船の船間距離は約四六〇メートルという接近した状態であり、かつ、なだしおから両艦船の会合点までの距離が約二五〇メートルでなだしおの運動性能に照らして、なだしおの回避動作のみでもはや第一富士丸との衝突を避けることができない状態に至ったものと認められるから、保持船である第一富士丸を操船する被告人Kとしては、そのころ、衝突を避けるための最善の協力動作をとらなければならなかったと言わなければならない。すなわち、同被告人がそのころ第一富士丸の速力を半速に減速した措置は、不十分もしくは不適切であり、半速にするとともに、或いは半速にすることに換えて、船足を止め、或いは大幅に右転すべき注意義務があったと言うべきである。ところで、三七分五〇秒ころ、第一富士丸となだしおとの船間距離は約二三〇メートル（これは保持船の全長の約七倍）であったが、右数値に若干の幅があること及び両船の大きさなどを考えると、両船が右距離に接近する状態は、すでに衝突の危険が迫っている状態と考えるべきである。……したがって……第一富士丸においては、遅くとも三七分三〇～四〇秒ころには大幅な右転や船足を止めるなどの衝突回避動作をとるべきであった……。……Ｋが右の回避措置をとっていたとすれば、衝突の危険の迫った状態においてではあるが、衝突だけは回避しえたと考えられるから、……僅かに速力を半速に減速したのみで右転や船足を止めるなどの衝突回避動作をとることなく航行を続け、なだしおと衝突するに至った同被告人の右行為は、本件衝突との間に相当因果関係がある過失であると言うべきである」。

なお、三七分四〇秒以降も衝突回避可能性が残っていた点については、「至近距離に至って右のような非常手段を用いれば、相手船においても狼狽して不測の行動に及ぶことが考えられるので、回避手段は、相手船に不意打ちとならないように安全な時期及び方法によるべきであ」り、「停止惰力や旋回圏の長い船舶においては、通常、衝突回避の手段として右転や停止の措置を考えるべき」だとし、「適切な時期にそのような右転等の措置を怠った場合は、後に非常手段が残されているとしても過失責任を免れない」、と判示している。

それでは、Ｋの左転措置自体はどう評価されるであろうか。判決は、これは海上衝突予防法一七条三項にいう最善の協力動作の一つとして評価しつつも、「Ｋが左転の措置をとった三八分一〇秒過ぎころには、既になだしおは右に回頭しており、船間距離約一〇〇メートルの至近にまで航行していたのであるから、ここで第一富士丸を左転させれば衝突必至の態勢にあって、被告人Ｋとしては第一富士丸を左転させるべきでなかったのに、なだしおが右に回頭しているのに気付かず、同艦の艦尾方向に回ろうとして第一富士丸を左転させ、その船首を同艦右艦首に衝突させたのであ」り、「Ｋにおいても通常の注意をしておれば、右時刻ころ、なだしおの右転に気付いたはずであると考えられるうえ、……同被告人は、なだしおの汽笛を最終回避動作をするまでの間に聞いたが、同艦が前を先行すると思い込み、汽笛を鳴らして針路を変えることを予測しなかったため、聞いた汽笛の意味を理解しなかった……。したがって、被告人Kが左転の措置をとるころ、なだしおの右転や汽笛に気付かなかったのは同被告人の不注意によるものであり、かつ、注意しておればこれらに気付くことができ、その結果、衝突という事態を予見できた」、という評価を下している。

さらに、前述の弁護人らの結果回避可能性をめぐる主張に対しても、結局、(i)三八分一〇秒過ぎころ七・三ノットの速力で可変ピッチプロペラのピッチを後進に切り換えれば、長く見積もっても一三秒後に約三八メートル進出した後に、衝突地点の約九メートル手前で停止し、続いて後進し始めると推定される点、(ii)三八分一〇秒過ぎころから半速の約七・三ノットで面舵一杯をとれば、第一富士丸はその一六〜二〇秒後に進路から約一〇メートル以上右に偏位し、約五〇〜六〇度回頭していたものと推定される点を考慮し、「両艦船は、辛うじて本件のような衝突を回避することができた可能性を否定することができない」として、Kの左転措置は本件事故の原因となる過失である、と断定している。

九　前述の海難審判二審のように、Kの過失がYの過失と同等であるということはできないであろう。Yの過失に本件の主たる原因があることは、前述のとおりである。それを前提としたうえで、なおKの左転措置をどう評価すべきか。そもそもKの過失の本質は、どこにあるのか。

これも、結論を先取りすれば、Kの過失を否定するのは困難であろう。第一富士丸は、なだしおとの関係では、いわゆる保持船であるが、保持船だからといって無条件に注意義務を免れるものではない(海上衝突予防法一七条二項、三項参照)。このことは、海上衝突予防法の規定に固執しなくてもいえることである。

まず、Kの実行為について検討しよう。判決も確認しているように、三七分三〇～四〇秒ころには、なお結果回避可能性は残っている。しかし、Kの過失行為開始時点は、判決も言うように三七分二〇秒ころに求めてよいであろう。なぜなら、そのころ、Kもなだしおの前進強速を確認して、第一富士丸の速力を半速に減速しており、第一富士丸側にとっても具体的危険が発生していると解されるからである。

つぎに、Kの過失内容について検討しよう。判決は、海上衝突予防法一七条三項の保持船の最善協力動作義務を論拠にKの過失を基礎づけているが、この義務規定も包括的義務を示すものであり、その運用には慎重でなければならない。もっとも、この義務の有無にかかわらずその時点でKに要求される注意義務は実質的にそれと同様のものとなるであろう。ちなみに海難審判一審は、「第一富士丸が、なだしおのほか第三船との衝突のおそれがある新たな状況となった際、衝突を避けるための措置が適切でなかった」点を一因として挙げ、二審は、「第一富士丸において、なだしおに対する動静判断が適切でなく衝突を避ける措置をとらなかったばかりか、著しく接近してから左転した」点を挙げている。左転措置まで過失としている点では、二審の方が本判決に近い。一審のようにイブワン出現時まで遡ってKの過失を追求するのは刑事過失概念の拡張であると思われるし、他方、Kが左転措置をとった三八分一〇秒過ぎころの具体的状況を考えると、左転措置それ自体に決定的ウエイトを置くのは酷であると思われる。(14)「量刑の理由」の中にもみられるように、Kは「同船での乗船期間は通じて一か月余りに過ぎず、前の船長からの引き継ぎがあったものの、同船の性能などについて必ずしも十分な知識を有していたとは言えない状態であった」点、「同船は漁船を改造した遊漁船であったため、操舵室から見た前方に死角があった」点、さらには乗組員の見張も不十分で、同船では操船の資格を持っていたものがKだけであった点も無視できない。もちろん、これらの事情は過失を全面否定する要因にはなりえないが、左転措置を非難しえないための要因にはなるであろう。少なくとも右の事情を考慮するかぎり、Kが右時点で冷静な判断をなしうる状況ではなかったといえよう。

かくして、Kの過失は、Kが三七分二〇秒ころに速力を半速にしかせずに、不十分なまま直進した作為に求めるほかないと思われる。実質的にはこれは、判決の言うように、船足を止め、あるいは大幅に右転する動作を怠った過失といってもよかろう。Kは、この時点で可変ピッチプロペラを後進に切り換えるべきであった。この時点で具体的予見可能性を問いうると考える。

なお、弁護人は、信頼の原則の適用については争っていないが、それは、前述のように適用航法それ自体について見解が大きく分かれるような具体的状況の中にあって、信頼の原則の適用を主張するのは困難と判断したからであろう。

いずれにせよ、Kの過失の背後にある、F社の不安定な経営状態や第一富士丸の乗員の資質とこれに対する教育や指導の不十分さなども、判決が言うように本件の遠因となっている点を看過してはならないであろう。

（4）　判決は、航法の適用について、旧海上衝突予防法一九条に関する判例（最判昭和三六・四・二八民集一五巻四号一一一五頁）に依拠して、「海上衝突予防法において互いに航路を横切る両船が衝突のおそれある見合い関係にあるとは、注意深い船長が注意していたとすれば衝突の危険があると認めるべき両船相互間の視認関係をいう」（傍点筆者）と定義し、「その判断は、両船の大小、性能、相互の方位の変化模様、気象、海象など諸般の状況からなされるべきもの」という前提を示している。そして、本件の場合、「当時の気象、海象は、天候曇り、北の風、風速毎秒七～八メートル、波浪方向北、浪高〇・五～一メートル、うねり方向北、浪高二メートル未満、視程約八キロメートルで、船舶の航行に何らの支障もない気象・海象であった」、と認定している。

（5）　例えば、園部逸夫＝谷川久＝野尻豊＝森島昭夫「『なだしお』と『第一富士丸』の海上衝突事故」ジュリスト九二二号（一九八八）四頁以下の座談会における野尻発言（七頁以下）、落合誠一「潜水艦なだしおと遊漁船第一富士丸の衝突事故の法律問題」法学教室一〇一号（一九八九）一八－一九頁、照井・前出注(3)ジュリスト九四三号一〇一頁、同・前出注(3)ジュリスト九六六号七九－八〇頁。

(6)　照井敬「なだしお・第一富士丸衝突事故刑事裁判第一審判決の意義」ジュリスト一〇一七号（一九九三）七三頁。刑事裁判の経緯については、照井・前出注(3)『なだしお裁判の真相』一九頁以下をも参照。
(7)　磯田壮一郎「海上交通事故の現状と問題点」ジュリスト九二二号（一九八八）三〇頁。同旨、野尻・前出注(5)九頁。
(8)　事案はやや異なり、狭水道で第三船が介在したケースで一般航法によらず船員の常務を中心に判断した海難審判として、機船明光丸と機船海安丸の衝突事件裁決がある（高審昭和四七・二・一五裁決例集一五巻二三頁）。
(9)　照井・前出注(3)ジュリスト九四三号一〇一頁参照。
(10)　「船員の常務」概念の分析については、松本宏之「所謂『船員の常務』についての一考察」海保大研究報告三五巻二号（一九九〇）一三頁以下参照。
(11)　甲斐・前出注(1)七〇―七一頁［本書第1章三五―三六頁］参照。
(12)　海上保安庁監修『海上衝突予防法の解説』（一九八四）九頁、馬場一精「海上衝突予防法の改正について」ジュリスト六四四号（一九七七）七一頁、松本宏之「海上衝突予防法の性格に関する一考察」海保大研究報告三五巻一号（一九八九）五四頁等参照。
(13)　照井・前出注(6)七四頁は、この点について「概ねそのとおりである」、としかコメントしていない。
(14)　照井・前出注(6)七四頁も、「相手船との距離一〇〇メートルの至近距離では、『左転』そのものをとらえて過失とみることは酷であ」る、と述べている。

四　船舶衝突事故と過失犯論

一　㈠海上交通法規と注意義務

さて、以上のなだしお事件判決の論理の検討を契機として、船舶同士の衝突事故をめぐる過失犯論の基本的問題を若干考察しておこう。

第一は、前述のように海上交通法規と注意義務との関係についてである。これは、行政法規上の注意義務と刑法上の注意義務との関係一般の問題でもある。自動車交通事故の場合、歴史的には海上交通事故より新しいにもかかわらず、事故の多さと道路交通の定型性もあってか、比較的短期間に道路交通環境および道路交通法規が整備され、ある程度詳細な注意義務規定が道路交通法を中心に設けられている。したがって、道路交通法規違反が刑法上の注意義務違反として把握されやすく、客観的注意義務違反を過失の中心に捉える新過失論になじみやすい(15)。これに対して、海上交通事故の場合、海上交通の定型性がきわめて緩やかか、あるいは非定型的要因が多いため、海上交通法規上の義務規定がより包括的内容となっているものが多い。もちろん、一般法である海上衝突予防法のほかに、港内の交通を規制する港則法や特定航路の交通を規制する海上交通安全法という特別法もあり、それなりに個別的義務規定もあるが、船舶衝突(場合によっては転覆)についてみると、なだしお事件でもみられたように、「船員の常務」とか「最善の協力動作義務」というような包括的義務規定が持ち出されやすい。個別的義務規定を強調すれば、単純な義務違反(不作為)が過失内容とされかねないし、包括的義務規定を強調すれば、「船長たるもの、いかなる事態にも対処しうるように万全の注意をもって操船、運航につとめなければならない」という「精神訓話的思考を法的分野に持ち込む(16)」ことになり、ひいては絶対責任ないし結果責任を認めることになりかねない。いずれも、刑法学上の基本原理である責任主義に抵触するものといわなければならない。

二　とはいえ、刑事過失を論じる際に、海上交通法規をまったく無視することもできないし、むしろそれは妥当ではない。なぜなら、そもそも交通法規に規定された義務規定は、個別的義務規定にせよ包括的義務規定にせよ、過去の事故原因の分析から事故防止のために経験的に抽出されて規定されたものが多く、交通関与者も実際上それを意識して交通に携わるからである。しかし、予防レベルで考えられた行政法規上の義務違反を無媒介的に事後処理レベルで対応すべき刑法上の注意義務違反とすることには、論理の飛躍がある。そこに因果論的結び付きを媒介させなければならない。

かくして、前述のように、刑事裁判においては、行政法上の（したがって海上交通法規上の）義務が刑法上の注意義務となるには、具体的予見可能性があることを前提として、結果回避義務履行が結果回避にとって因果的に決定的なものでなければならず、また、その規定を一応の目安としつつ[17]、具体的な危険行為がその因果の流れの中で結果にどのように結び付いたのかを行為当時の具体的状況と行為者の行為当時の認識（可能）状況とを突き合わせて検討し、最終的に注意義務ないし予見可能性についての判断をすべきものと思われる。もちろん、その際、行政法上の義務と刑法上の注意義務の「名称」が重なることは、当然ありうることである。

三　㈡船舶衝突事故と信頼の原則　なだしお事件では争点にならなかったが、右の問題と関連して、第二に、船舶衝突事故の場合に信頼の原則が適用されうるか、という問題がある。これまで、六件の衝突事件で信頼の原則の適用の有無が争われたが、その適用が正面から認められた例はなく、実質的にその適用を認めた判例が一件ある。

第一に、神戸沖で起きた貨物船りっちもんど丸と貨客船ときわ丸の衝突事件では、海上衝突予防法上避航船である「ときわ丸」が避航しない場合に、保持船である「りっちもんど丸」に刑法上の注意義務があるか、が争われたが、神戸地裁は、「保持船の側で避航船は全て適切に避航してくれるものと信頼し保持義務を尽しておればそれで注意義務から解放されるというものではない」、と判示した（神戸地判昭和四三・一二・一八下刑集一〇巻一二号一二四四頁）。

第二に、東京湾の中ノ瀬航路出口付近で起きた大型タンカー第拾雄洋丸と貨物船パシフィック・アレス号の衝突事件では、雄洋丸がパ号に優先して同海域を航行することが是認されていたので、被告人としてはパ号が右出口至近のところに入ってくることはないものと信頼して航行することができ、かりに被告人の協力動作に被告人の協力動作に若干問題があったとしても、被告人が当時とった協力動作以上の「臨機の措置」をとるべき義務は、信頼の原則の適用により免除されるのではないか、が争われた。しかし、横浜地裁は、パ号は海上交通安全法三条にいう、航路を横断しようとする船舶に該当しないので、雄洋丸が保持船であることを前提とする弁護人の主張は前提を欠くのみならず、パ号が当時雄洋丸の進路に進入してくるおそれが著しく少なかったとは認められないとし、「本件は、信頼の原則を適用すべき事案であるとは認められない」、と判示した（横浜地判昭和五四・九・二八刑月一一巻九号一〇九九頁）。

第三に、瀬戸内海の狭水道で起きたフェリーふたばと貨物船グレート・ビクトリー号の衝突事件では、（旧）海上衝突予防法二五条一項の「狭い水道」でふたば側がその航法に則って右側通行していればグ号も右側通行するであろうことを信頼してよく、信頼の原則が適用されるのではないか、が争われた。しかし、広島地裁は、本件海域がいわゆる「狭い水道」にあたるかについて専門家の間でも見解が分かれている点を考慮して、「旅客の生命、財産を預っている船長たる被告人に対して、単に本件ミルガ瀬戸に本条項の適用があるので相手船が右転してその航路筋の右側に就いてくれるとの信頼のみで本件水道を航行することを到底是認できるものではなく、本件は……信頼の原則を適用すべき事案ではない」、と判示している（広島地判昭和五三・九・一一判時九四四号一二九頁）。

第四に、長崎県西彼杵郡の沖合で起きた漁船第二源盛丸と漁船えり丸の衝突事件では、十月末の午後六時三〇分ころに、えり丸のような超小型船が無灯火で漁を続け、源盛丸は法定の各種照明設備を灯火して大きなエンジン音を響かせて接近して来るのに、これに気付かないか、気付いても何らの衝突回避措置をとらなかった被害者の行動に事故原因があり、被告人はこのような船舶の存在することを予想するのは困難であって、被告人がこのような船舶は存在しないと信頼するのは刑法的にも保護に値するのではないか、が争われた。一審の長崎地裁は、当時その海域には小型いか釣り漁船が操業していることが予想されたとして、信頼の原則の適用を否定した（長崎地判昭和六三・一・二六判時一二六六号一五五頁)。第二審の福岡高裁も、「夜間航行中の船舶は灯火を表示しなければならないことはそのとおりではある(海上衝突予防法二〇条)けれども、夜間航行中においても他の船舶の灯火のみによって針路の安全を確認すれば足りるわけではなく、視覚、聴覚及びその時の状況に適した他のすべての手段により、常時適切な見張りをしなければならない(同法五条)のであり、本件事故においても、被害者が夜間航行中の船舶が掲げるべき灯火をつけていなかったことが一因となったことは否めないにしても、……被告人においても、針路前方を注視していればえり丸を発見することが可能であったし、無灯火の水いか釣り漁船の存りうることを予想しながらその海域に航路を設定したのであるから、針路前方を注視するのはもちろんその発見をより確実にする方途をも講ずべき場合であった」として、「被告人が専ら灯火のみを注視し、無灯火の水いか釣り漁船においては自ら衝突回避の措置をとるものと信頼して、これの発見に十分な注意を払わないまま第二源盛丸を航行させれば足りる場合であったとはいい難く、本件は信頼の原則の適用される場合には当たらない」、と判示した(福岡高判昭和六三・八・三一新・海難刑事判例集二四六頁)。

第五に、兵庫県飾磨郡家島港近くで起きた漁船金比羅丸と伝馬船第十八勝丸の衝突事故では、一二月の下旬の午後七時四五分ころ、金比羅丸を操船して家島港内の漁船船溜りを漁場に向けて出航し、防波堤燈台を右舷正横に見た地点を通過後に進路を右方に変更しようとしたが、進路前方から無灯火のまま向かって航行してきた伝馬船に気付かず、船首を伝馬船の右船中央部付近に衝突させ、両船の往来の危険を生じさせるとともに、伝馬船乗船員に傷害を負わせた事案について、「法律の定めた航法に違反し、無灯火の伝馬船が、しかも全速力で向かってくることまで予測して、極端に減速・徐行する義務はない」、と判示され、見張り義務違反も否定されて無罪となった(大阪高判平成四・六・三〇判タ八三一号二三六頁)。これは、実質的には信頼の原則を認めたものといえる。(18) 確かに、本件のような他船の存在が予測しえない場合には、その適用を肯定してよいように思われる。

最後に、長崎県北松浦郡大島村の沖合で起きた汽船宝盛丸と漁船万里丸の衝突事故では、一二月上旬の午後六時二五分ころ、同海域を約二四ノットで進行中の宝盛丸が、約三ノットで対向航行中の無灯火の漁船万里丸と衝突して同船を覆没させ、同船の操船者を海中に転落させて溺死させた事案で、「たしかに、Aが海技免許を有しないこと、無灯火で万里丸を操船していたことは事実であるが、万里丸に航法違反は認められず、……本件具体的状況下においては、無灯火の小型漁船である万里丸といえども被告人においてその存在を予見することが可能でありかつ予見すべきであったというべきであるのに、被告人にレーダーを使用しての見張り義務違反が認められることなどに徴すると、本件に関し信頼の原則を適用しなかった原判決は正当である」、と判示している（福岡高判平成九・三・一三判時一六一四号一四〇頁）。妥当な判断といえる。

四　確かに、これらの判例を詳細に検討すると、いわゆる「信頼の相当性」ありとはいえない具体的事情（「特別の事情」）がかなりみられる。しかし、その適用に慎重でなければならない反面、危険の分配という観点からすれば、海上交通事故においても、自動車事故と同様に信頼の原則を認める余地があるのではなかろうか。もしあるとすれば、それはどのような場合であろうか。

周知のように、信頼の原則の位置づけについては、①予見可能性を否定する原理と解する説、②予見可能性とは別の、予見可能な場合についてもさらに注意義務の範囲を制限する規範的基準と解する説、③事実的自然的予見可能性から刑法的な予見可能性を選び出すための原理と解する説、④客観的予見可能性を前提としたうえで結果回避義務を制限する基準と解する説、に分かれる[19]。ここでこれを詳細に論じる余裕はないが、私見は基本的に①の見解に立脚しつつ、信頼の原則は具体的予見可能性を否定する事由であり、法的顧慮に値する実質的信頼関係がある場合にはじめてそれが心理的に結果回避への動機づけを著しく阻止ないし緩和する方向に働くがゆえに行為者に具体的予見ができず、したがって過失責任を問えない、という構成をとる。(20)

以上の点を踏まえて船舶衝突事故について考えてみよう。その際、小川洋一弁護士が言われるように、「信頼の原則は、交通環境の整備に応じて、その適用範囲を拡大してゆくという相対的概念であるから、具体的状況をとりまく交通環境を具体的に検討しなければ、その適用の可否を論ずることはでき」ず、「この意味で、信頼の原則は極めて個性的であって、一般論として、船舶交通環境が信頼の原則の適用にかなっているかどうかという検討は、あまり意味がない」(21)。確かに、一般論としては、自動車交通はもともと限定された指向性のある道路の存在を前提としているのに対して、船舶交通は無限定な海を前提としていることから、道路交通に比較すると、海上交通の場合、船舶交通施設の立ち遅れが目立ち（むしろこれが海上交通の宿命なのかもしれない）、信頼の原則の適用の余地は狭いであろう。しかし、小川弁護士も言われるように、それは信頼の原則の排除まで意味しない。(22)

では、具体的にどのような場合に信頼の原則の適用の余地があるだろうか。最もその可能性が高いのは、道路との対応関係からいっても、特定の航路における衝突事故の場合であろう。特定の航路の航法については、海上交通安全法が詳細に規定しており（特に一一条、一三条、一五条、一六条）、浦賀水道航路、伊良湖水道航路、明石海峡航路、備讃瀬戸東航路（本書の序章に掲載した航路図参照）では、ある程度交通の実態も右側通行（中ノ瀬航路および宇高東航路では北の方向への航行、宇高西航路では南の方向への航行）が定着しているという。もちろん、例外扱いされている漁ろう船もあるので（三条一項）、一律にはいえないが、このような交通環境の中では、特段の事情のないかぎり、例えば相手の一般船舶が左側を突如航行しはじめることはないと信頼してよいであろう。小川弁護士が、「船舶交通において、その過密化は単に交通渋滞による船舶交通本来の効用を減殺するだけでなく、船舶交通における危険の増大を招く。

それ故、円滑交通の確保という信頼の原則のもとになる理念は、船舶交通の場合、単にその社会的効用の確保というだけでなく、船舶交通の安全の確保にもつながる問題である[23]」、と言われるのも、まさにこの場合にあてはまることといえよう。

同じようなことは、港則法一四条一項（航路内航行優先）、同三項（航路内での右側通行）、同四項（航路内での追越禁止）、一五条（港の防波堤付近の航法）、さらには海上衝突予防法九条（狭い水道における右側通行）の典型的ケースにもいえる（フェリーふたばのケースは典型的ケースとはいえない）。

これに対して、海上衝突予防法一一条以下に規定された航法の場合は、追越し（一三条）にせよ、行会い（一四条）にせよ、あるいは横切り（一五条）にせよ、交通ルールの普及はともかくとして、交通環境の整備自体に自ずと限界があり、信頼の原則の適用は、不可能とはいわないにせよ、かなり限定されると思われる。

いずれにせよ、小川弁護士も言われるように、「危険の公平なる分担という理念を欠いた場合、信頼の原則は個人の利益を抹殺する不当な法理となる危険性をもっていることを、常に念頭におかなければならない[24]」。

(15)　以上の点につき、甲斐・前出注(1)七〇―七一頁［本書第1章三五―三六頁］参照。自動車事故に関しては文献も多いが、包括的にして問題点も鋭く分析した最近のものとして、米田泰邦『機能的刑法と過失』（一九九四）三九頁以下、七一頁以下、八五頁以下、および一〇七頁以下参照。

(16)　小川洋一「船舶衝突と信頼の原則」横田利雄監修『海上交通の安全を求めて――第拾雄洋丸衝突事件の記録――』（一九七六・海文堂）三八頁。なお、海上交通規制全般については、坂本茂宏「海上交通規制と刑罰」石原一彦ほか編『現代刑罰法大系3　個人生活と刑罰』（一九八二）一三五頁以下、大國仁「交通と刑法」竹内正・伊藤寧編『刑法と現代社会［改訂版］』（一九九二）一六三頁以下参照。

(17)　民法的観点からではあるが森島・前出注(5)一七頁も、「海上衝突予防法の規定は過失を判断するための一つの基準というか、目安であって、損害賠償責任の前提としての過失、すなわち注意義務違反にはさまざまなものが考えられ」る、と述べている。

(18) 詳細については、大塚裕史「無灯火船との衝突事故と信頼の原則」海上保安問題研究会編『海上保安と海難』（一九九六）二二二頁以下参照。

(19) 以上の学説の分類につき、山中敬一「信頼の原則」中山研一ほか編『現代刑法講座第三巻・過失から罪数まで』（一九七九）七七頁参照。その他、信頼の原則の詳細については、西原春夫『交通事故と信頼の原則』（一九六九）、井上祐司『行為無価値と過失犯論』（一九七三）五九頁以下、大谷実「危険の分配と信頼の原則」藤木英雄編著『過失犯――新旧過失論争――』（一九七五）七五頁以下、土本武司『過失犯の研究』（一九八六）四七頁以下、松宮孝明『刑事過失論の研究』（一九八九）四七頁以下、内藤謙『刑法講義総論（下）Ⅰ』（一九九一）一一四四頁以下、神山敏雄「信頼の原則の限界に関する一考察」『西原春夫先生古稀祝賀論文集　第二巻』（一九九八）四五頁以下等参照。

(20) 甲斐・前出注(1)七二頁［本書第1章三七頁以下］参照。なお、甲斐克則「火災死傷事故と信頼の原則」中山研一＝米田泰邦編著『火災と刑事責任――管理者の過失処罰を中心に――』（一九九三・成文堂）一四八―一四九頁参照。

(21) 小川・前出注(16)三三―三四頁。

(22) 小川・前出注(16)三四頁以下参照。大塚・前出注（18）二一六頁以下も同旨と思われる。

(23) 小川・前出注(16)四三頁。その他、海難審判との関係で信頼の原則について論じたものとして、鈴木三郎「海上交通における信頼の原則について」日本航海学会論文集五九号（一九七八）二〇一頁以下がある。

(24) 小川・前出注(16)四五頁。

五　結　語

以上、なだしお事件判決の検討を中心とし、さらにそれを契機として船舶衝突事故と過失犯論の基本的問題について考察を加えてきた。そして、一応の解答を導くことができたように思われる。もちろん、まだ検討していない判例もあるし、転覆事故についても別途考察したとはいえ、管理・監督過失や設計者の過失を含め、なお検討すべき課題が残されている。とりわけ後者の問題は、第4章および第5章で、さらに検討したい。

(25)　甲斐・前出注(1)六五頁以下［本書第1章三〇頁以下］参照。

第3章　船舶衝突事故と信頼の原則
——典型事例研究——

一　序

船舶衝突事故に信頼の原則が適用できるかは、第1章および第2章でも多少論じたが、理論的・実践的研究を掘り下げるには、具体的事例を徹底的に分析・検討する必要がある。そこで、本章では、信頼の原則の適用が問題になりうる典型的な三つのパターンを代表する判例を取り上げて、分析・検討を加えることとする。第一は、狭水道における船舶衝突事故の代表的事件であるフェリーふたば・貨物船グレート・ビクトリー号衝突事件であり、第二は、海上交通安全法上の航路である東京湾の中ノ瀬航路出口付近で起きたタンカー第拾雄洋丸・貨物船パシフィック・アレス号衝突事件であり、そして第三は、漁船同士の衝突事故である漁船第二源盛丸・漁船えり丸衝突事件である。他の衝突事件も、多かれ少なかれこれらの典型事例の修正形式である。以下、順次三つの事例を分析・検討してみよう。

二　狭水道における船舶衝突事故と信頼の原則

――狭水道における船舶衝突死傷事故につき信頼の原則が否定された事例（フェリーふたば・貨物船グレート・ビクトリー号衝突事件）――

広島地裁昭和五三年九月一一日刑事第二部判決
昭和五二年(わ)第四七一号、業務上過失往来妨害、業務上過失致死傷被告事件（判例時報九四四号一二九頁）

〈事実の概要〉

被告人は、昭和五〇年六月三〇日から宮崎県日向市細島港―広島港間の定期航路に就航した旅客フェリー「ふたば」（総トン数一、九三三・〇六トン、船体の長さ七五・四九メートル、船体の最大幅一五・五メートル、機関ディーゼルエンジン、推進機二基、航海速力一六ノット、主機エンジンリモートコントロール装置などの航海計器配置、《以下ふたばという。》）の船長として、操船指揮等の業務に従事していた。ふたばは、昭和五一年七月二日正午、被告人以下二九名の乗務員のほか旅客五八名および車両二四台を乗せて前記細島港から広島港に向け定時に出港し、日向灘および豊後水道を北上したが、台風七号の影響で風やうねりが強く、速力を調整しながら航行したため、定刻より約三〇分遅れて同日午後四時五五分ころ愛媛県佐田岬沖を通過した。被告人は、午後七時一五分ころ、センガイ瀬灯標から五七度約三海里沖合で船橋に入り、午後七時二〇分ころ、それまで操船を担当していた同船の一等航海士Eと交替して自ら操船の指揮をしながら航海速力である速力一六ノットで針路を三〇度(真方位、以下同じ。)に定針して航行したが、そのころには気象・海象条件が、風速一メートル以下、視界一〇キロメートル以上の薄暮、天候晴、波浪はまったくなく、潮流北流一ノットの状態と好転し、第二基準航路の運航基準を具備していたので、前記の台風による遅れをとり戻すため、同船の第一基準航路である怒和島水道経由より七、八分運行時間を短縮できる第二基準航路である諸島水道ミルガ瀬戸(以下、ミルガ瀬戸という。)を通過しようと考え、午後七時三五分ころ、山口県東和町片山島東方の大石灯標(北緯三三度五五分、東経一三二度二八・五分)を左舷正横約〇・三海里に見る地点に至った際、針路を〇度に変針し、さらに、同瀬戸に向かって南下中の大型貨物船グレート・ビクトリー号(国籍パナマ、総トン数七、五一九・六五トン、H船長以下四〇名乗組み、船体の長さ一五〇・九五メートル、船体の最大幅一九メートル、機関ディーゼルエンジン、航海速力一四・五ノット《以下グ号という。》)を発見した。

被告人は、同日午後七時三八分ころ、船橋で見張りをしていたE一等航海士から、「反航船は同瀬戸最狭部まで約一・二海里、ふたばから同最狭部まで約一・八海里の位置にあり、このまま進行すると最狭部付近で出合う」旨のレーダー確認報告を受けたが、そのころ、ふたばの左前方串ケ瀬瀬戸からフェリーが横切って来るのを認めたため、自船は針路、速力を保持しながらEに命じて昼間発光信号器により同船に疑問信号を発して右転を促して同船をかわし、その後午後七時四一分ころ、ミルガ瀬戸において航路筋の右側を進行すべく一二度に変針して同速力で進行した。ところがその際、グ号はなおも何らの信号も発しないまま自船船首左約五度前方約一・四海里付近を緑灯(右舷灯)を見せて同瀬戸の航路筋の左側を進行してくる状況にあり、このままでは両船の速度関係からグ号と自船はミルガ瀬戸の最狭部付近で行き合うことがほぼ確定的となった。しかもグ号は七〜八、〇〇〇トンの大型船であり、同瀬戸はその最狭部情島寄りに暗礁がある可航幅四〇〇メートル弱のS字型に屈曲する狭い水道であることなどからすれば、従前の互いの速力で無事に通過できるか疑問であるばかりか、グ号が暗礁等を避けて安全を期して水道の中央寄りを航行することも十分考えられ、このままでは衝突する危険が生じた。このような場合、被告人としては、横切り船との航過が終了し、ふたばが針路・速力保持義務から解放された午後七時四一分ころから、スタンバイスピードである一二ノットに減速するのはもちろん、状況に応じいつでも機関停止・後進全速や激右転等の措置によって安全に停止あるいは右転できる程度に十分減速して進行し、もって衝突事故の発生を未然に防止すべきであるのに、これを怠り、自船が航路筋の右側を進行すれば、グ号も荒神鼻に至るころには航路筋の右側を進行すべく右転し、互いに左舷を体して無事に航過できるものと軽信し、午後七時四一分ころおよび四二分ころの二回Eに命じて昼間発光信号器により短光一回の針路信号を発し、その後汽笛および灯火連動の針路信号を一回なしたのみで小角度の右転を続けながら前記速力のまま進行し続けたことにより、午後七時四三分ころ、自船々首前方八〇〇メートルに接近し荒神鼻正横に至ったグ号がなおも右転の気配がないことに気付き、はじめて衝突の危険を感じて、操舵手に面舵(スターボード)転針を命じるとともに、主機エンジンリモートコントロールハンドルを操作して速力を一二ノットに減速し、汽笛および灯火連動の針路信号を一回行い、続いて面舵一杯(ハード・スターボード)を命じたが間に合わず、午後七時四四分過ぎころ、諸島西端からほぼ西北西七五メートルの海上において、自船の左舷中央部をグ号の船首に衝突させ、よって、ふたばを同日午後八時四〇分ころ転覆させ、次いで同日午後九時一五分ころ愛媛県温泉郡中島町竹ノ子島山頂から三一五度約九〇〇メートルの地点(北緯三三度五八・六八分、東経一三二度二九・四分付近の海面)において沈没させるとともに、同船の旅客四名および同船の甲板長Kを頭蓋底骨折等によりそれぞれ死亡するに至らせたほか、同船旅客一〇名に対しそれぞれ加療約三日ないし一カ月間を要する頭部外傷等の各傷害を負わせたものである（各船の航跡および衝突地点については、後掲ふたば・グ号航跡図参照）。

弁護人は、本件衝突現場であるミルガ瀬戸は改正前の海上衝突予防法二五条一項（昭和五二年六月一日法律六二号の現行法九条一項とほぼ同文、以下旧法を掲げる。）の狭水道に該り、グ号およびふたばは航路筋の右側を航行し、左舷対左舷で航過しなければならない水道であるから、グ号が同法に従って遅くとも情島東端荒神鼻を正横に見る地点で水路の右側に沿うべく右転舵していたならば本件衝突は避けえたと考えられ、したがって同法を遵守していた被告人には信頼の原則が適用され、両船の衝突についての予見可能性はなく、グ号の違法行為に備えて予め速力を減ずる等の措置をとらなかったとしても何ら過失はない、と主張した。

これに対して広島地裁刑事第二部は、昭和五三年九月一一日、グ号の船長の落度も重大である点を考慮して、次のような理由で信頼の原則の適用を排除し、ふたばの船長の過失を肯定し、禁錮六月、執行猶予二年の判決を下した。

〈判　旨〉

本件衝突現場である諸島水道ミルガ瀬戸の航法について海事専門家（元高等海難審判庁首席審判官、海事補佐人O、海技大学教授F、東京商船大学助教授K）の証言（詳細は後述）を考慮すれば、「本件ミルガ瀬戸がそもそもふたば、グ号の二船間にあって海上衝突予防法二五条一項の適用があるか否かの根本的疑問さえ生じる。現に本件についての海難審判は、一、二審とも両船がその進行方向に対して航路筋の右側を航行することが安全であり、かつ実行に適するとはいい難いとして同条項の適用を否定している」。

「本件公訴事実は、一応本件につき右海上衝突予防法二五条一項の適用を前提としており、この点弁護人も異論のないところであり、当裁判所も前掲各証拠を検討したうえ本件水道が同法の適用ある狭水道と認めるが、それにしても前記一で認定した本件水道の地形、水深、可航幅、操舵方法、水路誌記載の注意事項、グ号及びふたばの船体の長さ、総トン数、具体的航行状況、信号交換状況等にかんがみれば専門家の意見さえ区区に分かれるほど両船の航過が『安全』であり且つ『実行に適する』か否か微妙な水道であり、操船者にとって海上衝突予防法二五条一項の適用があることが自明であるとは到底いえないことは、これを認めざるを得ない。南行するグ号のような大型船の船長の中には、本条項の適用があると判断して航路筋の右側に就くべく操船する船長がいる一方、適用されないと判断するか、荒神鼻付近の暗礁に心理的影響を受けてより安全な航路筋の中央あるいは左側を航行すべく操船する船長がいることは当然予見しうるところである。

されば、旅客の生命、財産を預っている船長たる被告人に対して、単に本件ミルガ瀬戸に本条項の適用があるので相手船が右転してその航路筋の右側に就いてくれるとの信頼のみで本件水道を航行することを到底是認できるものではなく、本件は弁護人所論のような信頼の原則を適用すべき事案ではないと考える。したがって、グ号が遅くとも荒神鼻を正横に見る地点で右転舵してくれるものとの被告人の信頼は法的保護に価せず、被告人としてはグ号との行き会いを前提として敢えて本件ミルガ瀬戸を航行しようとする以上船員の常務としてスタンバイエンジン等によるある程度の減速措置をなすにとどまらず、本件のような具体的事実関係のもとでは、グ号が右転せずに直行してくる場合も慮っていつでも機関停止・後進全速や激右転等の措置によって安全に停止あるいは右転できる程度に十分減速しなければならない客観的注意義務があったというべきである」。

〈研　究〉

一　本件の論点は、題目が示すとおり、狭水道における船舶航行につき、いわゆる信頼の原則が適用されるか否か、にある。本判決は、船舶の輻湊する瀬戸内海の狭水道で起きた旅客フェリーと大型貨物船との衝突死傷事故について信頼の原則を適用せずに、同フェリーの船長の過失を肯定した点で、重要な意義を有する。

「信頼の原則」とは、「行為者がある行為をなすにあたって、被害者あるいは第三者が適切な行動をすることを信頼するのが相当な場合には、たといその被害者あるいは第三者の不適切な行動によって結果が発生したとしても、それに対しては責任を負わない」(1)とする原則である、と一般に定義されている。この原則は、ドイツにおいてもっぱら道路交通事犯処理をめぐって登場してきたものであり、わが国でも特に昭和三〇年代～四〇年代から自動車の増加に伴う道路交通事情の変化（自動車の増加、交通環境・交通道徳の普及）に対応して学説や判例（最判昭和四一・一二・二〇刑集二〇巻一〇号一二一二頁）に採用されるようになった。(2)道路交通事犯における過失認定の原理として用いられる場合、「あらゆる交通関与者は、他の交通関与者が交通秩序にしたがった適切な行動に出ることを信頼するのが相当な場合には、たとい他の交通関与者の不適切な行動によって結果が発生したとしても、これに対しては責任を負わない」とする原則、とも定義される。(3)この原則は、危険分配の法理の具体的顕現として、最近では、チーム医療や火災事故等の領域でも考慮されつつある。しかし、「信頼の原則」の刑法理論体系上の位置づけをめぐっては、伝統的過失論と新過失論ないし危惧感説との間になお争いがあり、安易な適用に警戒を発する声もある。(4)

二　ここで過失犯の構造を論じる余裕はないが、信頼の原則の位置づけおよび機能・限界だけは論じておく必要がある。

わが国に最初に信頼の原則を導入して独自の理論展開をされた西原春夫博士は、客観的注意義務、結果回避義務といった過失行為の違法性を中核としたいわゆる新過失論に立脚して、「信頼の原則を適用しうる場合、すなわち他人の適切な行動を信頼するのが相当な場合には、たとい事実上その不適切な行動が予見可能であっても、刑法学上は予見可能であるとは考えられないから、そこに予見義務は存しない、とするのが、信頼の原則を適用する場合の過失否定の論理と考えるべきであろう[5]」、と言われる。要するに、事実上予見可能性が否定できないにもかかわらず予見義務ないし結果回避義務としての注意義務の成立を否定するところにその特色を見いだし、従来の過失認定の範囲を限定しようとされるわけである。

しかし、同じ新過失論でも、信頼の原則を予見可能性とは別の注意義務限定のための規範的基準と考える説もあり[6]、また、いわゆる危惧感説に立脚される藤木英雄博士のように客観的予見可能性を前提として、「具体的な場合に、結果の発生を確実に防止できる最善の策が必要か、あるいは結果の発生防止に有望であるところの次善の策ないし三善の策を講ずれば足りるか、ということを決める上で、信頼の原則が大きく作用する[7]」との見解もあり、一様ではない。

これに対して、過失をあくまで心理的要素＝責任要素として把握し、結果に対する具体的予見可能性を中心に考える伝統的過失論では、総じて信頼の原則を予見可能性否定の原理だと把握する傾向にある。特に平野龍一博士は、「結果の客観的予見可能性」を結果発生の「実質的で許されない危険」として把握し、「信頼の原則は、過失犯の一般的な成立要件を、明示的に言い現わしたにすぎず、特別の原則ないし要件をなすわけではない」として、信頼の原則適用について、「被害者がそのような行動をとる蓋然性が低く、したがって被告入の行為は実質的な危険があるとはいえないから過失犯は成立しない[8]」、と主張され、新過失論の提唱者井上正治博士を含め、支持者も多い[9]。ここで「実質的」というのは、「刑罰手段を用いて抑止措置を講ずる必要が認められる程度の危険」という意味に理解されている。[10]「『ある程度高度の』危険がないかぎり、過失犯としての実行行為とは判断されない」[11]というわけである。

さて、以上の諸説のうち、われわれはいかなる見解に立脚すればよいのであろうか。そもそも「予見可能性」という概念自体が抽象的であるため、議論も複雑になっている。伝統的過失論が行為と結果との間に因果関係さえあれば過失を肯定するという傾向を有すると批判しつつ、新過失論は、過失行為の違法性（結果回避義務違反）を中心とすべきだ、と説く。[12]確かに、新過失論が提起した問題点は重要であった。しかし、論理的にも実践的にも、まず結果の予見が可能でなければ結果の回避はできないはずであり、過失事犯の個別性、特殊事情を考慮すると、行政法規等の規則違反を即座に刑法上の結果回避義務違反として過失犯の中心的成立要件とするのは、問題がある。平野博士が指摘されるように、「合理的行動をとらない者は処罰する」という無限定な処罰さえ招きかねない。[13]また他方、井上祐司教授が指摘されるように、「新過失論は、……理論構造そのものが、個別性をとりだしにくいものとしているため、判決における実際の適用においては、これらの類型的な、一般的な諸規則や行政規程が直ちに標準的行動の内容とされ易く、そのため、注意義務の内容が具体的事件のもつ特別の事情を無視した抽象的、一般的なものになりやすい。被告人の現実の能力を基礎とした具体的な結果の予見可能性という伝来の刑事過失論と比較したとき、新過失論の基準は、行為者の能力を一般化し、事件の個別性を捨象し、かなり大まかな基準ですませることになり勝ちである」。[14]このような井上教授の立場からは、平野博士の見解（「実質的で許されない危険」を「結果の客観的予見可能性」として把握する試み）さえも、新過失論に親近性を示すものとして批判の対象となる。すなわち、「当初から無前提に刑事過失としては切りすててよい程度の可能性があるということができるものであろうか。人の生命や健康が問題になっているのであるから、小さければ小さいなりの可能性に応じた注意が要求されていると考えてよいように思う。小さい可能性はいきなり現実化することはないのであって、にもかかわらず、結果発生とたまたま接合する別の因果系列が独自に進行しているからである。そちらの系列での過失の問題が、こちらの過失判断に影響し、因果系列を切断してしまえば、過失未遂にとどまるであろう。しかし、過失理論の上からは……偶然の接合にもかかわらず、何程かの因果関係が残る限り……僅かな過失でも刑罰の対象になると考えたい[15]」。この井上教授の基本姿勢は、海上における過失事犯考察のうえで重要な示唆を与えているように思われる。なぜなら、海上交通は陸上交通に比し、後述のように実態としてより複雑な様相を呈しており、過失犯認定にも慎重な対応が要求されるからである。業務上過失致死罪の保護法益が個々人の生命・身体であることを考慮しつつ、法益保護と責任主義との調和を図った解決が望ましい。

このような基本的観点から信頼の原則について考えると、やはり具体的予見可能性と切り離してこれを観念することは妥当でないように思われる。そして、かりにこの原則を認めるにしても、「実質的な信頼関係」の存在という前提で捉えるなど、慎重さが要求されるであろう。信頼の原則が「交通規則を絶対化する傾向を本来的にともなっている[16]」との指摘には、耳を傾けておく必要がある。

自動車事故と信頼の原則に関するわが国の最高裁判例は、①最判昭四一・一二・二〇（刑集二〇巻一〇号一二一二頁）、②最判昭四二・一〇・一三（刑集二一巻八号一〇九七頁）、③最判昭四三・一二・一七（刑集二二巻一三号一五二五頁）、④最判昭四三・一二・二四（裁集一六九号九〇頁）、⑤最判昭四五・三・三一（刑集二四巻三号九二頁）、⑥最判昭四五・九・二四（刑集二四巻一〇号一三八〇頁）、⑦最判昭四五・九・二九（裁集一七七号一一八五頁）、⑧最判昭四五・一一・一七（刑集二四巻一二号一六二二頁）、⑨最判昭四五・一二・二二（裁集一七八号一六一五頁）、⑩最判昭四六・六・二五（刑集二五巻四号六六五頁）、⑪最判昭四六・一〇・一四（刑集二五巻六号八一七頁）、⑫最判昭四七・一一・一六（刑集二六巻九号五三八頁）、

⑬最判昭四八・三・二二（刑集二七巻二号二四〇頁）、⑭最判昭四八・五・二二（刑集二七巻五号一〇七七頁）、⑮最判昭四八・一二・二五（裁集一九〇号一〇二一頁）という具合に、昭和四〇年代に集中的に現れている。[17] 特に判例②は、「本件被告人のように、センターラインの若干左側から、右折の合図をしながら、右折を始めようとする原動機付自転車の運転者としては、後方からくる他の車両の運転手が、交通法規を守り、速度をおとして自車の右折を待って進行する等、安全な速度と方法で進行するであろうことを信頼して運転すれば足り、本件Aのように、あえて交通法規に違反して、高速度で、センターラインの右側にはみ出してまで自車を追越そうとする車両のありうることまでも予想して、右後方に対する安全を確認し、もって事故の発生を未然に防止すべき業務上の注意義務はないものと解するのが相当である」、として、無罪判決を下している。本判決は（判例⑭も同様）、行為者に法規違反がある場合にもなお信頼の原則が適用されるのか、という議論を醸成した。

議論の詳細は割愛するが、[18] これを機に、信頼の原則の限界もかなりの合意を得ることとなった。それは、すでに西原博士が呈示されていた内容でもある。第一に、被害者の不適切な行動が容易に予見可能であった場合、第二に、被害者が老人、幼児、身体障害者、酩酊者など、適切な行動の期待できない者であった場合、第三に、加害者の方に交通違反その他不適切な行動のあった場合、「特別の事情」があるので信頼の原則は適用されない。[19] 特に第三の点については、「クリーンハンド」的理解が必要か否か、今日でもなお争われているところである。[20] しかし逆に、これ以外の場合にはすべて信頼の原則が適用されるというわけではない。第一に、信頼関係の存在、第二に、信頼の相当性の存在、が前提となる。しかも、単なる形式的なものでは足りず、法的顧慮に値する実質的な信頼関係の存在が要求されるであろう。そうであればこそ、心理的に結果回避への動機づけを著しく阻止ないし緩和する方向に働くがゆえに行為者に対して予見可能性も否定されうるのである。だとすれば、「加害者の交通違反その他不適切な行動」という側面は大して重要ではなくなる。[21]そして、このことを詰めて考えれば、信頼の原則は、予見可能性を否定するにあたり、ごく例外的に認められる「例外則」だともいえなくはない。信頼の原則の過度の強調こそ問題である。

三　以上の点を踏まえて、本件の検討に移ることにしよう。同じ交通事故でも、海上交通事故の場合、陸上のそれと比較した場合、必ずしも同列に論じきれない部分が多い。その特徴をいくつか挙げておこう。[22]

まず第一に、形態からして、転覆、挫礁、衝突という具合に多様であるし、しかもその場所や時期いかんでは危険性もかなり相違がある。例えば、挫礁や衝突で船舶自体に破損が生じ、よって乗員や乗客に死傷の結果が発生するにとどまらず、覆没ないし転覆すれば入々の逃げ場所はほとんどなく、かりにあったとしても海であり、これが厳寒の北海道沖であれば短時間のうちに死を招来することになる。たとえそのような場所でなくても、泳ぐことができない者は溺死するし、泳ぐことができる者でも天候いかんによっては高波やうねりでやはり溺死する危険性がかなりある。

第二に、船舶の形態からしても、それこそ数トンの小型船舶から数万トンの大型船舶まであり、しかも、プレジャーボート、漁船、客船、貨物船、危険物積載船等々、その種類も豊富であり、したがって例えば衝突の組合わせも無数にありうる。そのため、被害も多様で、前述のもののほかに、危険物積載船から流出した液体等の引火爆発などによる死傷の結果を大規模的に発生させる危険性もある。また、水先人が付くこともあるし、船舶運行者の国籍も多様であるという事情もある。それらは当然ながら、船舶運航者（これも船長のほかに当直航海士などの役割分担が関係する）の注意義務の認定にはねかえってくる。

第三に、陸上の道路交通法規にあたる海上交通法規として、いくつかのものがある。大國仁教授の分類[23]によれば、

①航路の安全関係として、航路標識法、水路業務法、気象業務法などがあり、②船舶の構造・設備（物的側面）の安全関係として、船舶安全法、船舶積量測度法、船舶法（公権力による船舶の把握・管理）、③操船（人的側面）の安全関係として、船舶職員法、船員法（第二章、第三章）、水先法などがあり、そして④海上交通のルールとして、海上衝突予防法、海上交通安全法、港則法などがある。特に本件のような衝突事故では、海上衝突予防法が関係してくる。しかし、海は陸と異なり、必ずしもすべての船舶が統一ルールに従って航海しているわけではないので、過失の認定に際しても慎重な姿勢が必要である。交通法規違反と刑事過失との関係も切実な形で問われることになる。

さて、本件では、諸島水道ミルガ瀬戸という狭い水道をフェリーと大型貨物船が行き会う際の注意義務が結果発生との関係でどのような形で認定されるか、興味深いところである。まず、当時の海上衝突予防法（昭和二八年法律第一五一号）二五条一項（昭和五二年六月一日法律六二号の現行法九条一項とほぼ同文）にいう「狭い水道」に諸島水道ミルガ瀬戸が該当するか、である。同条一項は、「狭い水道又は航路筋（以下『狭い水道等』という。）をこれに沿って航行する船舶は、安全であり、かつ、実行に適する限り、狭い水道等の右側端に寄って航行しなければならない」、と規定する。ふたばの船長たる被告人側は、これを根拠に信頼の原則の適用により衝突についての予見可能性がない、と主張する。したがって、その前提となる「狭い水道」と認定されるか否かは、ひとつの論点である。しかし、広島地裁は、結論的にはこれを肯定しているが、この前提自体に疑問を呈示している。すなわち、第一に、ミルガ瀬戸は、その最狭部（情島東端荒神鼻と諸島西端の突出部との間）の水域の幅約五〇〇メートルで、「海図によれば諸島側は一〇メートル等深線の外側から急に深くなっているのに対し、荒神鼻先端部付近には暗岩のマーク㊉のほか五メートル、一〇メートル及び二〇メートル等深線が記入され、約五〇メートルの礁脈が突出し、可航幅四〇〇メートル弱で、怒和島水道、クダコ水道に比較して幅が狭いうえ、夜標もなく全体としてS字型に屈曲しているため、北行船南行船とも最狭部付近で変針しなければならない大型船にあっては航行困難な水道である。海上保安庁が船舶の安全航行のため推薦した推薦航路は本件水道の航路筋の中央よりやや東方に寄っており、海上保安庁が発行した瀬戸内海水路誌には注意事項として、『この水道を通航中に大角度の変針は禁物である。』『ミルガ瀬戸を通航中は針路に気をとられずに水道の中央を通過するように注意する。』との記載がある」。第二に、海事専門家の証言のうち、元高等海難審判庁首席審判官、海事補佐人Oによれば、二船間に吸引・反発の相互作用が生じるのは両船間の距離が両船の船体の長さの和あるいはその八割位と考えられるが、「安全」であるかどうかはそれだけでは決しえず、主観的な面も含み、狭水道航法に従う度胸のある人とない人がいると思われ、ミルガ瀬戸の可航幅は約三四〇メートルであるから、グ号とふたばは安全に航過できないので、同条一項の適用はなく、一船ずつ航行しなければならず、避航可能なふたばが水道の入口で待つべきであるが、速力を減じれば安全に航過できるという(また一般に大型船はできるだけ中央を通りたがるともいう)。他方、海技大学教授Fによれば、①二船間の相互作用は両船間の距離が両船の船体の長さの和以下で影響が現れ、その半分になれば著しく危険になる、②したがって同条一項の適用がある狭水道であるかどうかは船の大小によって左右されるが、速力さえ落とせば船体の短い方の船の長さだけ間隔をおけば航過も可能である、③同瀬戸は可航幅約三六〇メートルで決して広い水道ではないうえ、地形や変針の関係から慣れておらず、船が大きくなればなるほど心臓が縮み上がるような思いをすると思うが、安全な速度に減速すれば通れないことはない、④しかし、本件の場合そのままの速力では二船は安全に航過できない、という。さらに、東京商船大学助教授Kによれば、①相互作用が顕著になるのは船体の長い方の船の長さ以下の幅しか二船間に距離がない場合である、②グ号が荒神鼻を正確に見る地点で右転舵すれば、そのままの速力のままでも相互作用等の影響をうけずに無事航過できたと考えられるが、同瀬戸のような狭い屈曲した水道で両船が行き会う場合に、船長としては船体の長い方の船の長さだけ間隔を置いたからといって安心して行き会えないのは事実であって、相互作用の面ばかりではなく周囲に障害物があることから不安を感じる、という。

このような専門的見解に加え、広島地方海難審判庁（昭和五二・二・一九、海難審判庁裁決録昭和五二年一＝二＝三合併号三三八頁）および高等海難審判庁（昭和五三・二・二八、海難審判庁裁決録昭和五三年一＝二＝三合併号三三三頁）が、(旧)海上衝突予防法二五条一項の適用を否定したこともあって、広島地裁も同条一項の適用を肯定しつつ、これに多少消極的態度を示したものと思われる。(24) そうであればこそ、「単に本件ミルガ瀬戸に本条項の適用があるので相手船が右転してその航路筋の右側に就いてくれるとの信頼のみで本件水道を航行することを到底是認できるものではな」い、ということになるのは必然的である。したがって、船長の具体的予見可能性については肯定せざるをえない。

四　しかし、真の問題は、かりに同条一項の適用を正面から認めたとしてもなお右のような結論になるか、というところにある。というのは、本件では、グ号の船長（国籍中華民国）の刑事過失も問われ、第一審広島地判昭和五二・五・二三は、同条一項を適用したうえで航法違反を強調してグ号の船長の過失を認め、禁錮一年、執行猶予三年の判決を下し、第二審広島高判昭和五三・九・一二（両判決ともに判例集不登載）も、基本的にこれを支持して控訴棄却の判決を下しているからである。同一事件でも、本件の方では、検察側が同条一項の適用を主張し、弁護側がその適用がない旨を主張しており、興味深い。

第一審は、次のように述べて過失を肯定している。「およそ刑法上の過失を論ずる場合、当該行為者に結果の発生を回避すべき義務があったにもかかわらず、不注意にもこれを怠って結果を発生せしめた点に過失が求められるわけであるが、以上の説明によれば、被告人はミルガ瀬戸を南行するに際し、狭水道の航法規定である法二五条一項に定められているとおり、航路筋の右側を進行すべき義務があり、右義務を履行するためには、同瀬戸が西方にやや屈曲していたのであるから、同瀬戸に差しかかる前から余裕をもって右転する必要があったのに、不注意にもこの措置をとることを怠り、同一針路のまま漫然グ号を航路筋の左側に進出させたため、折から、狭水道航法の規定に従い航路筋の右側を反航してきた『ふたば』との衝突事故を惹起せしめるに至ったものであることは明らかである。したがって被告人の過失は判示のとおり、前記法条に違反して進行を継続した点にあるものと言わなければならない」。

同条一項違反と過失との関連性が、他の各所でも強調されている。第二審でも弁護側は、グ号側はふたば発見時より、同船の動静を注視し、減速し、機関停止し、全速後進の措置をとっており、右側進行の点を除けば（これも同条一項の適用がないため否定されるという）、すべての注意義務を尽くしているので過失責任はないと主張した。しかし、第二審は、次のように述べて控訴を棄却している（本判決は判例集不登載なのでやや詳細に紹介しておく）。

まず、(旧)海上衝突予防法二五条一項に関する一般的見解について。「(イ)予防法二五条一項は、狭い水道において二隻の動力船が行き合う場合に、各船が通常の航法規則に従って航行するときには衝突その他事故発生の危険が大きいことから、これを未然に防止する目的で定められた一般的準則であって、右条項に規定された航路筋の右側進行義務は狭い水道を航行する動力船にとって基本的な義務である。動力船は、航路筋の右側進行が『安全でなく、実行に適さない場合』を除けば、必ず航路筋の右側を進行しなければならないのであって、衝突のおそれが生じた場合、あるいは、他の船舶が視野の内にある場合にはじめてこの義務が発生するのではなく……、単独航行中においても右側進行義務があり、また、違法側を反航する船舶を認めても安易に左側につくことは許されないのである。(ロ)このように、狭い水道を航行する動力船にとって、右側進行義務は、それが『安全でなく、実行に適さない場合』に限って免除されるにすぎないものと解すべきであるから、具体的な場面では、狭い水道の一部において予防法二五条一項の適用が否定されても、その余の部分では適用され、右側進行義務が肯定されることがあるのであって、右側進行義務の存否は個々の状況を具体的に検討したうえで判断する必要がある。……(ハ)また、予防法二五条一項及び同法一八条の規定等に照らせば、船舶が右側を航行し、反航船とは互いに左舷対左舷で行き合うことは予防法の規定する航法に流れている大原則であり、行き合いの関係が生じた以上はこの原則ができるだけ尊重されるべきであって、安易にこれを放棄することは許されないものといわねばならない」。

次に、本件において同条一項が適用されるか否かについて。「1．まず、本件において、ミルガ瀬戸が右条項にいう『狭い水道』に該当するかどうかを考えてみると、『狭い水道』とは『二隻の動力船が通常の航法規則に従って航行するときは衝突等の事故発生の危険が大きいが、各船が互いにその進行方向に面して航路筋の右側を進行するときはその危険が著しく緩和される程度に狭い場所をいう。』ものと解するのが一般であって、ミルガ水道がかかる意味における『狭い水道』に該当することは否定できないところである。すなわち、右の定義によれば、ある水道が『狭い水道』に該当するかどうかは、その水道を航行する船舶の大きさや性能、水路状況、当時の気象、海象等の具体的状況を総合して判断すべきこととなり、判例及び海事実務上『狭い水道』の幅員の上限は一応二海里程度とされているものの、その下限については未だ確立したものがなく、『狭い水道』かそれともいわゆる狭すぎる水道かの判定はたやすく決し難い場合もあるのである。しかし、ミルガ瀬戸はその最狭部においても約三五〇メートルの可航幅を有し、本件当時の気象、海象等の状況において、グ号が同瀬戸を航行中、いかなる大きさの船舶と行き合うこともできないほどに狭隘なわけではないのであるから、いわゆる狭すぎる水道とはいえないのであって、『狭い水道』と認めるのが相当である。2．右1のとおり、ミルガ瀬戸は、グ号にとって予防法二五条一項の定める『狭い水道』に該当するのであるから、同船は、原則として、航路筋の右側を進行する義務があり、これを免かれるのは右側進行が『安全でなく、実行に適さない場合』に限られる」。前記O証言に基づいて「グ号と『ふたば』の各船体の長さ及び最大幅の数値をあてはめて計算すると、両船が安全に同時航行するためには、少なくとも三九五メートル以上の幅員が必要ということになるので、返し波の影響を考慮しての離岸距離を計る際の基準点は必ずしも可航幅の場合と同一である必要はないことなどを斟酌してみても、可航幅約三五〇メートルのミルガ瀬戸最狭部付近において、グ号と『ふたば』が行き合うことは必ずしも安全とは認め難いところである。しかしながら、このことをもって、直ちに、グ号の右側進行義務が全面的に免除されるものと解することは相当でない」。「……本件の具体的諸状況を考慮すれば、客観的にみて、グ号と『ふたば』がミルガ瀬戸最狭部付近において安全には航過できない状況であったことを理由として、被告人が右側進行義務をたやすく免れるものと解することは相当でないのであって、むしろ、『ふたば』を認めた同日午後七時三五分ころの時点において、被告人には同船の動静を注視し、減速するとともに、予防法二五条一項の定める趣旨に従い、十分な余裕をもって右転し、『ふたば』とは左舷対左舷の形で行き合うべく操船して、同船との衝突事故を未然に防止すべき業務上の注意義務があったものというべきである」。3・そして、被告人が右転等の措置をとらなかったことにつき是認すべき正当な理由はない。

かくして、「被告人には原判示の如き右側進行義務があったものというべく、被告人が右義務に違背したことが原因となって、本件衝突事故が惹起されたものであることは関係証拠上明らかなところであるから、被告人の過失責任は否定できない」。また、「…『ふたば』は、ミルガ瀬戸の南側入口手前で待機することなく、同瀬戸に進入し、しかも、約一六ノットの速力で航行してきたのであり、被告人においてもこれを十分に現認しえたものであって、『ふたば』が待機等することを信頼すべき状況ではなかったのである。それ故、仮に、『ふたば』に所論のような待機等の義務があったとしても、そのために被告人の予防法二五条一項に基づく右側進行義務を免れるわけではないし、事故回避のための措置をとる義務が否定されるものではないのであって、本件の事実関係においては、被告人が右側進行等の義務を適切に履行してさえいたならば、少くとも本件のような衝突事故は回避できたものと認めざるをえず、その他記録を仔細に検討し、当審における事実取調べの結果を参酌しても、右過失責任を肯定した原判決に誤りはない」（傍点筆者）。

五　結論的には、グ号の船長の刑事過失も肯定されるであろう。グ号の船長は、はじめて瀬戸内海を航行するのに水先人も付けずに、しかも午後七時三〇分ころミルガ瀬戸を通過しようとした割には、注意義務を尽くしておらず、判決文も言うように、ふたばが右転舵するとの信頼の存在を肯定する状況ではなかったと考えられる。また何より重要な点は、衝突予防法二五条一項（現九条一項）の適用については、ふたば判決とグ号判決は微妙なくい違いを見せているが、いずれも信頼の原則を否定して両船長の刑事過失を肯定している点である。当時の具体的事情からして、両船長ともそのまま航行すれば衝突し、衝突すれば船舶の損傷に止らずそのショックとその後の転覆によって乗客や乗員に死傷の結果が発生することを予見できたはずであり、したがって結果回避措置も十分とりえたはずである。特にフェリーふたばは、多数の乗客の生命を預かっているのであるから、単に右側通行すれば足りると考えて航行するだけでは注意義務を尽くしたことにはならないし、ましてやグ号の右側通行を軽信した点は非難に値するといえる。グ号発見時点で極力速度を落とすなり、グ号通過を待つなりすべきであったといえる。定刻時よりかなりの遅れがあったことが本件のような航行状態を生み出したとも考えられるが、多数の乗客の生命を預る船長としては、これは免責事由にはなりえない。(現海上衝突予防法自身も、三八条二項において、「切迫した危険のある特殊な状況にある場合においては、切迫した危険を避けるためにこの法律の規定によらないことができる」旨を規定している点を想起する必要がある。また、グ号の船長も、相手船がフェリーであると認識しえたはずであり、多数の乗客の生命の危険を予見しえたといえるので、やはり過失責任が肯定される。

いずれにせよ、第1章および第2章で論じたように、船舶衝突事故においては、自動車交通事故に比べると、信頼の原則を適用する余地はかなり限定されるように思われる。特に本件のように「狭い水道」に関する理解が専門家の間で異なる場合には、なおさらである。後述のように、昭和四九年一一月九日に東京湾で起きた危険物積載大型タンカー第拾雄洋丸・貨物船パシフィック・アレス号衝突事件判決（横浜地判昭和五四・九・二八・刑裁月報一一巻九号一〇九九頁）でも信頼の原則が否定されている。(25) なお、第2章で分析したように、昭和六三年七月二三日に起きた潜水艦なだしお・遊漁船第一富士丸衝突事件では、弁護人は、信頼の原則の適用を争わなかった。

(1) 西原春夫『交通事故と信頼の原則』(一九六九) 一四頁。
(2) 信頼の原則の生成過程および理論展開については、西原・前出注 (1) を筆頭にして、同『交通事故と過失の認定』(一九七六)、井上祐司「信頼の原則と過失犯の理論」同『行為無価値と過失犯論』(一九七三) 五九頁以下、大谷実「危険の分配と信頼の原則」藤木英雄編著『過失犯――新旧過失論争――』(一九七五) 七五頁以下、宮澤浩一「スイス・オーストリアにおける信頼の原則」同『現代社会相と内外刑法思潮』(一九七六・成文堂) 一頁以下、山中敬一「信頼の原則」中山研一＝西原春夫＝藤木英雄＝宮澤浩一編『現代刑法講座第三巻：過失から罪数まで』(一九七九) 七一頁以下、松宮孝明「『信頼の原則』による過失限定の意味」同『刑事過失論の研究』(一九八九) 四七頁以下、土本武司「信頼の原則」同『過失犯の研究』(一九八六) 四七頁以下、内藤謙『刑法講義総論(下)I』(一九九一) 一一四四頁以下等参照。
(3) 西原・前出注 (1) 一四頁。
(4) 井上・前出注 (2) 六〇頁以下は、ナチス共同体思想と信頼の原則との関連性を説き、信頼の原則は自動車交通全体の能率化を意図するものだとしてこれに批判的である。これに対して、西原・前出注 (1) 七一八頁および八七頁以下は、一九三五年当時のドイツ道路交通事情を考慮しつつ、実務の中に信頼の原則が現れてきた理由を、交通量の増加、道路や道路法規の整備、交差点における優先通行制度樹立という点に求め、信頼の原則とナチス思想との直接的結び付きを否定している。なお、斉藤誠二「信頼の原則とナチスの法思想(一)(二)」判時七〇一号 (一九七三) 八頁以下、七〇二号一三頁以下参照。
(5) 西原・前出注 (1) 三三頁。なお、同・前出注 (2) 一二一一三頁参照。
(6) 例えば、金沢文雄「過失」ジュリスト増刊『刑法の判例』(第二版・一九七三) 七八頁、岡野光雄「交通事故と信頼の原則」内藤謙＝西原春夫編『刑法を学ぶ』(一九七三・有斐閣) 一四一頁。
(7) 藤木英雄・前出注 (2)『過失犯』の「総論」六四頁。
(8) 平野龍一『刑法総論I』(一九七二) 一九七一一九八頁。なお、同「過失についての二、三の問題」井上正治博士還暦祝賀『刑事法学の諸相(下)』(一九八三) 三〇〇頁参照。
(9) 井上正治「いわゆる結果回避義務について」法政研究三四巻一号 (一九六七) 四七頁。その他、大谷・前出注 (2) 一一九頁、三井誠「予見可能性」藤木編著・前出注 (2)『過失犯』一七三一一七四頁、山中・前出注 (2) 七八頁、内藤・前出注 (2) 一一五三頁等参照。ただし、内藤教授は、平野説と一歩距離を置いている。
(10) 大谷・前出注 (2) 一〇六頁。平野博士の言われる「実質的で許されない危険」の概念は、なお不明確であるが、結局、多数人の生命・身体に被害を及ぼすようなものを措定せざるをえないであろう。そして、その判断には因果論的枠組が必要とされるであろう。この点については別の機会に論じたい。

(11)　大谷・前出注（2）一〇六頁。

(12)　井上正治『過失犯の構造』（一九五八）五〇頁以下、藤木英雄『過失犯の理論』（一九六九・有信堂）三〇頁以下、同・前出注（2）『過失犯』四五頁以下等参照。

(13)　平野「刑法の基礎⑫過失」法学セミナー一三二号（一九六七）三九頁。

(14)　井上（祐）・前出注（2）『行為無価値と過失犯論』「はしがき」二頁。

(15)　井上（祐）・前出注（2）一三二―一三三頁。なお内藤・前出注（2）三九―四〇頁をも参照。

(16)　井上（祐）・前出注（2）八〇頁。

(17)　判例については、土本・前出注（2）六三頁以下および片岡聰『最高裁判例にあらわれた信頼の原則』（一九七五）参照。一連の自動車事故判例に先立つものとして、酔客の転落事故と駅員の過失責任に関する最判昭和四一・六・一四刑集二〇巻五号四四九頁がある。

(18)　前出注（2）の諸文献参照。

(19)　西原・前出注（1）一四七頁以下参照。

(20)　この点については、松宮・前出注（2）を参照。「クリーンハンド」的理解に批判的である（特に一四八―一四九頁）。なお、同「『信頼の原則』と『クリーンハンドの法則』――名古屋高判昭和六一・四・八刑月一八―四―二二七について――」同・前出注（2）三八〇頁以下参照。逆に、「クリーンハンドの原則」を主張するものとして、三ツ木健益「信頼の原則の原点にかえれ」法律のひろば二六巻一〇号（一九七三）三〇頁、大塚仁「信頼の原則とは何か」大塚仁＝福田平『刑法の基礎知識(1)』（新版・一九八二・有斐閣）一八八頁、土本・前出注（2）七八頁以下参照。

(21)　この点に関連して、内藤・前出注（2）一一一五頁は、「最高裁判例が信頼の原則を必ずしも新過失論的には理解していない」ことを指摘している。

(22)　大國仁「交通と刑法」竹内正＝伊藤寧編『刑法と現代社会［改訂版］』（一九九二）一六三頁以下は、陸上交通と海上交通との異同について興味深く論じており、示唆に富む。なお、本書第1章および磯田壯一郎「海上交通事故の現状と問題点」ジュリスト九二二号（一九八八）二三頁以下参照。

(23)　大國・前出注（22）一七三―一七四頁。

(24)　このことは、もちろん、海難審判の結果が刑事裁判における司法的判断を拘束することを意味するものではない。機帆船第五清澄丸・櫓漕漁船幸丸衝突事件において、海難審判所は第五清澄丸船長の過失を認めなかったのに対し（高等海難審判庁昭和三〇・四・二二）、松山簡判昭和三〇・五・三〇および高松高判昭和三〇・九・三〇の各判決は同船長の過失を肯定し、最高裁も、「海難事件で審判所のなした裁決における過失の有無に関する判断は、同一事件について刑事裁判をなす司法裁判所を拘束するものではない」、と断言している（最判昭和三二・六・二八刑集一〇巻六号九三六頁）。海難審判先行の原則は、必ずしも刑事訴訟法上の原則ではない。

(25)　本判決については、本章後出第二事例を参照。そのほかに、長崎県北松浦郡小佐々町時計島北端より約二五〇メートル北東の狭い海上で起きた汽船第一一津吉丸・汽船大運丸衝突事件（業務上過失往来妨害、業務上過失傷害被告事件）では、第一一津吉丸の船長が、対向して来た大運丸の白色灯火点滅信号を前方約二〇〇メートルの地点に認めたが、「かかる場合船長としては対抗船の動静に十分注意しながら航路筋の右側を航行して安全にすれ違うようにすべき業務上の注意義務があるにも拘らず前記白色灯の点滅信号を自船の右方向への転舵信号と軽信し、対抗船の動静を確かめることなく漫然自船を左に変針し同速（約一〇ノット――筆者）のまま航行した過失」が認められ、禁錮六月、執行猶予二年の刑に処せられている（長崎地佐世保支判昭五一・一一・一二海難刑事判例集九七頁）。

なお、昭和三〇年五月一一日に起き、死者一六五名、負傷者五七名を出して日本の海難史上にその名を残した国鉄宇高連絡船同士の衝突事故である貨車航送船第三宇高丸（総トン数一、二八二トン）と貨客航送船紫雲丸（総トン数一、四八〇トン）との衝突事件でも、濃霧の中での行き合いにおける船長等の注意義務が争点になったが、同時に宇高航路が（旧）海上衝突予防法二五条にいう「狭い水道」にあたるか、もしそうであればそれが注意義務違反認定にどのように影響するか、が争われた。第二審（高松高判昭和三八・三・一九高刑集一六巻一号一六八頁）は、原審（高松地判昭和三六・五・三一）を支持して、宇高丸の船長に対して、「レーダーにより正船首方向に紫雲丸を探知した十分余裕のある時期に、まず適度の速力に減速して両船備付の無線電話を活用すべき義務」の違反を認めている。そして、同航路は純然たる「狭い水道」ではないが、「狭い水道の連続」であると認定したうえで、本件のような特殊状況においては、単に左舷対左舷で航過しようとしても右注意義務違反は免れない、と判示した。無線電話活用義務に固執する必要はないと思われるが、結論的には妥当な判断である。本判決については、澤登俊雄「判批」『交通事故判例百選（第二版）』（一九七五）二六八頁以下がある。

ふたば・グ号航跡図

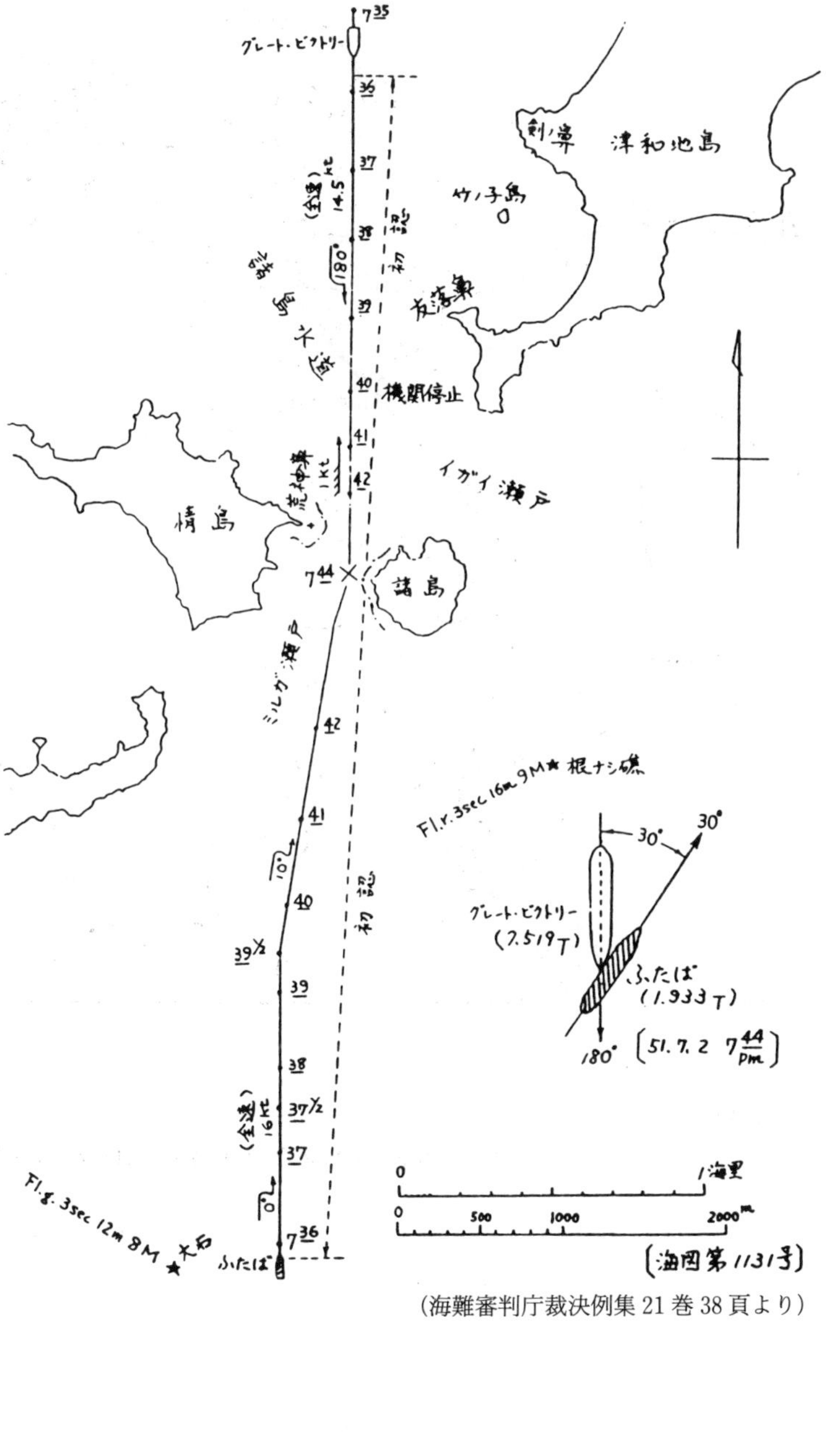

（海難審判庁裁決例集 21 巻 38 頁より）

細島—広島航路船基準航路図（1）

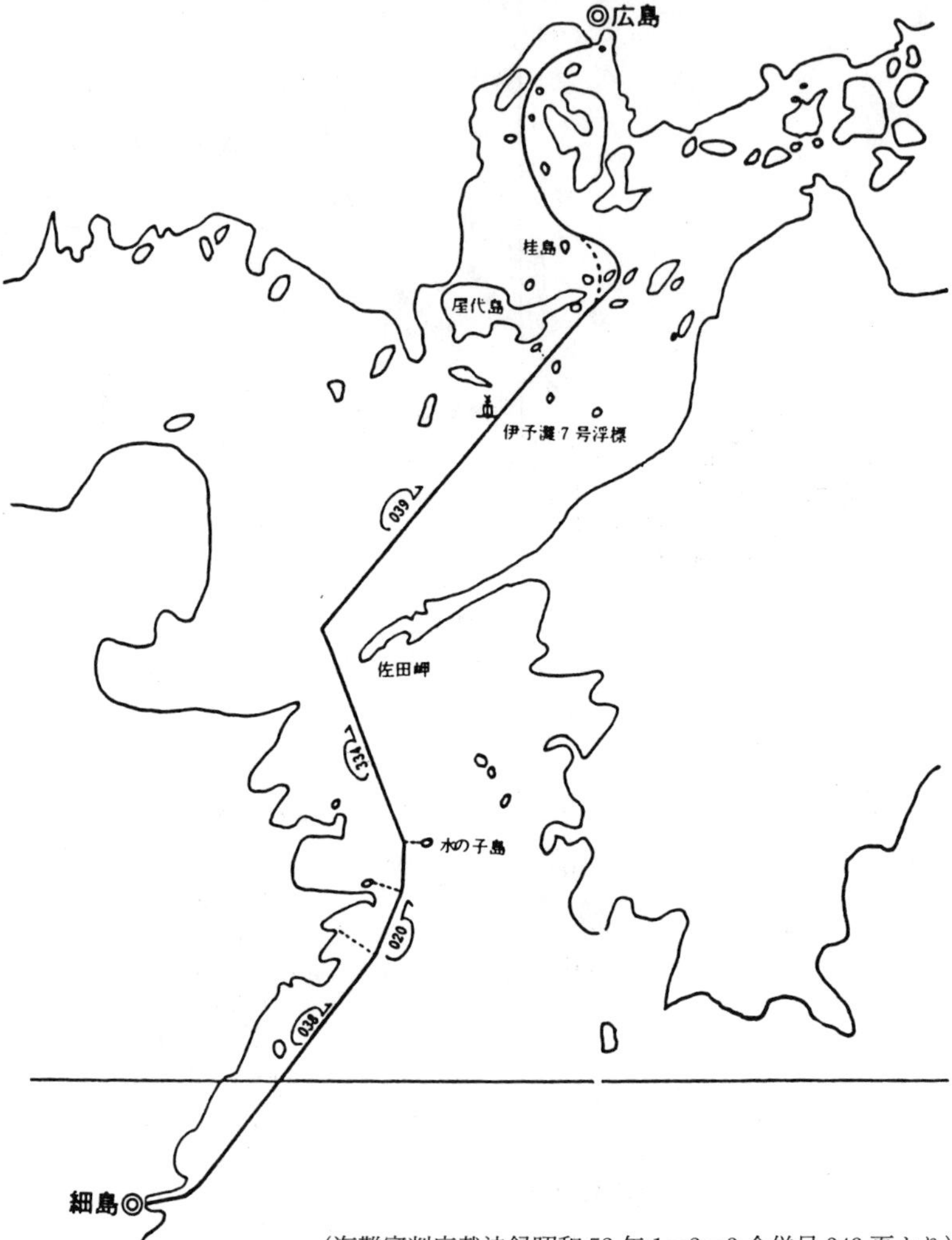

（海難審判庁裁決録昭和52年1＝2＝3合併号343頁より）

細島－広島航路船基準航路図 (2)

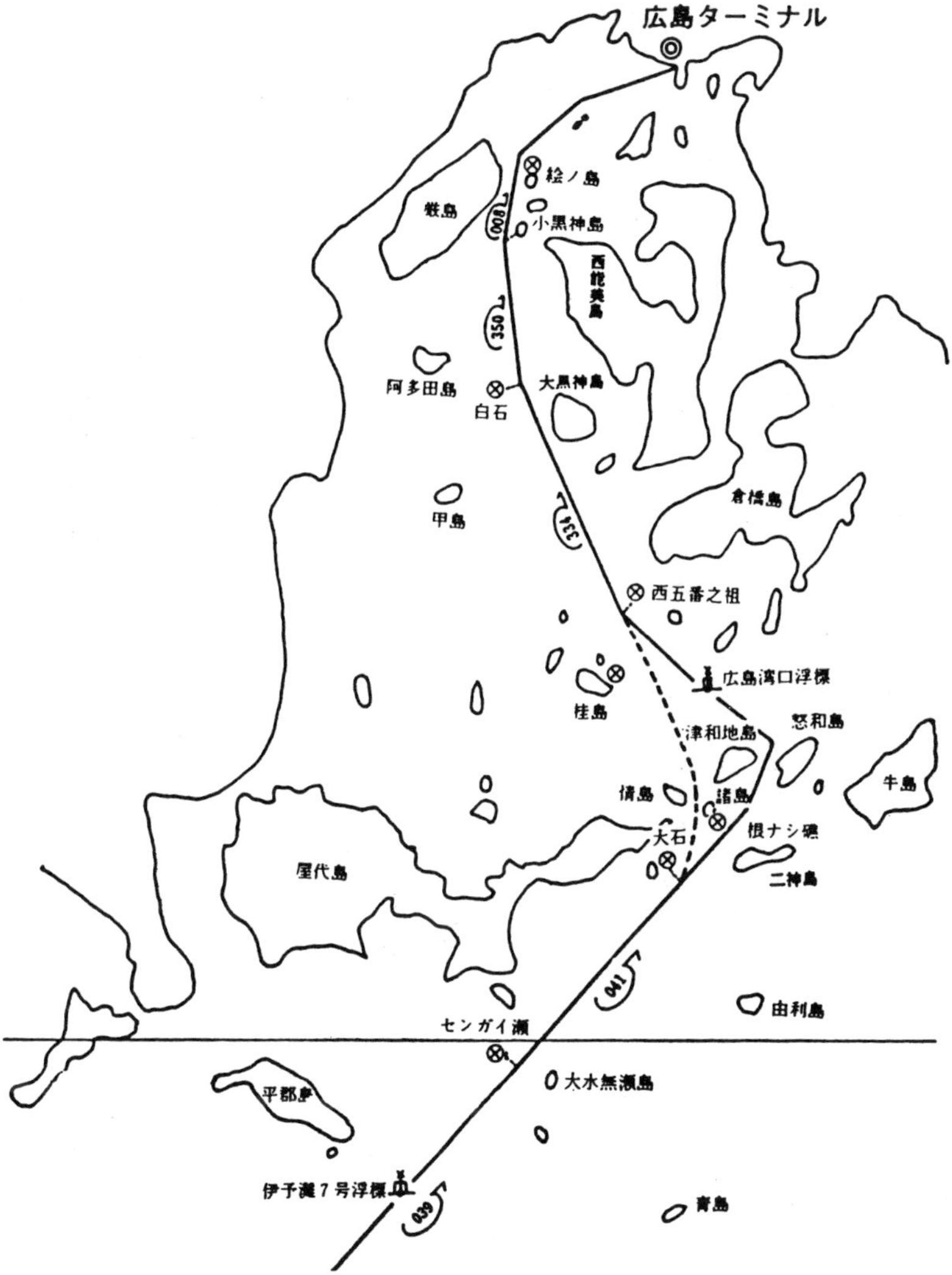

（海難審判庁裁決録昭和52年1＝2＝3合併号344頁より）

三　海上交通安全法上の航路付近での船舶衝突事故と信頼の原則
――東京湾の中ノ瀬航路出口付近で起きた船舶衝突事故につき大型タンカーの船長の過失が認められた事例（タンカー第拾雄洋丸・貨物船パシフィック・アレス号衝突事件）――

横浜地裁昭和五四年九月二八日第一刑事部判決
昭和五一年(わ)第一四二四号、業務上過失往来妨害、業務上過失致死傷被告事件
（刑事裁判月報一一巻九号一〇九九頁）

〈事実の概要〉

被告人は、昭和四九年八月一六日からU海運株式会社所有の機船第拾雄洋丸（総トン数四三、七二三・九一トン、全長二二七・一〇メートル、幅三五・八〇メートル、深さ二〇・七五メートル、船橋の中心位置は船尾端から約三九メートル、危険物タンク船、以下雄洋丸という。）の船長として同船に乗組み、操船指揮等の業務に従事していたものであるが、同船にナフサ約二万キロトン、プロパン約二万キロトン、ブタン約六、四〇〇キロトンを積載し、同年一〇月二二日、サウジアラビア王国ラスタヌラから京浜港川崎区に向け航行し、同年一一月九日一二時二〇分ころ浦賀水道航路南方で進路警戒船おりおん一号（以下おりおん号という。）と会合し、被告人の指揮の下に二等航海士Aが看守、首席三等航海士Tが

おりおん号との連絡、次席三等航海士Nがテレグラフの操作、甲板員二名が操舵および見張りにあたりながら、おりおん号に進路の警戒を行わせせつつ続航し、同日一三時一八分ころ、時速約一二・六ノットで中ノ瀬航路(進行方向左側に順次一号、三号、五号、七号ブイ設置、各ブイの間隔約二、四〇〇メートル、航路の幅員約七一〇メートル、全長約七、二〇〇メートル、北方へ一方通行の航路)の一号ブイを左舷正横約二〇〇メートルの距離で通過した。その後、同航路をこれに沿って基準針路約二一度で進航し、同時三一分半ころ五号ブイを約四五〇メートル航過した際、木更津航路から中ノ瀬航路北側出口付近に向け西進中のP社所有の機船パシフィック・アレス号(総トン数一〇、八七三・九四トン、全長一五四・一〇メートル、幅二二・二〇メートル、深さ一二・一〇メートル、船橋の中心位置は船尾端より約三〇メートル、貨物船、以下パ号という。)を真方位約六〇度(右舷船首約三九度)、距離約一・五海里付近の海上に認め、直ちに同船の方位を計り、約一分経過後(五号ブイを約八三九メートル航過した地点)も方位に変化がなく、そのまま航行を続ければ同船と中ノ瀬航路外北側出口付近で衝突する危険が生じた。しかし、右北側出口付近は、木更津航路の西側出口と接近し、両航路の出航船の進路が直角に近い角度で交差する特異な海域で、木更津航路出航船に対し、中ノ瀬航路の北側出口付近を北方に迂回して航行するよう行政指導が行われていたが、当時は海上交通安全法(昭和四八年七月一日施行)が施行されて間もないころで右行政指導も必ずしも徹底しておらず、右海域において船舶衝突も回避すべき航法も明確でなかった。また、中ノ瀬航路の左右両側は、浅瀬が多く、転舵の措置は危険を伴うおそれがあり、衝突回避の方法としては減速、停船の方法しかなかった。さらに、雄洋丸は全長二二七・一メートルの巨大船であり、緊急停船の措置を講じても前記速力から停船するまでには約一、四三〇メートルを要するのに対し、衝突の危険が生じた前記地点から右北側出口まで約一、五六一メートルしかなかったし、しかも雄洋丸は危険物を満載していた。にもかかわらず、被告人は、直ちに自船の機関を停止し、全速後進を指令し、緊急停船措置をとるなどせず、パ号の側で避航措置を講じるものと軽信し、長音一回の汽笛を鳴らしただけで、漫然と従前の速力で航行を続けたため、同時三三分半ころに半速前進、同時三四分ころに微速前進、同時三四分半ころに機関停止の機関捜査を命じたものの、漸次パ号との接近を深め、同時三六分少し前ころに至りパ号と至近距離まで接近し、急きょ全速後進を命じたが及ばず、雄洋丸をパ号の前方に進出させ、同時三七分ころ中ノ瀬航路北側出口七号、八号ブイを結ぶ線(以下北側限界線という。)の北方約一四〇メートル付近の海上において、雄洋丸の右舷(船首より約三〇メートル後方)にパ号の船首を衝突させ、右衝撃により自船に積載していたナフサ等に引火、炎上させて右両船を全焼するに至らせ、もって両船を破壊するとともに、右衝突により三三名を溺死等により死亡させ、六名に顔面熱傷等の傷害を負わせたものである。

弁護人は、本件衝突時刻、衝突地点、雄洋丸およびパ号両船の速力等の事実関係をまず争い、次いで、被告人の過失の有無について、雄洋丸は海上交通安全法(以下海交法という。)に基づいて、中ノ瀬航路をこれに沿って航行している船舶であるから、パ号と見合関係が成立した時点で、パ号は同法三条一項により雄洋丸の進路を避けなければならない避航船であり、他方雄洋丸は、海上衝突予防法(昭和五二年法律六二号による改正以前のもの。以下旧予防法という)二九条の二、二一条本文により針路および速力を保たなければならない義務を負うていた保持船で、雄洋丸としては、両船が間近に接近したため、避航義務を負うパ号の動作のみでは衝突を避けることができないと認めたときにかぎり、同法二一条但書により衝突を避けるために最善の協力動作をしなければならないのであって、本件で被告人のとった措置は右針路、速力保持義務、最善の協力動作を果たしたもので、被告人には過失はない、と主張した。

これに対して、横浜地裁第一刑事部は、昭和五四年九月二八日、前記事実認定のもとに、次の理由で被告人の過失を認め、被告人を禁錮二年、執行猶予三年の刑に処した。

〈判　旨〉

一　適用航法について

「航路外から航路に入り、航路から航路外に出、若しくは航路を横断しようとし、又は航路をこれに沿わないで航行している船舶は、航路をこれに沿って航行している他の船舶と衝突するおそれがあるときは、当該他の船舶の進路を避けなければならない（海交法三条一項）こと、二隻の船舶のうち、一隻が他の船舶の進路を避けなければならない場合は、他の船舶は、その針路及び速力を保たなければならない（旧予防法二九条の二、二一条）ことはいずれも関係航海法規の定めるところであり、被告人の操船にかかる雄洋丸が、海交法に基づいて、中ノ瀬航路をこれに沿って航行する船舶であったことは所論のとおりであるが、前記認定のとおり、パ号は中ノ瀬航路北側出口付近の同航路外の海上を横断しようとしていた船舶で、海交法三条にいう『航路から航路外に出、若しくは航路を横断しようとし、又は航路をこれに沿わないで航行している船舶』のいずれにも該当しないことが明らかであるから、同法条に基いて、パ号は雄洋丸の進路を避けなければならない避航船であり、雄洋丸は針路及び速力を保持しなければならない保持船であるとする弁護人の主張は、前提を欠くものといわざるを得ない。

弁護人は、『二船間に衝突のおそれがある見合関係が発生した場合における航法適用の基本原則は、見合関係発生時点における、互に肉眼で視認しうる両船の状況をもとにして適用航法を確定させることである。海上で他船を視認した場合、衝突のおそれの有無はその方法の変化の有無で簡単にわかるが、他船の進路、会合点の正確な判定は肉眼では不可能であるから、航路横断線を文理的に厳密に解すると、航路航行船の操船者に非常に困難な判断義務を負わせる不合理な結果となり、右航法適用の基本原則に反し、実務に適さない。したがって海交法三条にいう航路を横断しようとする船舶というのは、航路外を含む航路出口付近を横断しようとする船舶をも含むと解するのが相当である』旨主張するのであるが、二船間に衝突のおそれがある見合関係が発生した場合、見合関係発生時点における互に肉眼で視認しうる両船の状況を基にして適用航法を確定させるのが通常妥当であること、海上で他船を視認した場合、他船の進路、他船との会合点を肉眼で正確に判定することは往々にして困難であることはいずれも所論のとおりであるとしても、他船の進路、他船との会合点を肉眼で判断することが不可能であると即断することはできない（なお、被告人は捜査段階以来終始一貫して、パ号と衝突のおそれがある見合関係が発生した際、パ号が木更津航路を出航した船舶で、中ノ瀬航路七号ブイの左方にあるDブイの北側を目指して進行していること、同船との会合点は、中ノ瀬航路北側限界線を出た付近の海域であることを肉眼で判断し得た旨供述している）のみでなく、弁護人の主張するように海交法三条にいう航路を横断しようとする船舶とは、航路外を含む航路出口付近を横断しようとする船舶をも含むと解すると、航路の区域、ひいては海交法適用海域が不明確となり、航路出口付近を横断しようとする船舶の側においても自船に避航義務があるかどうかについて画一的な判断をすることができず（両船共に、相手船に避航義務があるものと考え航行するおそれがある）、かえって海上衝突の危険が増大する結果となることを考慮すると、弁護人の前記解釈にはたやすく左袒することはできず、また弁護人の援用する判例は、本件とは事実を異にするもので、適切ではない。

次に雄洋丸について、旧予防法一九条（横切り船の航法）に基づく避航義務があるかどうかについて検討すると、雄洋丸がパ号と前記認定のとおり見合関係が生じた時点で、両船は互に進路を横切る関係にあって、衝突のおそれがあり、雄洋丸はパ号を右舷側に見る船舶であったとしても、パ号が後記認定のとおり旧予防法二九条にいう船員の常務として必要とされる注意義務を怠り、中ノ瀬航路出口に極めて近接したコースを航行した本件については旧予防法一九条により同船に針路及び速力を保持する義務を課し、海交法にしたがい、同航路をこれに沿って航行している雄洋丸に避航義務を課するのは相当ではないといわなければならない。換言すれば、二船間に衝突のおそれが生じた場合、一船に避航義務を課し、他船に針路及び速力保持義務を課することにより衝突を回避するのが航法の原則であることは弁護人の論述するとおりであるが、本件衝突地点付近の海域は、適用すべき航海法規（航法）が明確でない特異の海域であったといわざるを得ないから、かかる海域内で衝突のおそれが生じた場合には、操船者において衝突を回避する十分余裕のある時期に、ためらわずに（旧予防法第四章前文一項）、衝突を避けるために最善の措置を講じなければならないことは当然であって、右措置を怠ったと認められる場合には旧予防法二九条にいう船員の常務として必要とされる注意を怠ったものとして、これにより生じた結果についての責任を免れないといわなければならない」。

二　被告人の過失について

①衝突の回避可能性

「被告人が前記認定のとおり、パ号と衝突するおそれがあると判断した時点（一三時三二分三〇秒ころ、同航路五号ブイ通過約八三九メートルの地点）で雄洋丸につき、直ちに機関停止、全速後進を指令したとすれば、最短停船距離は約一、四三〇メートルであるから、……本件衝突時における雄洋丸の船橋位置（同航路北側限界線の手前約一八メートルの地点）より約一一三メートル手前の地点で雄洋丸は停船することになり、衝突時、雄洋丸の船首が衝突個所より約三〇メートル手前に出ていたことを考慮しても、優にパ号との衝突を回避し得たことは明らかである。……また仮に被告人が判示エンジン・モーションを行なった時点より約三〇秒前の地点（一三時三三分ころ、同高色五号ブイ通過約一、〇三四メートルの地点）で、前同様雄洋丸に機関停止、全速後進を指令したとすれば、パ号が衝突地点を完全に通過しおわる所要時間（パ号の全長に雄洋丸の横幅を加えた長さを、時速約七・〇四ノットの速度で通過する所要時間）は約五二秒であり、一三時三七分五二秒ころの雄洋丸の船首は、通過後のパ号左舷船腹のえがく直線に達しない位置にあるから、パ号とすれ違いにより衝突を回避することもまた可能であったことになる」。

②過失内容

「二隻の動力船が約一・五海里距てて互に進路を横切る関係にあり、衝突のおそれがあって、一船が他船の進路を避けなければならない場合には、他船の進路及び速力を注視し、適宜減速、転舵の措置を講ずることにより、通常は、容易に衝突を回避することができ、特段の事情のない限り、直ちに緊急停船の措置（機関停止、全速後進指令）を講じなければならないものとは考えられない。しかしながら本件の場合について検討すると、前掲各証拠によれば、

1　本件衝突地点である中ノ瀬航路北側出口付近の海域は、同航路中央部の北側延長線上六〇〇メートルの地点で、木更津航路中央部の西側の延長線がほぼ直角に交差する特異な海域（中ノ瀬航路北東端八号ブイと、木更津港口北西端二号ブイとの距離約一、八〇〇メートル）で、中ノ瀬航路を北上する船舶の進路と木更津航路を出航し西進する船舶の進路とが、直角に近い角度で交差することになるから、木更津航路を出航して西航する船舶は、中ノ瀬航路を北方に迂回して進行すべきであり、またそのような行政指導も行なわれていたが、当時は、右中ノ瀬航路を設定した海交法が施行されて間もない頃で、右行政指導も、必ずしも徹底しておらず右海域において適用すべき航海法規（航法）も明確ではなく、常時衝突の危険が潜在していたこと、

2　中ノ瀬航路（幅員約七一〇メートル）の左右両側は浅瀬（水深約一五乃至一八メートル）が多く、転舵の措置は危険を伴うおそれがあり（雄洋丸の喫水は前部一二メートル、後部一一・八五メートル）、雄洋丸がパ号との衝突を回避する方法としては、減速乃至停船の方法しかなかったこと、

3　当時付近の海上はもやのため視界は約一・五海里しかきかなかったこと、被告人はパ号を右視界の限界で視認したもので、その以前におけるパ号の挙動については全く判らず、視認後においても、パ号の側で雄洋丸の進路を避けるための何らかの措置を講じていると思われる状況は全く窺えなかったこと、

4　雄洋丸はいわゆる巨大船で、当時積荷を満載していたため、直ちに緊急停船の措置を講じても停船するまで、約一、四三〇メートルを要したのに対し、被告人がパ号との衝突のおそれがあると判断した地点から、同航路北側出口まで約一、五六一メートルの距離しかなかったこと、

5　被告人の操船指揮する雄洋丸は、当時前判示のとおり、ナフサ（粗成ガソリン）、プロパン（液化石油ガス）等合計約四六、〇〇〇キロトンを積載しており、船舶衝突の事故が発生した場合、衝突船舶及びその乗組員は勿論、付近の海上に、はかり知れない災害が生じる危険があったこと、

以上の事実を認めることができ、右認定事実に基づいて被告人に対する本件過失責任の有無を検討すると、まず本件衝突事故は、パ号の側において、当時の行政指導に基づき、木更津航路出航後は、中ノ瀬航路の出航船が他船を避航しうる十分余裕のある海域に進入しないよう針路を右転し、同航路北側出口を迂回して航行するか、右海域外で停船して避航措置を講ずるのが船員の常務として要求されるところであって、これに違反して右海域を横断しようとして進入したパ号操船者に重大な注意義務の懈怠があったといわざるを得ないのであるが、被告人の側においても、右のようなパ号の異常な航行を約一・五海里の距離に視認し、これと衝突の危険があると判断した場合、直ちに機関停止、全速後進を指令し、緊急停船の措置を講ずべき特段の事情があったものといわなければならない（また被告人に右のような措置を講ずべき業務上の注意義務を課したとしても、被告人において右措置を講じることは容易であり特段苛酷な義務を課することになるとも思われない）。そして被告人においてパ号と衝突のおそれがあると判断した時点から約三

○秒以内に、緊急停船措置を講じていたとすれば、停船又はすれ違い回避の方法により本件衝突を回避し得たことは前記認定のとおりであるから、被告人において、右措置をとることなくパ号の避航を期待し、前判示のとおり、単に汽笛を吹鳴して警告しただけで、漫然従前の速度で航行を続け、前記時点より約一分間を徒過して（距離にして約三八九メートル航過）はじめて判示エンジン・モーションを行なったが間に合わずパ号と衝突するに至った被告人の所為は、操船者としての業務上の注意義務を怠ったものというべく、これによって生じた結果につき過失責任を免れない」。

③信頼の原則の適用について

「弁護人は、被告人は雄洋丸を操船し、中ノ瀬航路をこれに沿って航行していたもので、パ号に優先して同航路出口至近を航行することが是認されていたのであり、パ号が雄洋丸の進路に進入してくるおそれは著しく少［な］かったから、被告人としてはパ号が右出口至近のところに入ってくることはないものと信頼して航行することができ、かりに被告人の協力動作に若干問題があったとしても、被告人が当時とった協力動作以上の『臨機の措置』をとるべき義務は、信頼の原則の適用により免除されるから被告人には過失はなかったと主張する。

しかしながら、パ号が海交法三条にいう、航路を横断しようとする船舶に該当しないことは前説示のとおりであるから、雄洋丸がパ号により進路を妨げられない船舶（優先船、保持船）であることを前提とする弁護人の主張は、前提を欠くものといわなければならないのみでなく、パ号が当時雄洋丸の進路に進入してくるおそれが著しく少なかったとは認められないから、弁護人の主張はこの点でも失当であり、証拠を検討してみても、本件は、信頼の原則を適用すべき事案であるとは認められないので、弁護人の主張は採用しない」。

三　量刑理由について

「本件は、海上交通のふくそうする東京湾内において惹き起こされた大型タンカーと貨物船との衝突炎上事故で、右事故により判示のとおり多数の人命が失われたものであり、当裁判所は右事故の原因及び責任の所在について慎重な審理検討を行なったのであるが、本件事故の原因は、まずパ号操船者が当時の行政指導にしたがわず、中ノ瀬航路の北側出口に接近した海域を、雄洋丸の進路を横切るコースで、しかも衝突直前（約一分前）まで速力を減じることなく、無謀にも横断航行しようとした（原因は明らかではない）ことに起因するといわざるを得ないが、中ノ瀬航路をこれに沿って航行していた雄洋丸の船長である被告人としても、このような異常事態に直面し、雄洋丸は巨大船で、しかも危険物を満載していたのであるから、非常の場合に予想される災害を防止するため、十分余裕のある時期に、衝突回避のための最善の措置を、ためらわず、迅速果敢に講ずべきであり、またその余裕も十分あったと認められるにも拘らずこれを怠り本件衝突事故を惹起するに至ったことは誠に遺憾であり、本件が衝突の規模、死傷者の数、損害の程度からみて海難史上まれにみる大惨事であり、一般社会に与えた衝撃的影響を考慮すると被告人の刑事責任はまことに重大なものがあるといわざるを得ないが、本件事故は、中ノ瀬航路を設置した海上交通安全法が施行されて間がない時期に発生したもので、同航路北側出口付近を航行する船舶間の航法も必ずしも明確ではなく、衝突回避等安全確保の施策も十分ではなかった状況下の事故であること、しかも前記のとおり衝突事故の主たる原因はパ号の無謀な航行にあり、被告人の個人責任のみを強調することは酷であること、被告人は昭和一九年一二月〇商船学校を卒業して甲種二等航海士の資格を取得し、その後同三三年四月甲種船長の資格を取得して操船業務等に従事していたもので、その間特段の前科前歴がなく、本件後は操船業務から転じ、真面目に陸上勤務に従事しており、改悛の情も認められること、死亡者の遺族との間に示談が成立し、補償金も支払われており両船及

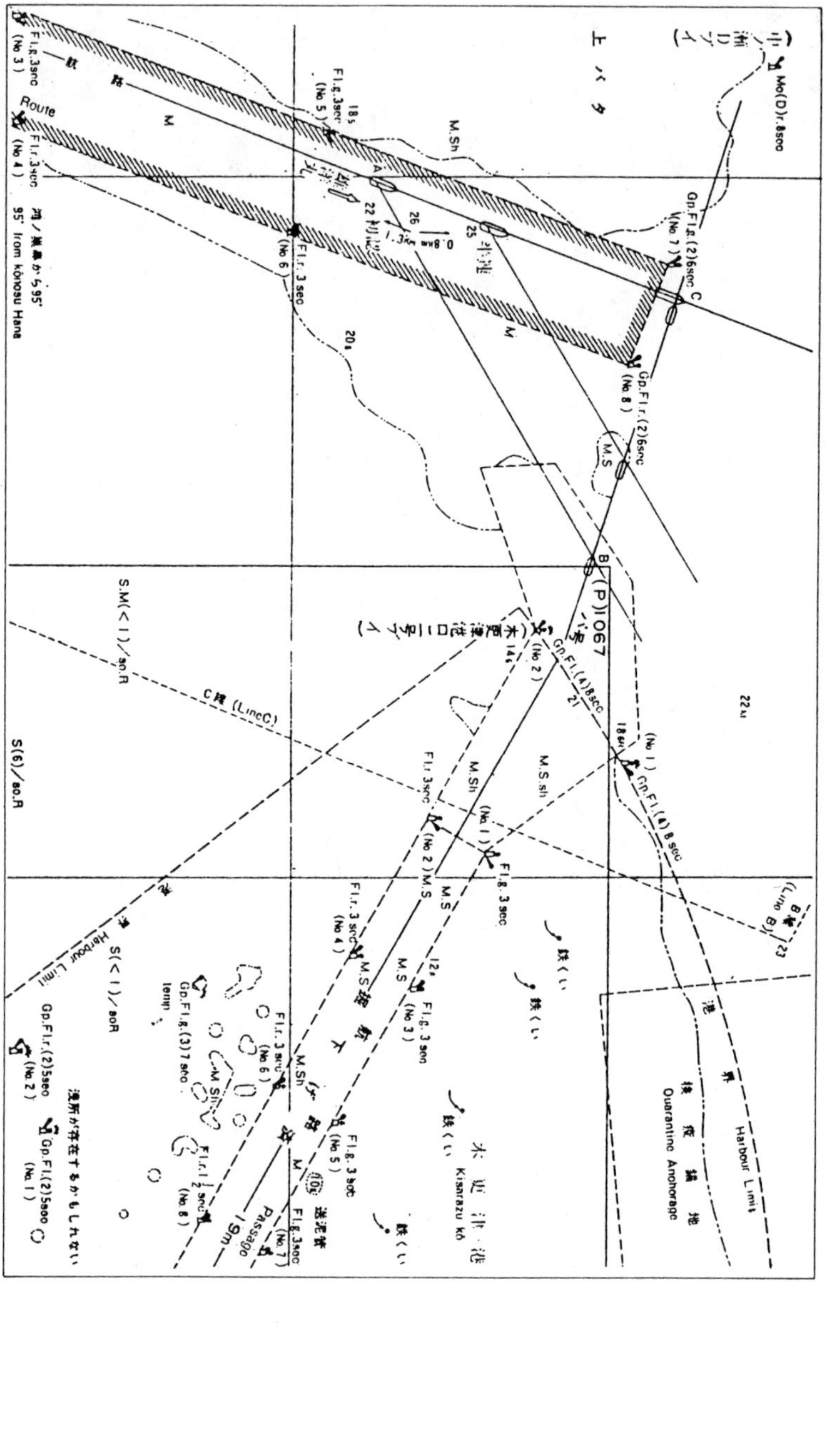
Route
Harbour Limit
Quarantine Anchorage
Kisarazu kō
Passage
Line B
Line C
95' from kōnosu Hana
(P)1067

び積荷の損害も保険により塡補されていること、その他諸般の情状を合わせ考慮し、主文の刑を量定する」。

※　参考図（判決文別紙九参考海図より）

〈研　究〉

一　本件の論点は、雄洋丸とパ号の適用航法、およびそれが過失犯の認定にいかなる影響を及ぼすか、にある。本件は、船舶の輻輳する東京湾で起きた、大型タンカーと大型貨物船の衝突死傷事件であり、被害も甚大であっただけに、世論の注目を集め、後世に残る海上交通事犯となるであろう。[1] その意味からも、刑事過失としての位置づけ、理論的分析をしておくことには、重要な意義がある。また、本件の特徴として、パ号が木更津航路から出て来たのに対し、雄洋丸は中ノ瀬航路を出た直後であったということから、海上交通安全法および海上衝突予防法が過失を論じるうえでいかなる位置を占めるのかは、是非とも解明しておかねばならない問題である。

二　海上交通安全法（以下海交法という）三条一項は、「航路外から航路に入り、航路から航路外に出、若しくは航路を横断しようとし、又は航路をこれに沿わないで航行している船舶（漁ろう船等を除く。）は、航路をこれに沿って航行している他の船舶と衝突するおそれがあるときは、当該他の船舶の進路を避けなければならない。この場合において、海上衝突予防法第九条第二項、第十二条第一項、第十三条第一項、第十四条第一項、第十五条第一項前段及び第十八条第一項（第四号に係る部分に限る。）の規定は、当該他の船舶について適用しない」、と規定する。そこでまず第一に、弁護人が主張するように、他船の進路、他船との会合点を正確に肉眼で判定することは不可能であるから、航路を横断しようとしている船舶とは航路外を含む航路出口付近を横断しようとする船舶をも含むのではないか、という問題が生じる。

しかし、適用航法を規定する海交法の解釈それ自体は、客観的でなければならず、さもなくば、まさしく判決が指摘しているように、航路の区域、海交法適用海域が不明確になり、航路出口付近を横断しようとする船舶の側においても自船の避航義務に関する判断に齟齬をきたし、かえって法の趣旨を没却してしまうであろう。この点に関しては、判旨は正当であると解する。ただし、政策論としては、本件海域のような箇所では、海上交通量も多いことから、航路出口付近を横断しようとする船舶が余裕をもって横断できるような行政指導が望まれる。現在は中ノ瀬航出口付近にそのような措置がとられているのは妥当であるといえよう。(2)

第二に、雄洋丸に旧海上衝突予防法（以下旧予防法という）一九条による避航義務があったか、という問題がある。(3)旧予防法一九条（現行予防法一五条）は、「二隻の動力船が互いに進路を横切る場合において衝突するおそれがあるときは、他の動力船を右げん側に見る動力船は、当該他の動力船の進路を避けなければならない。この場合において、他の動力船の進路を避けなければならない動力船は、やむを得ない場合を除き、当該他の動力船の船首方向を横切ってはならない」、と規定する。ところが本件の場合、パ号が旧予防法二九条にいう「船員の常務」として必要とされる注意義務を怠り、中ノ瀬航路出口にきわめて近接したコースを航行したため、予防法および海交法上の航法を形式的に適用できない特異な事情が発生したものと解さざるをえない。航法に関する旧予防法第四章前文一項は、「この章の規定を履行するに当っては、すべて動作は、十分余裕のある時期に、適当な船舶の運用方法によりためらわずに行わなければならない」、と規定する（現行予防法八条も、「船舶は、他の船舶との衝突を避けるための動作をとる場合は、できる限り、十分に余裕のある時期に、船舶の運用上の適切な慣行に従ってためらわずにその動作をとらなければならない」、と規定している）。それゆえに裁判所は、雄洋丸についても、旧予防法二九条にいう「船員の常務」として必要とされる注意を怠ったものとして責任を免れないと判断したのである。しかし、真の問題は、以上のような適用航法をめぐる議論が、刑事過失を論じる場合にいかなる地位を占め、いかなる関係に立つか、というところにある。

三　いわゆる新過失論に立脚すれば、結果回避義務、客観的注意義務の違反が過失行為の違法性判断の重要なメルクマールになるので、予防法上の注意義務ないし海交法上の注意義務の存否は重要な意味を持ってくる。しかし、これは問題である。本件においても、それに固執すれば、雄洋丸が中ノ瀬航路北側限界線を越えると即座に海交法の適用から予防法の適用に変わるのか、したがって、それに伴い注意義務の内容も即座に変わるのか、という形式張った議論さえ生じかねない。また、雄洋丸の船体が北側限界線から一部露出した場合、船橋が露出した場合、船体の前部が露出した場合のいずれをもって右の「変換」が行われるのか、といういよいよ硬直した議論になりかねない。刑法上の過失は、やはり事故発生当時の具体的事情を考慮した、具体的予見可能性を基軸とした責任判断でなければならない。具体的に予見可能であった場合に、そこから行為者の注意義務違反が認定されるのである。もちろん、現実的にそこで結果回避可能性がなければならない。本件では、雄洋丸がパ号と衝突のおそれがあると判断した時点で即座に機関停止、全速後進を指令したとすれば、雄洋丸の最短停船距離が一、四三〇メートルだから、雄洋丸の船体の長さを考慮しても衝突は現実に回避可能であったといえる。ましてや、本件は、その衝突地点が、中ノ瀬航路を北上する船舶の進路と木更津航路を出航し西進する船舶の進路とが直角に近い角度で交差する特異な海域であること、加えて雄洋丸がナフサやプロパンという危険物を四万六、〇〇〇キロトンも積載しているということを考慮すれば、自船が衝突によってもたらす被害結果については十分予測ができたはずである。しかも、中ノ瀬航路の左右両側は浅瀬が多く、転舵の措置は危険であり、結局、衝突回避の方法としては減速ないし停船しかないといえる。それにしても、進路警戒船おりおん号がついていながら、こういう事態を招いたのであるから、進路警戒船自体の注意義務との関係も、もう少し論じられて然るべきであったように思われる。

以上のように、海上交通法規上の適用航法ないし注意義務は、刑事過失を論じるうえで、参考資料にはなるが決定的なものではない。このことは、船舶の衝突事故判例ではほぼ定着しているように思われる。先に取り上げたフェリーふたば・貨物船グレート・ビクトリー号衝突事件判決（広島地判昭和五三・九・一一判時九四四号一二九頁）(4)でも、狭水道での適用航法をめぐり、この点が争われたが、ミルガ瀬戸が一応「狭水道」であるとの認定を受けたものの、具体的事情を考慮して、ふたばの船長の刑事過失が認定されている。またそれ以前の判決でこのことを明言しているものがある。神戸港沖で昭和三八年二月二六日未明に起きた貨物船りっちもんど丸・貨客船ときわ丸衝突事件判決がそれである（神戸地判昭和四三・一二・一八判時五七一号九五頁、下刑集一〇巻一二号一二四四頁）(5)。本件では、「ときわ丸」が「りっちもんど丸」の左舷側から衝突のおそれのある横切り関係で来航してきており、旧予防法一九条によれば「ときわ丸」が避航義務を負う義務船であり、「りっちもんど丸」は同法二一条本文により針路、速力の保持義務を負うにすぎない保持船（権利船）であったにもかかわらず、そして、「ときわ丸」にも重大な過失があったにもかかわらず、次のような理由で「りっちもんど丸」の船長の刑事過失を認めている。

「……本件横切り関係においては、避航義務を負うのはときわ丸であり（(旧) 海上衝突予防法一九条）、りっちもんど丸は針路、速力の保持義務を負う保持船にすぎない（同法二一条本文）。従って、本件衝突の主な原因があらかじめ航法に従って右転避航しなかったときわ丸側にあることは論ずるまでもない。ところで、避航船が避航しない場合に、保持船は如何にあるべきなのか……。この点について考察するに、保持船は、衝突回避のための避航義務を負わない点において権利船であるが、針路、速力の保持義務を負う点では義務船でもある。そして協力動作に移るべき時期が来るまでは、原則として右義務から解放されない。従って、衝突の危険を感じた場合にも自由に衝突回避行動に出ることは許されず、保持船の操船者には、避航船が避航してくれるのを待つ際に忍耐が要求されるとも言われ、従って衝突の回避は専ら避航船の避航にかかっているともいえる。しかしながら、その際保持船は避航船のなすがままに手をこまねいて見ているより手がないというものではなく、殊に避航船において避航義務の存在に気づかないことも考えられるので、保持船は避航船に対し適切な時期に的確な方法で避航義務の存在を知らせ避航ないしその動向（右転か左転か）を明確にするように促すことができる筈であり、また促すべきであると解するのが相当である。即ち、保持船の側で避航船は全て適切に避航してくれるものと信頼し、保持義務を尽しておればそれで注意義務から解放されるというものではないと解すべきである」。

四　このような判例の方向性は、本判決も含め、基本的に妥当なものと解される。そして、右判旨でも実質的に信頼の原則が否定されているように、いわゆる「信頼の原則」の適用についても、フェリーふたば・貨物船グレート・ビクトリー号衝突事件判決、そしてここで取り上げた本判決でもこれを否定しているが、それは、個別事情を重視して慎重な具体的予見可能性に刑事過失の本質を求めるものとして評価できるものである。本件でも、両船に実質的信頼関係は認められず、信頼の原則の適用の余地はないと解される。とはいえ、判決も考慮しているように、本件は海交法施行直後に起きた事件だけに、量刑事情としてこの点を考慮しているのも、本判決の興味深いところである。

（1）　本件は、海難審判をめぐっても相当に争われた。高等海難審判庁が昭和五一年五月二〇日に事故原因は双方にあるとして雄洋丸船長Xの業務を一カ月停止する旨の裁決を下したのに対して、裁決取消請求が東京高裁になされ、東京高裁は、昭和五四年一〇月二五日、原告の訴を却下、棄却する判決を下した（判時九五二号三一頁）。その中で、パ号の海交法三条一項に基づく避航義務を否定し、Xの過失については、臨機避譲措置の緩慢、レーダー看守懈怠、進路警戒船との並航などに関する旧予防法二九条の船員の常務として要求される注意義務違反こそ認めなかったものの、巨大船につき中ノ瀬航路を港内全速力で航行した点についてこれを肯定している。

（2）　前出注（1）の裁決取消訴訟では、国の航路安全対策上の欠陥も問題とされている。なお、事故発生後、三カ月経った昭和五〇年二月一〇日、中ノ瀬航路北方一、五〇〇メートルの位置に木更津港沖燈浮標が設置されている。

（3）　旧海上衝突予防法については、横田利雄『詳説・新海上衝突予防法』（一九六五）、藤崎道好『海上衝突予防法論』（一九六五・成山堂）ほか参照。

（4）　この判決については、甲斐克則「狭水道における船舶衝突死傷事故につき信頼の原則が否定された事例（フェリーふたば・貨物船グレート・ビクトリー号衝突事件）」海保大研究報告三四巻二号（一九八九）一頁以下［本書本章七八頁以下］参照。

（5）　本件については、本書第1章二六頁以下参照。

（6）　海上交通事故と信頼の原則については、本書第1章、第2章および第3章の各所参照。

四　漁船の衝突事故と信頼の原則

――漁船同士の衝突事故について信頼の原則が否定された事例
（漁船第二源盛丸・漁船えり丸衝突事件）――

福岡高裁第一刑事部昭和六三年八月三一日判決
昭和六三年(う)第八七号、業務上過失往来危険、業務上過失致死、船舶安全法違反被告事件
（新・海難刑事判例集二四六頁、ただし第一審長崎地判昭和六三年一月二六日につき判例時報一二六六号一五五頁および新・海難刑事判例集二二九頁）

〈事実の概要〉

被告人は、昭和六〇年八月ころ、新造漁船第二源盛丸（プラスチック製、総トン数六・一トン、ディーゼル一二〇馬力、最大速力二二ノット、全長一二・〇四メートル、幅二・四二メートル、深さ八八センチ）を建造して、同年九月一〇日、長崎県知事から動力漁船登録票を受け、一本釣漁業を営んで同船の操船業務に従事していたが、昭和六〇年一〇月二七日午前五時三〇分ころ、長崎市牧島町臼の浦岸壁を友人ら三名を乗船させて出港し、速力二二ノット位で樺島瀬戸を通

過して、午前六時三〇分ころ権現山沖合で一本釣りを始め、午前一〇時三〇分ころには鯵曾根に場所を移すこととし、午前一一時四〇分ころ同所に到着して四人で一本釣りをし、午後五時二〇分ころには牧島に戻るため、野母浦の揖懸浮標に針路を向けて約二二ノットの速力で航行した。

被告人は、右速力で約三〇分くらい航行したころ、海上がうす暗くなったので、航海灯、マスト灯、船尾灯を点灯し、さらに操航して野母浦に差し掛かった際、その海岸付近で五、六艘の水いか釣りの小型漁船の明かりが見え、この海域には無灯火のいか釣り漁船もいることを知っていたので、速力を約一二ノットに落して航行したが、間もなく午後六時三〇分ころ、折から同所付近でいか釣り操業中のA（当時四一歳）操船の漁船えり丸（プラスチック製、白色、総トン数〇・八八トン、全長五・二〇メートル、幅一・四一メートル、深さ五五センチ、灯火設備なし）に気付かず、同船の右舷船尾部に自船船首部を衝突させ、よって、右えり丸の船体を切断して破壊するとともに、右Aを海中に転落させて、同日時ころ、同所付近において、同人を溺死するに至らしめた。

なお、衝突現場は、長崎県西彼杵郡野母崎町樺島西沖揖懸浮標から真方位一七六度約九〇〇メートルであり、野母崎町所在の樺島灯台からは真方位三三五度約一三二〇メートル付近海上であって、当時は樺島の山陰で現場海面がうす暗くなって見通しが悪くなっていた。当日午後六時の天候は晴で、東北東の風、風力〇・〇九メートル、波浪一で、視程は二〇キロメートルで良好であった。当日の日没は一七時三五分、月出は一六時五七分で、月齢は一二・九であった。また、被告人は、本件衝突現場である野母浦から樺島水道に通ずる航路はこれまで数えきれないくらい航行しており、一〇月から一一月ころにかけては夜間には小型いか釣り漁船が漁をしていることはよく知っていて、ほとんどのいか釣り漁船は明かりを点灯しているが、中には無灯火で水いか釣りをしている漁船のあることは見たこともあって、よく知っていた。

その他、被告人は、法定の除外事由がないのに、前記日時場所において、釣り客を乗船させて運航するにあたり、船舶検査証書又は臨時航行許可証を受有しないで、前記第二源盛丸を航行の用に供した（ただし船舶安全法違反の点についてはここでは割愛する）。

被告人および弁護人は、右衝突事実について、次のように無罪を主張した。①本件衝突事故はすでに日没後一時間経過後の夜間の海上での衝突事故であるから、被告人も夜間における注意義務を尽くせば足りるところ、被告人の操船していた第二源盛丸は、航行灯、マスト灯および船尾灯を点火して航行し、本件現場に差し掛かって速力を約一二ノットに減じ、針路の安全を確認して航行したものであり、海上交通関与者にとっては夜間はもっぱら他船の灯火に対する注意さえ払っておけば一般的注意義務としては十分であるから、事故当時の一二ノットの速度は相手船に灯火されておれば十分余裕をもって衝突回避措置がとれるので適正速度というべきである。②第二源盛丸は一人で操船する船舶であるから見張員を置くことは無理であって、仮に一二ノットの速力では見張員を置いたとしても第二源盛丸の操舵室からの視界はまったく変わらないので前方注視違反とはならず、本件事故当時は特に視界を妨げる状況にはなかったので、見張員を置くまでの義務はなかった。③本件事故の原因は、夜間において樺島から三〇〇メートルないし四〇〇メートルもの沖合でえり丸のような超小型漁船が無灯火で漁を続け、第二源盛丸は法定の各種照明設備を灯火して大きなエンジン音を響かせて接近して来るのに、これに気付かないかまたは気付いても何らの衝突回避措置をとらなかった被害者の行動にあり、被告人はこのような船舶の存在することを予想するのは困難であって、被告人がこのような船舶は存在しないと信頼するのは刑法的にも十分保護されるべきであるから、被告人は本件衝突事故につき注意義務を怠った過失はなく、信頼の原則の適用により無罪である。

これに対して第一審の長崎地裁刑事部は、昭和六三年一月二六日、検察側の主張を認め、被告人を罰金一五万円に処した。

〈第一審判旨〉（船舶衝突事故の責任について）

「(一)　海上衝突予防法第五条は、『船舶は、周囲の状況及び他の船舶との衝突のおそれについて十分に判断することができるように、視覚、聴覚及びその時の状況に適した他のすべての手段により、常時適切な見張りをしなければならない。』と規定し、同法第六条は、『船舶は、他の船舶との衝突を避けるための適切かつ有効な動作をとること又はその時の状況に適した距離で停止することができるように、常時安全な速力で航行しなければならない。この場合において、その速力の決定に当っては、視界の状態等を考慮しなければならない。』と規定し、同法第七条一項は、『船舶は、他の船舶と衝突するおそれがあるかどうかを判断するため、その時の状況に適したすべての手段を用いなければならない。』と規定し、同条五項は、『船舶は、他の船舶と衝突するおそれがあるかどうかを確かめることができない場合は、これと衝突するおそれがあると判断しなければならない。』と規定している。

右規定で、周囲の状況とは、視界の状態、航行上の障害物の有無や漁船等の操業状況等のすべての状況を意味し、『その時の状況に適した他のすべての手段』とは、レーダーを用いたり、双眼鏡を用いたり、無線などで他の船舶の行動について情報を得ることなどをいい、『常時適切な見張り』とは、どのような時でも視界の状態等の周囲の諸状況及び他船の存在とその状態等のすべての事象につき他の船舶との衝突のおそれについて十分に判断することができる情報を得ることができるような見張りをなすことを意味するものと解され、また、『安全な速力』とは、自船にとっても他船にとっても安全であり、自船の性能や無線器、レーダー等の装備の有無、視界の状態、その海域における船舶の存否やその数等の周囲の諸状況など総合的に勘案して他の船舶との衝突を避けるに適した速力を意味すると解され、『その時の状況に適したすべての手段』とは、衝突のおそれを判断するため、見張り員を置いたり、双眼鏡を使用したり、無線器やレーダーによる他船の情報をもとに見張りをするなどあらゆる手段を尽くした措置を講ずることを意味するものと解される。

㈡　右規定の趣旨を前提として判断するに、本件衝突現場は、別紙図面（略―筆者）に記載された位置であり、野母浦湾内の揖懸浮標の南方真方位一七六度約九〇〇メートルで、野母崎町所在の樺島灯台からは真方位三三五度約一三二〇メートル付近海上であって、その東方にある樺島からは三〇〇ないし四〇〇メートルの沖合地点であって、被告人の操船する第二源盛丸がそこから直進して樺島水道を通過する際の針路は水深一〇メートル前後の浅瀬ないし岩礁のある海域を通過することとなり、揖懸浮標（赤灯）はその西方ないし北方を航行するように示したものであるから、被告人は指示された航路を航行せず、いわゆる近道の針路を取って浅瀬の沿岸を航行しようとして本件衝突事故を惹起したものと考えられる。

また、野母浦湾内には日没後にも水いか釣りの操業をする小型漁船があり、中には無灯火で操業する小型漁船のあることも前認定のとおりである。このような小型漁船が水深二〇メートル以下の沿岸で漁ろうに従事し、通常の船舶は揖懸浮標の西方ないしその北方を航行するであろうと考え、仮にそのような沿岸海域を航行する船舶は細心の注意を払って航行するであろうと考えたとしてもけだし当然と思われる。

㈢　本件事故は、日没後約一時間経過した午後六時三〇分頃に発生した事故である。

本件当時の見通し状況は、前記認定のとおり、航行中の第二源盛丸から無灯火の小型漁船に対する視認距離は約一一〇メートルであったというべきである。海上保安官の実施した実況見分の際に、被告人はその見通しを確認しなかった旨を当公判廷において供述するが、仮にそのようなことで、海上保安官のみが確認したとしても、当時の視認距離は無灯火の小型漁船の場合には約一一〇メートルであったことに変わりはないというべきである（なお、大審院昭和一五年九月二一日刑三判は、渡船業に従事する者の注意義務は、その個人的能力の如何により程度を異にするものではないと判示する。）。

当裁判所の検証の際には、第一回目が二八・八メートル接近した時点で小型漁船を発見し、第二回目は約二〇分後に実施したにもかかわらず五八・七メートルの視認距離となったが、海上保安官作成の検証時における明るさに関する報告書によれば、当時は事故当時とほぼ同一の条件下に相当するものとして実施されたものであり、その時刻頃は次第に暗くなる時期であったと言うのであるから、約二〇分後に実施された第二回目がより遠くを見通せたというのは、明らかに目が慣れたためと考えるほかはない。してみると、海上航行での海上の見通しの経験のない素人の見方と海上航行に慣れた人とではその視認距離は大分違って来るものと言わざるを得ない。要は、『安全な速力』を考えるならば、遠くを見通せる者はそれに適した速力で航行し、見通せない者はそれなりの速力で航行するほかはないというべく、いずれにしても、事故当時の見通し状況は前方を注視すれば無灯火の小型漁船であっても、約一一〇メートルの視認距離があったことは厳然たる事実であるというべきである。

㈣　被告人の操船していた第二源盛丸は、本件現場を約一二ノットの速力で航行中に衝突事故を惹起しているところ、被告人が第二源盛丸を操舵した場合の船首方向に対する死角は約三五・四メートルであること及び第二源盛丸は一二ノットの速力の場合には約一〇〇メートルでは停止が可能であることは前認定のとおりであるから、一般的に一二ノットの速力は潮流等の影響を考慮しなければ秒速六・二メートルであるので、第二源盛丸が右速力で航行した場合には前方にある船舶との衝突寸前から手前少なくとも五・五秒すなわち約三四メートルの間は、操舵者にとって死角となりその発見は不可能であるのに対し、船首付近に見張り員をおけばその位置はほとんど死角がないので、その間でも衝突の危険を早期察知すれば衝突事故の発生を未然に防止することが可能と考えられる。また、第二源盛丸は、本件事故当時三名の乗船者がいたのであるから、海上衝突予防法第五条の趣旨に則り、その時の状況に適したすべての手段により適切な見張りを考慮すれば、その当時の見通し状況や自船の速力や性能に照らし、操舵者の肉眼のみでなく、その他の手段例えば少なくとも一名の見張員をおけば本件衝突事故を回避できたものと思われる。仮に他の乗船者がいない場合には海上衝突予防法の各規定の趣旨に則っとれば、速力を減ずるなどして安全な速力で航行すべきは当然といえよう。

㈤　Ａの操船していた小型漁船えり丸が事故発生当時には無灯火であったと認められることは前認定のとおりである。

海上衝突予防法第二〇条は、『船舶は、この法律に定める燈火を日没から日出までの間表示しなければならない』と規定しており、長さ七メートル未満の動力船で最大速力が七ノットを超えない船舶については白色の全周燈一個を表示してもよいこととなっているものの（同法二三条、なお同法二六条）、えり丸の右義務違反行為が、本件衝突事故の一因をなしたこともいなめない事実といえよう。

しかし、被害船えり丸が目没後に無灯火で操業する義務違反行為があったとしても、被告人が前方の注視を怠りなく、あらゆる手段を講じて適切な見張りをなし安全な速力で航行していたならば、本件衝突事故は回避できたというべく、右えり丸が無灯火で漁ろうに従事し、避譲措置をとらなかったことを以って、被告人の刑責が免れるべき理由はないと言わざるを得ない（なお、大審昭和一〇年二月二日刑三判は、発動機船が木造漁船に衝突させた事故につき、進路の前方を注視し、自己操舵船舶との衝突を予防し得る距離において障害物の有無を警戒したならば、衝突を未然に防止し得たに拘らず、不注意に因り障害物がないものと軽信し、漁船の中腹に衝突させて、これを破壊したときは刑法一二九条二項所定の犯罪を構成するとし、当時縦令右漁船が白漁船が白色燈を備えず又自ら避譲しない事実があったとしてもこれはその者の注意を怠ったに外ならず、そのため被告人の罪責を免れしむべき理由はないと判示する。）。

㈥　以上の認定判断によれば、被告人は、本件現場海域を航行するに際し、揖懸浮標によって指示された航路に従わず樺島沿岸を航行し、当時その海域には小型いか釣り漁船が操業していることが予想されたのであるから、前方を注視し安全な速力に減じるとともに見張員をおくなどして針路の安全を確認して航行し、衝突事故を未然に防止すべき業務上の注意義務があるのにこれを怠って針路の安全確認不十分のまま約一二ノットの高速力で航行した過失により、日没後約一時間経過していたとはいえ未だ約一一〇メートルも見通せる状況下でいか釣り操業中のA操船の小型漁船えり丸に気付かず同船の右舷船尾部に自船船首部を衝突させ、えり丸の船体を切断して破壊するとともに右Aを海中に転落させて同人を溺死するに至らしめたものであるから、被害者の過失が競合していたとしても、刑法一二九条二項、二一一条前段に該当する刑責は免れず、夜間は専ら他船の灯火に対する注意さえ払えば足りこのような船舶は存在しないものとして航行した被告人に対し信頼の原則が適用されるべきであるとの主張は到底採用できないというべきである」。

〈控訴趣意要旨〉

右一審判決に対し、弁護人は、次の理由で控訴した。被告人の操舵していた第二源盛丸の航路は何ら危険なものではなく、本件事故現場は無灯火の水いか釣り漁船がいるとは予想もできない海域であり、被告人は約一二ノットの適正な速度で前方を注視して航行していたが、被害者の操舵していた無灯火のえり丸を発見することは困難だったのであって、本件事故は、もっぱら被害者が夜間航行中の船舶が掲げるべき灯火をつけていなかったうえ、接近してきた第二源盛丸との衝突回避を怠ったため発生したもので、信頼の原則の適用されるべき場合に当たり、被告人には過失はなかった。

これに対して、第二審の福岡高裁第一刑事部は、昭和六三年八月三一日、次の理由で控訴を棄却した。

〈第二審判旨〉

「……第二源盛丸は、潮流等の影響を考慮に入れる必要があるとは特に認められない本件当時において、約一二ノットの速力からして一秒間に約六・二メートル進むと考えられるから、被告人はえり丸を最初に発見しえた時から船首方向の死角に入って視認できなくなる時まで、約一二秒間視認可能であったということになり、被告人が針路前方を注視しその安全をよく確認していれば、第二源盛丸が十分停船あるいは回避可能な地点(第二源盛丸は右速力の下では約一〇メートルで停船可能であったと認められる。)でえり丸を発見して、これとの衝突を避けることができたというべきである。

所論は、本件事故は、専ら被害者が夜間航行中の船舶が掲げるべき灯火をつけていなかったうえ、接近してきた第二源盛丸との衝突回避を怠ったため発生したもので、信頼の原則の適用されるべき場合に当たるというのであるが、夜間航行中の船舶は灯火を表示しなければならないことはそのとおりではある(海上衝突予防法二〇条)けれども、夜間航行においても他の船舶の灯火のみによって針路の安全を確認すれば足りるわけではなく、視覚、聴覚及びその時の状況に適した他のすべての手段により、常時適切な見張りをしなければならない(同法五条)のであり、本件事故においても、被害者が夜間航行中の船舶が掲げるべき灯火をつけていなかったことが一因となったことは否めないにしても、前示のとおり、被告人においても、針路前方を注視していればえり丸を発見することが可能であったし、無灯火の水いか釣り漁船の在りうることを予想しながらその海域に航路を設定したのであるから、針路前方を注視するのはもちろんその発見をより確実にする方途をも講ずべき場合であった(更に減速して右の約一二秒間の視認可能時間を延ばし、あるいは同船者を一時的に見張員として船首方向の死角を減らし視認可能距離を延ばすなどすれば、無灯火の水いか釣り漁船の発見はより確実になった)のであって、被告人が専ら灯火のみを注視し、無灯火の水いか釣り漁船においては自ら衝突回避の措置をとるものと信頼して、これの発見に十分な注意を払わないまま第二源盛丸を航行させれば足りる場合であったとはいい難く、本件は信頼の原則の適用される場合には当たらない。

してみると、被告人が針路の安全確認不十分のまま航行したことが、本件事故発生の原因でもあり、被告人にも過失があったといわざるをえないのであって、原判決には、所論のいうような明らかに判決に影響を及ぼすべき事実誤認も法令の適用の誤りもなく、論旨はいずれも理由がない」。

〈研　究〉

一　本件の主たる論点は、夜間航行中の漁船と無灯火で漁ろう中のいか釣り小型漁船との衝突死傷事故につき、航行船舶の操船者の業務上過失致死責任の成否に関して信頼の原則が適用されるか、という点にある。漁船の衝突事故は、毎年、全衝突件数の相当数を占め、しかも五トン未満の漁船の事故が圧倒的に多い(1)。それは、各種漁ろうに伴う労働条件の特異性(場合によっては過酷さ)から来る見張り不十分などが原因と思われる。特に夜間ともなれば、事故発生の危険性は倍加するであろう。本件も日没後に発生した事故であり、第二源盛丸は一本釣り漁を終えて帰港中、他方えり丸は無灯火で水いか釣漁をしていたところであった。したがって、客船ないし貨物船同士の衝突事故とは異なる側面がここにはあり、過失認定も、より具体的な事情を考慮せざるをえない。

二　本件に類似のケースとしては、第一審判決が引用するように、古く、第三雲浦丸事件（大判昭和一〇・一一・二刑集一四巻一三一一頁）がある。被告人は、発動機船第三雲浦丸（一七トン、二五馬力）の船長代理として、昭和八年三月一五日、同船に乗り込み操縦して、同日午前三時ころ、新潟県佐渡郡二見村二見港を発し、同郡外海府村方面に向かって時速約六・五ノットで進行中、同村城の鼻海岸より約千間の沖合の二股岩付近にさしかかった際、前方三郎島付近において、H乗込の木造漁船（長さ約四間二尺）が碇泊していたのに気付かず、同一の速度で進行し、前方約十数間の地点に近接してはじめて右漁船を目撃し、急拠停船後退等の処置をとったが時すでに遅く、第三雲浦丸船首を前記漁船の中腹に衝突せしめ、よって同漁船を中央から分裂せしめてこれを破壊したというものである。本件は、死傷結果がない点で罪名こそ刑法一二九条二項の業務上過失往来危険罪に関するものであったが、過失内容については、えり丸・第二源盛丸衝突事件との共通点が見られる。(2) 大審院は、「船長代理トシテ発動機船……操縦ノ任ニ当ル者ハ之ニ乗込ミ海上ヲ航行スルニ際シ危険ノ発生ヲ未然ニ防止スル為絶エス其ノ進路ノ前方ヲ注視スヘク少クトモ自己操縦船舶トノ衝突ヲ予防シ得ヘキ距離ニ於テ船舶其ノ他障碍物ノ存スルヤ否ヤヲ警戒シテ進行ヲ継続スヘキ業務上ノ注意義務ヲ負フコト論ヲ俟タサルトコロトス」、と判示して、被告人の過失を認定している。

右事件では、衝突当時、被害船が白色燈籠を具備していなかったものの、月明の夜であり、海上の風波もほとんどなかったという点も考慮されており、前方さえ注視していれば衝突の具体的予見が可能であったと判断されたものと解される。陸上の道路と異なり、海上にあっては、このように碇泊中の船舶もあるし、漁ろう就事中の船舶もあることから、前方注視義務は、過失認定に際して大きな要因になることはまちがいない。もっとも、それは陸上の交通事故でも基本的には同様であるが、海上に比較するとかなり認定が容易と思われる。

また他方、これと多少事情は異なるが、いか釣漁船同士の事故として、第一明神丸・第一幸栄丸接触事件（仙台高判昭和二八・四・一三高刑集六巻三号三三八頁）がある。夜半漁場に先着した第一明神丸が後着の第一幸栄丸に接触して、第一幸栄丸の乗組員に傷害を負わせたという事案である。この点について仙台高裁は、次のような興味深い判決を下している。

「所論は、要するに、海上漁船の慣習としていか釣漁場における漁船の接触については後着の漁船が先着の漁船を避くべき義務があり、何れが先着か不明の場合には小型漁船が大型漁船を避くべき義務があるところ、被告人が船長として乗込んだ第一明神丸は本件被害船第一幸栄丸より先に漁場に到着しており、しかも第一幸栄丸より著しく大型であるから、第一明神丸は第一幸栄丸を避くべき義務なく、その船長たる被告人に過失の責はないというのである。しかし、仮に所論のような海上漁船の慣習があるとしても、その趣旨は後着の漁船又は小型の漁船により積極的な義務を負わせたに過ぎないものというべく、それがために先着の漁船又は大型の漁船に原判示の如き接触事故防止の義務がないという趣旨ではないこと条理上当然というべきである。従って被告人がその船長たる第一明神丸が第一幸栄丸より漁場に先着したものとし、且つ第一明神丸の方が遙かに大型であっても、原判決挙示の証拠によれば、被告人はいか釣作業に熱中していたため、本件接触事故の発生するまで、自船が第一幸栄丸に刻々接近しつつあることに全然気づかず、何等の措置をも施さなかったことが明かであるから、被告人に責むべき過失のあること勿論である」。

本件は、海上での漁船の慣習と刑法上の注意義務との関係の問題が正面から議論されたものであり、しかも、慣習に固執せずに具体的予見可能性を認定している点で興味深い。海上での漁船の慣習は漁ろうに就事する際の安全確保のための一応の目安となるものの、自船が加害船となりうる特段の事情がある場合、接触により他船の乗組員に傷害を負わすという具体的予見可能性を問うことができるといえよう。

これに対して、第二源盛丸・えり丸衝突事件は、漁ろう終了後港へ向けて航行中の漁船と漁ろう中の漁船との衝突であり、しかも後者が夜間にもかかわらず無灯火であった。したがって右事件とまったく同列に論じることはできないが、当該海域の漁業事情を被告人がどの程度知っていたかは、大きなポイントである。形式的には、夜間航行船舶が航行に際し他船の灯火を目印にすることは当然のことであり、それゆえに海上衝突予防法も第三章（二〇条以下）で詳細に灯火に関する規定を置いているのである。しかし、これを刑法上の過失認定に際して取り込むには、慎重でなければならない。すなわち、当該具体的状況下で無灯火の船舶の存在を十分認識しうる場合には、具体的予見可能性を認定できるのであるから、無灯火それ自体が決定的重みを持ちえないことになる。第一審判決が述べているように、海上衝突予防法五条、六条、七条一項および五項は、同法が衝突回避のための具体的事情の考慮の必要性を予定しているものと解される。本件の場合、日没後約一時間経過した午後六時三〇分ころに発生したものであり、しかも、航行中の第二源盛丸から無灯火のえり丸に対する視認距離が約一一〇メートルあった点、野母浦湾内には日没後にも水いか釣りの操業をする小型漁船があり、中には無灯火で操業する小型漁船のあること（とりわけ水いか釣りは無灯火のことが多いこと）を被告人もある程度認識していた（したがって本件は「認識ある過失」である）こと、速力をおとしていないこと、加えて第二審が重視するように前方の見張不十分という点、これらの個別事情を考慮すると、刑法上、漠然とした不安感・危惧感を超えた程度で被告人に具体的予見可能性を問う契機は存在するように思われる。

三　そこで問題は、被害船たるえり丸の方が無灯火だったという点に関して、その具体的状況下で「信頼の原則」が働く余地があるか、ということになる。弁護人は第一審、第二審ともに「信頼の原則」を根拠に無罪を主張したが、いずれもその主張は認められていない。

ここで興味深いのは、弁護人が、えり丸のように無灯火で漁ろうに就事している船舶は存在しない、という点を刑法上保護に値する「信頼」内容として主張している点である。これは、裏を返せば、海上衝突予防法二〇条が規定する「船舶は、この法律に定める灯火を日没から日出までの間表示しなければなら」ない、という点をその内容とするものといえよう。しかし、すでに本書において指摘したように、単に形式的に法規への信頼のみを信頼の原則の適用場面として位置づけることには疑問を感じる。(3)ある程度の実質的な信頼関係があってはじめて信頼の原則は適用可能と考えられる。もちろん、一定の法規がそのような実質的信頼関係の形成に寄与することはありうるであろうし、その点をまったく無視するものではないが、安易な適用は戒めなければならない。本件の場合、現場海域では夜間に無灯火のいか釣船があったというし、被告人もその存在をある程度認識していた以上、視認可能距離との関係からも、具体的予見可能性を問う契機は存在しており、少なくとも信頼の原則を持ち出すべき事案ではないように思われる。また、信頼の原則を積極的に支持する論者も、本件のような場合にまでその適用を考えているとは思われない。夜間無灯火で自車の進行車線を逆行して来た対向車と正面衝突した自動車事故の運転者の過失を否定する場合（最判平成四・七・一〇判タ七九五号九六頁）とは、事情が異なるのである。かくして、裁判所の認定事実に従うかぎり、被害者側にも過失があったとはいえ、本件では被告人の過失責任を問いうると考えられる。少なくとも、減速措置を講じておくべきであったといえよう。

四　なお、本判例後に、この点に関して興味深い判例が若干出ている。

第一は、兵庫県飾磨郡家島港近くで起きた漁船金比羅丸と伝馬船第十八勝丸の衝突事件判決（大阪高判平成四・六・三〇判タ八三一号二三六頁）である。昭和六三年一二月二〇日午後七時四五分ころ、被告人は、漁船金比羅丸（プラスチック製、総トン数二・二トン、全長一〇・五〇メートル、幅二・三メートル）を操船して家島港内の漁船船溜りを漁場に向けて出航し、防波堤燈台を右舷正横に見た地点を通過後に進路を右方に変更しようとしたが（速度は六ノット）、進路前方から海上衝突予防法上の航法に違反して（家島港入口の東西両防波堤間は同法九条一項にいう「狭い水道」に当たると認定されている）、しかも無灯火のまま約一〇ノットで向かって航行してきた伝馬船第十六勝丸（木製和船、全長六メートル、最大幅一・九五メートル）に気付かず、船首を伝馬船の右舷中央部付近に衝突させ、両船の往来の危険を生じさせるとともに、伝馬船乗船員に傷害を負わせたという事案である。なお、金比羅丸の進路前方には第十八勝丸以外の船はなかった。原審（姫路簡判平成三・七・二四）は被告人に減速および見張り不十分の過失があったとして罰金四万円の有罪にしたが、第二審の大阪高裁は、速力に関する事実誤認のほか、次の理由で原判決を破棄し、無罪を言い渡した。

①「本件衝突時における両船間に視認距離は、船首間約二二メートルであって、これを約三〇メートルとした原判決の認定も、それが両船首間の距離を示すものであれば、誤りである。したがって、両船首間の距離が約二二メートルに接近するまでの間、第十八勝丸の視認は困難であったというべきであるから、原判決の指摘するような被告人の見張りが不十分であったということはできない」。

②「また、速力の点について、天候のよい本件当日の金比羅丸の航行速力をもって責めるべき高速だということはできない。前示法律の定めた航法に違反し、無灯火の伝馬船が、しかも全速力で向かって来ることまで予測して、極端に減速・徐行する義務はないというべきである。かえって、こうした減速は港口付近の船舶渋滞を招くことになり、別の危険をもたらすことになりかねない」。

③「以上のとおり、被告人には公訴事実にある速力違反及び見張り不十分を内容とする注意義務違反は認められない」。

以上のように、本判決は、信頼の原則という概念を直接用いていないが、「いわゆる『信頼の原則』の考え方を海上交通に適用したもの」(4)、との評価もあるくらい、実質的には信頼の原則を適用した注目すべき判決である。本件は、前述の第三原盛丸・えり丸衝突事件とは異なり、狭水道での夜間に他船がいない中で無灯火船と衝突した点で、信頼の原則の適用が可能なケースといえる。また、大塚裕史教授が指摘されるように、「被告人が航行しようとした航路に『無灯火』で『航法に違反する』船舶が存在することを具体的に予見することは極めて困難であり、したがって4ノットへの減速を動機づけることは不可能であるし、規範的にみても妥当でない」(5)、といえる。

第二は、長崎県北松浦郡大島村の沖合で起きた汽船宝盛丸と漁船万里丸の衝突事件判決（福岡高判平成九・三・一三判時一六一四号一四〇頁）である。事案は一二月上旬の午後六時二五分ころ、同海域を約二四ノットで進行中の宝盛丸（総トン数六トン）が、約三ノットで対向航行中の無灯火の漁船万里丸（総トン数〇・六八トン）と衝突して同船を履没させ、同船の操船者を海中に転落させて溺死させたというものである。福岡高裁は、原審を支持して、次のような判決を下した。

①「長く漁業に就事し、また、宝盛丸の船長として、本件海域を数え切れない程多数回航走したことがある被告人としては、的山漁港から水イカ曳き漁に出ている小型漁船の実態についても十分知悉しており、……小型漁船が無灯火でその航路筋にあたる本件衝突事故現場付近海上を航行していることもあり得るということも十分予見することができたものと認められる」。

②「本件事故現場付近海域においては一般的に無灯火船に存在が予測され、とりわけ水イカ曳き漁の行われる時期には水イカ曳き漁の漁場である海岸近くの浅場に無灯火の小型船が出没することも十分あり得るという実情にかんがみるならば、そのような海域を二四ノットという高速度で宝盛丸を航走させていた者については、およそ無灯火船の存在を予見する義務がなかったなどとは到底いい得ないことは明らかである」。

③「被告人がレーダーを作動させて進行していれば、まずレーダーで万里丸の船影を捉えることで前方海上に他船が存在することを十分に認識できたはずであり、その後は目視で注視すれば、玄海の船長Cが万里丸を視認できたのと同様に同船を発見できたものと思われ、その各段階で適宜、回頭、減速するなどして万里丸との衝突を回避することは十分可能であったと認められる」。

④「たしかに、Aが海技免許を有しないこと、無灯火で万里丸を操船していたことは事実であるが、万里丸には航法違反は認められず、……本件のような具体的状況下においては、無灯火の小型漁船である万里丸といえども被告人においてその存在を予見することが可能でありかつ予見すべきであったというべきであるのに、被告人にレーダーを使用しての見張り業務違反が認められることなどに徴すると、本件に関し信頼の原則を適用しなかった原判決は正当である」。

本件では、第二源盛丸・えり丸衝突事件との類似性が強く、認定事実によれば信頼の原則を適用できる場面とはいえず、判決が示したように具体的予見可能性を肯定してよいと思われる(6)。

第三に、平成六年四月一七日午前七時二〇分過ぎに広島県安芸郡音戸町の沖合で起きた漁船M丸（総トン数四・八トン）と遊漁船汽船N丸（長さ六・〇七メートル）との衝突事件に関する判決（呉簡判平成一〇・三・二三日弁連刑事弁護センター『無罪事例集第5集』五六頁）がある。本件ではむしろ、衝突地点をめぐる事実認定が争われ、「被告人が動静注視義務を果たしたならば、どの位置で、どのようなN丸を認識することができ、その結果どのような回避措置をとるべきであるかといった具体的過失内容の前提となるN丸の動向について、これを認めるに足りる証拠がない」、として無罪判決が下されている。小型船同士の衝突事件だけに、過失を認定することの難しさを示す一例としてここに敢えて挙げておくことにする。

五　こうしてみると、漁船に関する衝突事故判例の動向は、揺れ動きつつも一定の方向に向かっており、今後も注目しておく必要がある。また、漁船同士の事故の場合、労働条件の特異性等も考えられるので、期待可能性論のレベル、あるいは量刑論のレベルでそれらを考慮する必要がある場合もあるであろう。

(1) 本書第1章一五頁以下参照。
(2) 本件のもうひとつの論点は、刑法一二九条にいう「艦船」の範囲如何にあった。同判決は、「刑法第百二十九条ニ所謂艦船トハ其ノ大小形状ノ如何ヲ問ハス各種ノ船舶ヲ指称スルモノト解スルヲ相当トスルカ故ニ苟モ船舶タル以上ハ長サ約四間二尺ニ過キサル木造漁船ニシテ而モ所論ノ如ク櫓ヲ使用シテ水上ヲ進行スルモノナリトスルモ之ヲ同条ノ艦船ト云フニ妨ケナク……」、と判示している。この点については、本書第7章および第8章参照。なお、本件については、瀧川幸辰「判批」『瀧川幸辰刑法著作集第三巻』(一九八一・世界思想社) 八三頁以下がある。「殊に漁船の散在する海面を進航する際は注意に注意を重ねる必要がある」、と指摘される (八六頁)。
(3) 本書第1章三七頁参照。
(4) 判例タイムズ八三一号二三七頁の本判決解説。
(5) 大塚裕史「無灯火船との衝突事故と信頼の原則」海上保安問題研究会編『海上保安と海難』(一九九六) 二二五頁。
(6) 大塚裕史「無灯火漁船との衝突事故について信頼の原則の適用が否定された事例」判例評論四七八号五二頁以下 [判時一六五二号 (一九九八) 二一四頁以下]も同旨である。

五　結　語

以上、信頼の原則の適用の可否が問題となりうる三つの典型事例を取り上げて、他の判例とも比較しつつ検討を加えた。これによって、船舶衝突事故と信頼の原則との関係がある程度明確になったものと思われる。今後の事例ないし判例の積み重ねによって、海上交通事故における信頼の原則の適用場面がますます明確化されることが期待される。なお、本章では、プレジャーボートの衝突事故については取り上げることができなかった。他日を期したい。

第4章　船舶転覆事故と過失犯論
――典型事例研究――

一　序

船舶の事故で、転覆事故ほどその特徴を示すものはない。なぜなら、第1章で指摘したように、船舶の転覆は、陸上の交通機関の転覆に比して、転覆それ自体の危険性のみならず、脱出困難な海上の場合に転覆後の危険性が倍加するからである。氷山に衝突して転覆した、かのタイタニック号事件を想起すれば足りよう。もちろん、船舶同士の衝突後の転覆もあるが、本章では、とりわけ船舶の単独転覆覆没事故のうち、かなり古いが、乗客定員超過による転覆事故と構造上欠陥を有する船舶の転覆事故という典型事例を二件正面から取り上げて、他の事例との比較も盛り込みながら、直近過失者はもちろん、監督者を含む関係者の注意義務を中心に、過失犯の理論とどのように関わるかを検討することとする。前者では、人員過載だけではなく、漁獲物や砂利等の過積載の場合も比較の検討対象に上がる。なお、磯釣り等に関する瀬渡し船の人員過載については、「危険の引受け」という独自の問題も絡んでくるので、第5章で改めて論じることにする。

二　過載による転覆事故と過失責任

――定員の三倍の客を乗船させ障害物の多い狭水路を甲板見習い員に操舵させ航行したため沈没して一一三名を溺死させた事例（第五北川丸事件）――

昭和三三年七月三〇日広島地方裁判所尾道支部判決
業務上過失艦船覆没・業務上過失致死傷・船舶安全法違反被告事件
（一審刑集一巻七号一一二一頁）

〈事実の概要〉

被告人は、甲種二等航海士の資格を有し、昭和三一年七月二日からX社の木造客船第五北川丸（長さ二二・六二メートル、幅三・九メートル、総トン数三九・四九トン）に船長として乗り組んでいる者であるが、昭和三二年四月一二日、広島県豊田郡瀬戸田町所在のY観光の旅客が多かったため、前記X社取締役Aから、尾道・瀬戸田両港間を、尾道港発午前一〇時便、瀬戸田港発午後零時二〇分便で、臨時に一往復就航することの命を受け、機関長B（四三歳）、機関員C（一八歳）、甲板見習員D（一五歳）の船員三名とともに、同日午前一〇時二分ころ第五北川丸に瀬戸田行旅客を乗船させ尾道港を出発し、同日午前一一時ころ瀬戸田町に到着し、同日午後零時一二分ころ、同港桟橋で尾道港行旅客二三四名を乗船させ、零時二二分ころ尾道港へ向け出港した。なお、第五北川丸の尾道、瀬戸田両港間における法定の最大搭載人員は、旅客七七名、船員七名であった。

さて、被告人は、右瀬戸田町を出航し、約六分後に同船の全速である時速約九ノットで、当時下げ潮中央期のため潮流時速約一・八ノットの逆潮を、広島県三原市鷺裏町向田野浦佐木島、布袋岩鼻北西海中約一九〇メートルの位置にある寅丸礁と通称する岩礁の西方約三、一〇〇メートル東進した際、それまでみずからなしていた蛇輪の操作を、甲板見習員Dに命じ、航行目標および蛇輪の廻転の指示をするかたわら、前記機関長Bとともに操舵室蛇輪後方の座席に腰をおろして、乗客から集札した乗船、上陸券の枚数の計算をするうち、右計算に心を奪われ、Dに対する指示を怠った。そのため、同日午後零時四〇分ころ、前記寅丸礁の西方約一〇メートルを船首が右岩礁に向け直進しているのにはじめて気付き、急遽、全速のままみずから蛇輪を左一杯に廻転して左急転針したため、船体が右傾し、前記復原力減少により容易に復原しなかったのに加えて、その頂点において海面下約一メートルにあった前記岩礁の一部に、船底竜骨が接触した動揺とにより、さらに右傾し、右舷側から船内に多量の海水が侵入した結果、同日午後零時四二分ころ、右寅丸礁西方約九〇メートルの位置で、ついに同船を沈没するに至らせ、乗客一一二名、乗員一名を溺死させ、乗客四九名に傷害を負わせた。

被告人は、最大搭載人員を超えて旅客を搭載した点につき船舶安全法一八条四号違反で起訴されたほか、業務上過失艦船覆没罪(刑法一二九条二項)および業務上過失致死傷罪(刑法二一一条前段)で起訴された。広島地裁尾道支部は、昭和三三年七月三〇日、検察側の主張を認め、次のように述べて、被告人を禁錮二年、罰金一万円に処した。

〈判　旨〉

「第五北川丸の尾道、瀬戸田両港間における法定の最大搭載人員は旅客七七名、船員七名であるのに、右定員を超えて前記のとおり旅客二三四名を乗船させたものであって、その結果船体の復原力に著しい減少をきたしているため、航行中船体が急激に動揺するにおいては船舶沈没のおそれがあり、かつ右両港は、障害物の多い二浬以内の狭い水路にあたるものであるから、船長である被告人は、右航行にあたり、転針、障害物との接触等による急激な船体の動揺を避けるべく周到な注意をはらい、みずから操舵し、あるいは甲板にあって適切な指導のもとに乗組員をして操舵させ、もって船舶沈没事故の発生を未然に防止すべき業務上の注意義務がある」。

「弁護人は、船舶安全法違反の点につき、被告人が最大搭載人員を超えて旅客を搭載したことは、当時、いわゆる過剰乗船は本件ばかりでなく全国的に半ば公然と行われていたものであり、被告人の属するX商船株式会社経営の航路は、運賃が安いうえに、観光季のほかは旅客が少ないため容易に採算がとれない実状にあって観光客の多い本件就航に際し定員を厳守すると会社の経営が困難となり、ひいて被告人自身も職を失うおそれがあり、また本件乗船客は、瀬戸田港桟橋を管理する瀬戸田港務所において第五北川丸の判示発便に乗船させるものとして検札のうえ桟橋にいたらせたものであり、同船の構造上乗客は接岸した舷側のどこからでも乗船できる状況であり、被告人においてこれが乗船を制限することは事実上不可能のことがらであったから、被告人に対し搭載人員の制限を遵守することにつき期待可能性がなかったもので犯罪の成立を阻却するものである旨主張するけれども、被告人の当公判廷での供述によると、被告人は本件出港前瀬戸田桟橋において旅客の乗船状況を監視し、約二〇〇名が乗船するものであることを認め、これが乗船をなさしめたが、右は乗船の制限が事実上不可能であったことによるものでなく、むしろ、かつて被告人が同船で同航路を旅客二〇〇名以上搭載して無事に航海を了えた経験等から本件旅客の搭載もまた安全運航に支障がないと思ったことによるものであることが認められ、ほかに右認定をくつがえすにたる証拠はないから、被告人に対し右違反行為以外の行為を期待することを不可能とするばあいにあたらないと解するのを相当とし、右違反行為につき責任を阻却するべきものというをえない」。

〈研　究〉

一　本件は、古い事例であるが、旅客定員の三倍の客を乗船させ、しかも障害物の多い狭い水路での操船を未熟練者に任せたため、船底が岩礁に接触して沈没し、多数の死傷者を出した事例であり、ここで典型事例として取り上げておくに相応しい事例である。もっとも、形式的には「転覆」に至る間もなく沈没したのではあるが、それは重要なことではない。本件では、乗客が定員を超えないように注意すべき義務、および危険海域であるがゆえに自ら操船するか乗組員をして適切な指揮のもとに操船させる義務があったことは否定できない。むしろ本件では、船長の過失のほかに本来の運行管理者であるX社取締役社長の監督過失はなかったのか、という点こそが重要な問題となる。また、それとの関係で、船長に期待可能性の理論を適用する余地があるか、ということも問題となる。便宜上、後者を先に検討し、次いで前者を検討する。

二　定員超過が転覆原因となって多数の死傷者を出した古い先例としては、かの有名な第五柏島丸事件（大判昭和八・一一・二一刑集一二巻二〇七二頁）がある。珍しく刑法学者が好んで取り上げる海上事犯事例である。事案はこうである。客船第五柏島丸（九トン）の船長である被告人は、昭和七年九月一三日午前六時一二分ころ、広島県安芸郡音戸町の穏渡港において定員の五倍余りの乗客である一二八名を満載して同港を出港し、対岸の呉市鍋港に向けて航行中、後方から追い越して来た発動機船第二新栄丸（一四トン）の追波を受け、その飛沫を避けようとして乗客の一部が右舷から左舷に移動したため、船体が左舷に傾いた。そして、著しい定員超過のため、船尾の喫水がますます深くなり、船尾から海水が浸入したため、即座に同船が覆没し、乗客二八名が溺死し、八名に傷害を負わせた。主たる争点は、周知のように期待可能性の有無についてであったが、大審院は、業務上過失艦船覆没罪(刑法一二九条二項)および業務上過失致死傷罪(同二一一条)の成立を認めた(観念的競合)ものの、原判決を破棄し、次のように判示して刑を罰金三〇〇円に減軽した。

「本件発生当時判示音戸町及其ノ附近村落ヨリ呉市海軍工廠ニ通勤スル職工夥シク多数ナルニ反シ交通機関タル船舶少ク職工ハ孰レモ出勤時刻ニ遅ルルヲ厭ヒ先ヲ争ヒテ乗船シ船員ノ制止ヲ肯セサルハ勿論之カ取締ノ任ニアル警官亦出港時刻ノ励行ノミニ専念シ定員ニ対スル乗客数ノ取締ハ職工通勤ノ関係上実ニ失セサルヲ得サリシ事情アリタルニ加へ第五柏島丸ノ運航経費ハ定員ニ数倍スル乗客ノ賃金ヲ以テシテ漸ク其ノ収支ヲ償フノ実情ナリシカ故ニ船主タルKハ船長タル被告ノ再三ノ注意モ更ニ之ヲ用ユルトコロナク多数ノ乗客ヲ搭載セシメタル事実ヲ認メ得ヘク従テ定員ニ数倍スル乗客搭載ノ為本件惨事ヲ惹起シタルハ被告ニ責任アルコト固ヨリ言ヲ俟タスト雖一面又被告ノミノ責任ナリトシテ之ニ厳罰ヲ加フルニ付テハ大ニ考慮ノ余地アリ」

本件では、一応船長の過失は認められると思われるが、問題は、期待可能性の理論により、責任が阻却されるか、あるいは少なくとも刑が減軽されるか、という点にあった。「期待可能性」とは、「行為の際の具体的事情のもとで行為者に犯罪行為を避けて適法行為をなしえたであろうと期待できることをいう」が、「期待可能性がないときは、犯罪事実の認識があり違法性の意識の可能性が存在しても、故意責任または過失責任を阻却すると説く学説」のことを「期待可能性の理論」という(1)。一八九七年のドイツ大審院のいわゆる「暴れ馬事件」無罪判決を契機に、一九二〇年代にフランク、G・シュミット、フロイデンタール、E・シュミットらが規範的責任論の立場からこの理論を展開し、日本でも佐伯千仭博士により導入された(2)。下級審判例では、この理論を採用した無罪例も多い。しかし、最高裁判例は、明示的でないにせよ、一定程度でこの考えに理解を示しているが（最判昭和三三・七・一〇刑集一二巻一一号二四七一頁等）(3)、適用には慎重である。本判決は、リーディング・ケースといわれる割には、必ずしも明示的に期待可能性の理論を適用しているわけではないが、その趣旨が減軽理由の中に表れている。営利優先の船主の経営手法が定員の五倍以上の乗客を乗せしめた船長の行為に対して著しい影響を与える場合、行為者に対して適法行為を期待できないとして、場合によっては責任阻却にまでいきそうなところを、量刑段階でそれを考慮したところに苦悩が看取される。

第五北川丸事件の場合、弁護人は船舶安全法違反の部分についてのみ期待可能性がないと主張したが、判決は、これを退けた。私自身は、期待可能性の理論をもっと実質化しようと考えてはいるが、本件の定員三倍以上といい、第五柏島丸事件の定員五倍以上といい、あまりに度が過ぎており、いかに運行管理者の営利優先策があろうと、そして定員を厳守すると会社の経営が困難となり、船長自身失職のおそれがあると思ったとしても、船長としては乗客の安全確保を優先すべきである。周知のように期待可能性の標準としては、行為者標準説、平均人標準説、国家標準説があり、私見は国家（＝法）と個人の緊張関係から考える国家（＝法）標準説を採るが、いずれの立場でも、このような場合に責任を阻却するほどの期待可能性がないとの結論を出すことはできないと考える。せいぜい、第五柏島丸事件のような船主の態度があれば、責任減少、したがって刑の減軽という効果を認めうるにとどまる。

三　つぎに、船長と船主との関係について検討する。第五北川丸事件においては、定員の三倍以上も乗客を乗せた以上、復原力も低下し、危険海域だけに、いかに船長が注意しても転覆の具体的危険はありうる。そうすると、そのような乗船を強いる船主についても、過失責任を問う余地が出てくる。本件では、取締役Aは、臨時便を出すように命じたものの、定員を超過してまで運航するよう指示したかは定かでないので、Aの過失責任を直接論じることはできないが、もしそのような指示があったとすれば、Aに監督者としての過失責任を問うことは可能であると考える。この点、第五柏島丸事件の船主Kの場合は、船長の再三の注意も聞かず、営利優先で著しい定員超過での運航を指示しているので、過失責任を問いえたのではないかと考えられる。

ちなみに、第五北川丸事件と類似の事件として、昭和三〇年八月一〇日に起きた汽船恵美須丸事件（松山地八幡浜支判昭和三二・七・一八裁判所時報二四〇号四頁）がある。法令に定められた資格ある船舶職員を乗り組ませず、同船に定められた最大搭載人員（旅客一九名、船員二名）を超えて、旅客六五名、船員三名を乗せて、愛媛県八幡浜港から大島港に向けて航行中、海技免状を有しない者に操舵を任せていたため、高さ一メートル前後の波を右舷船首に受けて大きく左傾し、そのため乗客が左舷に寄ったこともあって傾斜を助長し、同船を転覆させ、乗客三名を溺死させたという事案である。判決は、①定員超過、②旅客を整理せずに不安定な状況を放置し、船舶の復原性を保持する措置を怠った点、③技量の十分でない無資格者に操舵を任せて、自ら操舵するか適切な指示をすることもなく放任していた点、以上の三点について過失を認め、有罪としている（禁錮二月執行猶予二年、罰金五、〇〇〇円と刑は軽い）。過失の併存を認めている点も妥当であるほか、本件では被告人が船長と船主を兼ねていたので船主について固有の責任は問われていないが、無謀ともいえる運行状況について運行管理責任も併せて問いうる事例と考えられる。(4)

四　なお、積荷の過載についても、同様のことがいえる。例えば、工期に間に合わせるために大量の砂利（現在では砂利採取を禁止する方向にあるが）その他の積荷を積載して運搬するよう船主が船長に強要して転覆した場合とか、自動車を制限重量を超えてフェリーに搭載したため転覆した場合とか、漁獲物を過剰に積載したため転覆した場合である。昭和五三年九月五日に平戸市の岸壁で起きたフェリーみさき事件（福岡高判昭和五七・一一・二新・海難刑事判例集三五六頁）では、フェリーみさき（総トン数九八・八〇トン）の船長が制限総重量六二トンを超過して搭載車両五台＝合計総重量六八・五五二五トンを搭載し、かつ車両の搭載位置を誤って片荷重状態を生じさせたため、ランプウェイの支持力をはるかに超える傾斜力が作用して転覆し、船内に留まっていた乗客一名を死亡させた事案について、福岡高裁は、船長に対して、「搭載車両の制限重量を遵守すべき注意義務」、「搭載位置に配慮し片荷重状態の生ずることのないようにして転覆を防止すべき業務上の注意義務」、および「自ら又は部下に指示して船内に各所に留まっている乗客の有無を確認し誘導退船させる等、船舶の転覆に伴う人身事故の発生を未然に防止すべき注意義務」を認め、原審判決（甲につき禁錮一〇月、執行猶予二年）を支持する判決を下した。この場合は、現場の判断に任せるほかなく（信頼の原則）、結果については船長の過失を問えば足り、特段の指示を出していない以上、運行管理者の責任追及は困難であろう。

また、昭和五三年一二月六日、「かけ回し式漁法」による沖合底曳網漁業を営む漁船が、稚内市宗谷岬東方海域で操業中に「ししゃも」が約四〇トン入った網を甲板に引き上げようとして船体のバランスを失い、転覆沈没して、乗員九名が死亡した事件（第三大輝丸事件）で、旭川地裁は、「適宜コッドのはかいをほどくか、あるいはコッドの一部を切り裂くなどしてコッド内に入っている魚を投棄し、右積載許容限度内の量にしてから右甲板に引き揚げ、もって同船の転覆を防止するとともに、乗組員の生命に危険を及ぼすことのないように操業すべき業務上の注意義務」の違反を船長兼漁労長に認めて、禁錮二年六月、執行猶予四年の有罪とした（旭川地判昭和五七・七・二新・海難刑事判例集三六五頁）。この場合も、現場での技術を船長等に任せるほかなく、船主に過失責任を問うのは困難である。

五　その他の転覆事件としては、プレジャーボートの転覆死傷事件や瀬渡し船の転覆死傷事件がある。後者は、本書第5章で詳論する。前者の例として重要なのは、平成二年四月二二日に千葉県の片貝漁港で起きたプレジャーボート東（総トン数約二・四トン）の転覆死傷事件判決（千葉地判平成五・三・三一判タ八三五号二四六頁）である。(5) 甲および丙の家族が天候の悪い中、甲と丙の依頼を受けた乙とともに漁港にプレジャーボートを乗り出したが、甲から（海技免状交付前の）丙に継続して操船させていたところ、反転後に危険な海域に進入したため、波高約三メートルの磯波を受けて同船を転覆させ、よって六名を死亡させ、一名を負傷させた、という事案である。千葉地裁は、次のように述べて、甲、乙、丙の過失を認定した（いずれも禁錮二年執行猶予四年）。

「本件当時、実際に操船に従事していた被告人丙並びに同被告人を監督すべき立場にあった被告人甲及び同乙らは、あるいは四級小型船舶操縦士の免許を有し、また、免許を所持していなくとも同免許の実技終了試験に合格するなどして、磯波などに関する知識を有していたほか、本件当時、自ら海の様子を見て、海が荒れており海岸付近に高波が立っていて危険な状態であることを現認し、付近住民から当日は出航できない旨の注意すら受けていたのであるから、そのような気象、海象下で『東』で漁港外に乗り出すこと自体、既に乗員の生命、身体に危険が及ぶことがあり得ることを認識、予見していたものであるばかりでなく、『東』のような小型船舶が磯波の立つ海域に進入すれば転覆するおそれが高く、万一転覆した場合には婦女子を含む乗員の生命、身体が危殆に瀕することは目に見えていることを承知していないはずはなく、沖合で靄のため船位、方位を失った際迷走すれば場合により陸岸に近づきすぎて磯波を受けて転覆する危険があることは十分に予想可能であり、いわんや被告人らは港の出入口と思われる方向、すなわち陸地の方角を目指して『東』を進行させていたのであるから、なおさら右のような危険発生の蓋然性は大きかったというべきである。してみると、被告人らが沖合で船位、方角を失ったことに気付いた時点で、船の進行を停止しその海域に自船をとどまらせ、右のような危険を回避するのが最も適切な措置であった……。このように、被告人らにおいて迷走して陸岸に近接すれば転覆して乗員の死傷の結果が発生するであろうことを認識予見し、かつ、反転したときその海域に船をとどめていればすくなくともそのような結果の発生を回避し得たという関係が認められる以上、被告人らの迷走行為はかかる回避義務に違反した行為といわざるを得ない」。

本件では、甲と乙のいずれが船長か分からない間に操船未熟な丙が操船して事故を起こした点で、特異な事件である。にもかかわらず、甲と乙には丙に対する監督者としての過失がそれぞれ認められている。北川佳世子助教授の分析によれば、「甲には、自らの操船により荒れ模様の外洋に束を乗り出させた上、免許未取得の操船経験の浅い丙に操縦を引き継いだ点に、他方、乙には、外洋でも甲、乙両名の操船指導を黙示的に引き受けたばかりでなく、丙の傍らで専ら勘だけを頼りに針路を指示し、その指示どおりに丙が操縦した点に監督義務の発生根拠を求めているのであり、換言すれば、甲については自己の先行行為に、乙については事実上の引受け行為と不適切な指示に、監督義務の発生根拠を認めたものである」(6)。しかし、乙に監督義務を認める点は妥当としても、それほど技量に差がない甲にまで丙に対する監督義務を負わせるのは、北川助教授も指摘されるように、疑問である(7)。甲は、むしろ丙との関係では「過失犯の共同正犯」であると解される(8)。

(1)　大谷實『新版・刑法講義総論』(二〇〇〇・成文堂) 三七四頁。
(2)　佐伯千仭『刑法に於ける期待可能性の思想』(一九四七・有斐閣)。なお、期待可能性に関するその他の文献は多いが、ここでは川端博「期待可能性」中山研一＝西原春夫＝藤木英雄＝宮澤浩一編『現代刑法講座第二巻：違法と責任』(一九七九・成文堂) 二三七頁以下および曽根威彦「期待可能性」同『刑法の重要問題〔総論〕』(一九九三・成文堂) 二一一頁以下を挙げておく。本書では、期待可能性の理論的考察を行う余裕がない。それは、別途行うこととする。
(3)　判例の動向については、佐伯千仭＝米田泰邦『総合判例研究叢書刑法22』(一九六四・有斐閣)、前田雅英「期待可能性」西原春夫＝宮澤浩一＝阿部純二＝板倉宏＝大谷實＝芝原邦爾編『判例刑法研究3　責任』(一九八〇・有斐閣) 二六一頁以下、および宮澤浩一「期待可能性」松尾浩也＝芝原邦爾＝西田典之編・別冊ジュリスト『刑法判例百選Ⅰ〔第四版〕』(一九九七) 一二四頁以下参照。
(4)　本件の判例評釈として、木村静子「定員の過剰」別冊ジュリスト『運輸判例百選』(一九七一) 五二頁以下がある。木村教授も、危険性との関連から定員超過を重視されている。

(5)　本件判決については、北川佳世子助教授の詳細な研究がある。北川佳世子「プレジャーボートの転覆死傷事件において操船者だけでなく同人に操船を引き継いだ者及び操船指導を引き受けていた者についても業務上過失致死傷罪が肯定された事例（プレジャーボート東転覆事件）」海保大研究報告四五巻一号（二〇〇〇）九七頁以下。

(6)　北川・前出注(5)一〇六頁。

(7)　北川・前出注(5)一〇八頁。

(8)　過失犯の共同正犯については、別途詳細に論じた。甲斐克則「過失犯の共同正犯」『井上正治先生追悼論集』（二〇〇一・九州大学出版会・近刊）参照。

なお、船舶の事故で過失犯の共同正犯が認められた事例としては、観光船第二西海丸事件がある（佐世保簡略式昭和三六・八・三下刑集三巻七=八号八一六頁）。アメリカ海軍佐世保基地の海兵隊所属の隊員二名が、屈曲の多い海岸線のある危険海面で、この種の船舶運航の技能も経験もないにもかかわらず観光船第二西海丸（四三・七六トン）を酔余好奇心から運航して事故を起こした事案について、佐世保簡裁は、次のように過失往来妨害罪（刑法一二九条一項前段）の共同正犯の成立を認定した。すなわち、「不注意にも被告人Tは同船の操舵を、同Jはその機関部の操作をなし両名共同して同船を運搬した過失によりその操舵を誤り、同船を右桟橋より西方約二百米の対岸に衝突座礁させ、前記無謀操舵並びに衝突により同船に対しダリンドメピンの脱落、キール包板船首在下部金物の各破損船体のひずみ等を生ぜしめ以て一時航行を不能ならしめて同船を破壊したものである」、と。略式命令ということで、論理が簡略であることは否めないが、形態としては、本件のような無謀な操船行為の場合、共同で「認識ある過失」行為を行っていると評価できよう。

三　構造上欠陥を有する船舶の転覆事故と船長の注意義務

——構造上欠陥を有する貨物船の転覆事故につき船長の過失責任が認められた事例（津久見丸事件）——

大分地裁昭和三六年一二月一三日判決
昭和三六年（わ）第二六号、業務上過失致死、業務上過失往来妨害被告事件
（下刑集三巻一一＝一二号一一八一頁）

〈事実の概要〉

被告人（甲種一等航海士）は、昭和三三年五月三〇日以来T社所有の汽船津久見丸（総トン数八〇二・〇二トン、載貨重量トン数一、一四三トン、長さ五五メートル、幅九・六〇メートル、深さ四・八〇メートル、ディーゼル式発動機九五〇馬力一基備付、鋼製の貨物船）の船長として乗り組み、同船の運航全般を指揮して、鹿児島県大島郡三島村硫黄島より大分県津久見港まで硫黄鉱石を輸送する業務に従事していたものである。同船は、当初より、建造後はO社が傭船して硫黄島と津久見港間の硫黄鉱石輸送に使用することに予定されていたため、同社の要請により、特殊荷役装置として、船体中央部の大半を占める貨物艙の艙底に鉱石を載せて前後に走る二列のベルトコンベアーと、同艙前部でこれを受けて上昇し船外に搬出するバケットエレベーターが設けられ、そのため艙底が船底キールより一・三〇メートルないし

三・六五メートル高い、いわゆる上げ底となり、その部分に間隙を生じているうえ同艙底両舷側にそれぞれ四五度の傾斜板が張られ、それらによる貨物積載容量の減少を補うために貨物艙口のコーミングが甲板上一・三〇メートルに高められているとともに、硫黄島および津久見の港の水深が比較的浅い関係で何時でも接岸荷役できるよう考慮して、貨物を満載するには、船首水艙に約三八トン、貨物艙の前部に設けられた脚下水艙に約六ミトンの海水バラストを漲ってイーブンキール（等吃水）となるように積荷する計画のもとに建造されており、一般貨物船が海水バラストを排除しながら貨物を満載吃水線に達するまで積み、船尾トリム（船尾吃水が船首吃水より大きいこと）をつけて航海するのと異なった計画のものであった。

そして、公式試運転、空船状態での重心試験が施行され、船舶安全法に基づく管海官庁および同法第八条に規定する日本の船級協会たる日本海事協会の各種検査に合格して、近海第一区を航行区域とする同協会第二級船の資格を取得し、船舶国籍証書の下附をうけて航行を許されたもので、航行上通常生ずることのある危険に堪え安全に航海しうる状態にあったが、右重心試験の結果によると、前記のように等吃水で積付の要請に基づいて建造されたため、その満載状態における出・入港、消費の各時とも、船首水艙三八・一八トン、脚下水艙六三・七五トン、貨物九六〇トンで、その出航時のＧＭ（船の傾斜角が小さい場合の復原力すなわち初期復原力の大小の目安となるもので、横メタセンタ高さともいう）は〇・四一九メートル、その入港時のＧＭは〇・三四一メートル、その消費時のＧＭは〇・三一四メートルであった。結局、前記計画どおりに貨物を満載した場合、貨物の積載量は九六〇トンとなり、前記ＧＭの数値も計画どおりに満載した場合のものであるが、これらＧＭの数値は、一般貨物船と比較してその水準より少なく、かつ後日判明したところによると、傾斜角の変化に対応する復元てこ（ＧＺともいう）の変化を示す復原性（力）曲線は、一般の船舶において一つの山を描くのと異なって二つの山を描いており、前記計画どおりに貨物を満載して全速（機関の負荷四分の四、時速一一浬二五）で航行中に旋回する場合、船尾楼前端出入口を閉鎖していれば舵角三五度をとっても大角度の横傾斜に移行するとはいえ、転覆のおそれはないが、これを開放していれば舵角二五度および三五度をとると、最大外方横傾斜偶力てこが最大復原偶力てこよりも僅かに小さい程度であるので、静的には一応安定であるけれども、予備復原力が小さいので横傾斜の慣性力のため転覆のおそれがある程復原性は相当低かった。しかし、初代船長Hや貨物の積付担当の一等航海士Yは、同船が特殊な方法で積荷する計画のもとに建造されたものとは知らされていなかった。

さて、被告人は、右のような構造の津久見丸にHの後任船長として乗り組んだわけであるが、前船長Hより事務引継の際、同船の復原性や積荷方法等について格別注意や申送りを受けず、また、同船がすでに一五航海を無事終えていたばかりか、前記各種検査に合格して就航後間もなかったので、堪航性について安心感もあったところから、昭和三三年六月上旬の乗船後初の輸送（津久見丸にとっては就航後第一六次輸送）にあたっては、同船の構造、特殊性、復原性等に関する重要な資料である重量重心トリム計算書など同船備え付けの書類を検討することなく、ただ漫然と前船長の航海方法を踏襲することとして、一等航海士Yに命じて従前どおりの積荷方法で硫黄鉱石一、〇六〇トンを積み込ませて硫黄島を出航した。その航海の途次、風力四ないし五、波浪三ないし四の気象状況下で横波を受けて船体が約二〇度位傾いたまま暫く復原しなかったので、復原性のあまりよくない船だと案じ、また、外見的にも前記特殊荷役装置等の関係から重心の高いいわゆるトップヘビー（頭部過重）の船ではないかと思ったにもかかわらず、津久見港に帰港後、たまたま同港に来合わせていたT社工務課長代理にそのことを話して、復原力を確かめるために満載状態における傾斜試験の実施を依頼したのみで、自らは前記重心トリム計算書などを充分検討せず、載貨重量やGMの数値のみを確認したにとどまった。その後も、同船の動揺周期が他の一般貨物船に比較して長いように感じ、安定性に疑問を抱きながらも、格別航海に不安を感ずるような事態に遭遇しなかったので、積荷のことは一等航海士のYに任せて従前どおりの方法で硫黄鉱石を積んで航海を続け、乗船後一五航海に及んだ（この間、前記T社工務課長代理から、「GMは約四十糎位あるので初期復原性については心配ないと思われるが、復原性曲線がないので多角度（約五度以上）傾いた時のことは判らない。本船は乾舷が少ないので案外悪いかもしれない」旨の私信を受けている）。

ところで、津久見丸の満載状態における速力試験や傾斜試験の実施は、O社の特別な要請によりかねてから計画されていたが、O社、T社およびM社の打合せに基づき、第三一次輸送（被告人の乗船後第一六次輸送）の際の満載時に、速力試験は大分県佐伯湾内の船舶速力試験区間において、傾斜試験は津久見港岸壁においてそれぞれ実施されることに決定し、被告人にもその旨連絡された。

そこで被告人は、同年九月二二日硫黄島において、前記のように満載吃水線に達するまで硫黄鉱石約一、〇六〇トンを積み、機関長Kほか二三名の船員を乗り組ませて同島を出港し、津久見港に向う途中、翌二三日午前八時三〇分ころ、佐伯湾入口北側の大分県南海部郡上浦町浦戸崎沖合に到り、同所で船主側試験関係者としてT社から一名、造船所側試験関係者としてM社から二名、傭船者側試験関係者としてO社から三名の合計六名を移乗させ、同船サロンで速力試験の要領について打合せが行われた。同日午前九時ころ、速力試験を開始するため、被告人の操船指揮により操舵手Aが操舵して、西進して同湾内の水の子灯台と同郡上浦町浅海浦浪太崎を結ぶ船舶速力試験区間線上に入り、曇天で北北西の風、風力二ないし三、波浪二の気象状況下で、同船の船尾楼前端出入口のうち左舷は閉鎖、右舷は開放したままで速力試験を開始した。M社のMの指示によって、まず最初に機関を負荷四分の一（機関回転数毎分二〇二回転）に整定して、同線上を、同郡上浦町高平山に設置された東側マイルポストより同町大池ヶ浦に設置された西側マイルポストに至る間走航し、その所要時間を計測して往航の試験を終わり、そのまま暫く前進してから舵角約三五度で右舷に旋回して針路を反転し、逆コースで同出力の復航の試験を終り、つぎに、機関を負荷二分の一（同毎分二五四回転）に整定して前回と同じ方法により往復二回の試験を終り、次いで、機関を負荷四分の三（同毎分二九一回転、時速十浬七五）に整定して暫く前進した後、同船の舵が戻すのに重いことや船体の安定性のことを考えて、舵角一五度で右舷に旋回して針路を反転し、前同様の方法により往航の試験を終え西側マイルポストを通過後暫くして復航の試験に入るべく舵角一五度で右舷に旋回して反転しようとした際、外方横傾斜偶力によって船体が左舷に約七度位傾斜し、同側舷端中央部付近から甲板上に海水をすくい上げる状態が発生したが、まもなく正常に復原したので、さほど気にも止めず、そのまま続航して復航の試験を終えた。次いで、機関を同船の満載状態ではかつて一度も使用したことのない負荷四分の四（同毎分三二〇回転、時速一一浬二五）に整定して前同様に針路を反転して試験コースに入るため、同日午前一〇時過ぎころ、右舷に旋回しようとしたのであるが、充分な配慮を欠いたため、負荷四分の三の場合と同様、舵角一五度をとって右舷に旋回しても危険はないものと軽信して、前記操舵手Aに対し漫然とスターボード（面舵一五度）を号令し、同舵角で旋回に移ったため、船首が右転するにつれて、船体が外方横傾斜偶力によって逐次左舷側に傾斜し、約一二、三度傾いても復原せず、なおも傾斜が増大するようにみえたので、危険を感じて急遽舵を中央に戻すように命じたが時すでに遅く、船体は左舷側に大傾斜し、まもなく同郡上浦町福泊三ツ石鼻真方位一八〇度、同鼻より約二、二〇〇メートル沖合付近の海上において、船首がほぼ南東方に向いたとき、同船を左舷側から転覆沈没するに至らせ、よって試験関係者一名、乗組員一一名、計一二名を溺死させた。

右事実について弁護人は、㈠被告人は津久見丸に乗船以来その復原性に充分の注意を払い、積荷も適正になしていたし、㈡本件転覆事故直前の被告人の操船は、被告人と同じ甲種一等航海士の海技免状を有する船長の普通に行う運航方法であって、相当の注意を払っても、被告人はもちろん一般の船長といえども転覆の結果を予見することは不可能であったから、被告人は、本件津久見丸の転覆事故について業務上の過失責任がない、と主張した。

これに対して大分地裁は、昭和三六年一二月一三日、次の理由で被告人を禁錮六月、執行猶予一年の刑に処した。

〈判　旨〉

㈠　積荷方法について

「九州大学教授Wほか二名作成の鑑定書によると、津久見丸が判示建造計画どおりに貨物を満載していたならば、船尾楼前端出入口を開放している場合及び閉鎖している場合とも、機関を負荷四分の四に整定して航行中舵角十五度で旋回しても最大外方横傾斜偶力てこが最大復原偶力てこより小さく僅かながら予備復原力もあるので小角度の横傾斜にとどまり、転覆しなかったであろうことが認められる。従って、本件津久見丸の転覆事故は、船長たる被告人が硫黄鉱石を建造計画どおりに積荷せずに復原性を悪化させていたことが原因の一つであるといえる」。

この点について、「被告人に業務上の注意義務に欠けるところがあったかどうかにつき検討するに、被告人が津久見丸に乗船したときには既に前船長Hが無事十五航海を終えており、前船長より復原性や積荷方法等について格別注意などを受けなかったばかりか、各種検査に合格して就航後間もなかったので堪航性について安心感を持っていたこと……からすれば、被告人が乗船後の初航海の際前船長の航海方法を踏襲し従前どおりの積荷方法で硫黄鉱石を積込ませたのも無理からぬものがあり、また、……本社の工務課長代理Yに対して満載状態における傾斜試験をしてくれるよう依頼したことは、被告人が復原性について或る程度の注意を払っていたことを示すものといえよう」。

「しかしながら、船舶は、貴重な人命と財産を載せて海上を航海し、ひとたびその安全が失われると社会に大なる影響を与えることになるから、船舶の最高責任者であり最高技術者として運航全般の指揮にあたる船長は、甲種一等航海士の海技免状を受有する程の知識と経験を持っている場合はもちろんのこと、安全な航行を期するため、平素より、船舶に一般配置図、船体中央切断図、重量重心トリム計算書、排水量等曲線図等の書類が備え付けてあるときはこれらを充分検討するなどして、船体の構造、性能、特殊性、復原性等を的確に把握するのはもちろん、たとえ船舶自体は堪航性を保持していても貨物の積付方法如何等によって復原力の減少を来たし堪航性を害することのないように、貨物の積付にあたっては、それが建造計画どおりに適正になされているかどうかについても充分配慮し、船舶転覆等の事故の発生を未然に防止すべき業務上の注意義務があるといわなければならない。このことは、実定法上も船長の発航前の検査義務に関する船員法第八条の規定に徴して明らかである」。

「しかるに、被告人は、……津久見丸には重量重心トリム計算書などが備え付けてあり、これらを検討すれば、同船が海水バラストを漲って満載するという特殊な積荷方法をとる計画のもとに建造されていることや、GMの数値もこの計画どおりに貨物九百六十屯を満載した状態におけるものであることが明らかとなったはずであったのに、充分検討しなかったため、積荷が計画どおりになされておらず、排除した海水バラストの重量に相当する硫黄鉱石を計画上の積荷鉱石九百六十屯の上部に積み上げる結果GMの数値も同計算書記載のGMの数値よりも小さくなり復原性を悪化させていることに気付かなかったのであるから、被告人が復原性について業務上要求される程度に充分な注意を払い積荷を適正になしていたとは認め難く、業務上の注意義務に欠けるところがあったといわなければならない。……もし船長として要求される前記注意義務を尽しているならば、積荷方法が建造計画と異っており、GMの数値も重量重心トリム計算書記載の数値よりも小さくなり復原性を悪化させていることに当然気付いている筈であり、同計算書記載のGMの数値自体判示のように大きくないのであるから、一般船長はもちろん被告人も、おそらくは、建造計画と異った積荷状態で各種速度各種舵角をとらねばならない航行をすると或いは転覆する危険があるかも知れないことを予想してこれを思い止まったであろうと考えられる」。「それ故、本件津久見丸の転覆事故は、被告人が業務上の注意義務を尽さずに建造計画と異った方法で硫黄鉱石約千六十屯を積んで本来あまりよくなかった同船の復原性を一層悪化させていた過失に基因することは否めない」。

(二)　操船方法について

前掲Wほか二名作成の鑑定書によれば、「本件転覆事故発生当時の積荷状態において、機関を負荷四分の四に整定して航行中舵角十五度で旋回する場合、船尾楼前端出入口を開放しているときは最大外方横傾斜偶力てこが、最大復原力てこよりも大きいので転覆し、同出入口を閉鎖しているときは最大外方横傾斜偶力てこが最大復原偶力てこよりも小さい故静的には一応大角度の傾斜角にとどまるが予備復原力が小さいから横傾斜の慣性のため大角度の静的釣合位置を通り越して転覆するおそれがあり、また、舵角十度で旋回する場合、右出入口を開放していると転覆の危険があり、閉鎖しているときには転覆のおそれがあることが認められる。従って、本件転覆事故は、被告人が転覆のおそれのない小さい舵角で旋回するように指示せず舵角十五度をとるよう指示したことも原因の一つといえる」。

ところで、右のように指示することは、「甲種一等航海士の海技免状を受有して船長の職をとる者の普通に行う運航方法であるとされており、一見、被告人に業務上の注意義務に欠けるところはないかの如くであるが、右の結論は、船の復原性が満足すべきものであり従って旋回に伴う横傾斜による転覆の危険性がない場合を前提としていることが前記鑑定書や証言自体から明らかであり、結局、被告人の操船は通常の事態においては一応問題のない運航方法であるというに止まるのであって、たとえ、通常の事態においては一応適切であると見られる操船であっても、具体的な諸条件の下においては必ずしも妥当な操船であるとはいえず、業務上の注意義務を欠くものと認めざるを得ない場合があると解される」。

本件の場合、「かりに、被告人が積荷方法が建造計画と異ったものであり復原性を悪化させていることを知らなかったとしても……乗船後最初の航海中に約二十度位傾斜したまま暫く復原しなかったことに遭遇して復原性のあまりよくない船であることを知っていたこと、また、本社のYより私信で『復原性曲線がないので多角度（約五度以上と特に記してある）傾いたときの復原性のことは判らない、乾舷が少いので案外悪いかも知れない』旨注意されていたこと、機関を負荷四分の三に整定して航行中舵角十五度で右舷に旋回した際には船体が左舷側に約七度位傾斜し甲板上に海水をすくい上げたこと、しかも、被告人自身、機関を負荷四分の四に整定して航行中舵角十五度で右舷に旋回すれば少くとも左舷側に十一、二度は傾斜し、甲板上にすくい上げる海水の量も負荷四分の三の場合より増加するであろうと考えていたなどが認められる」。

「このような具体的状況下において、被告人と同じ資格を有する一般船長に対し、如何なる操船をすることが期待されるべきであるかというに、船舶の最高責任者、最高技術者にして運航全般の指揮にあたる者は、安全な運航を期するため、風位、風速、波浪、船の速度、傾斜、動揺、積載貨物の状況等船舶の安全性に関係のある総ての事項について細心の注意を払って、人命、財産に対し危害を及ぼすような事故の発生を未然に防止すべき業務上の注意義務があることは言を俟たないところであるから、本件における如くその復原性について若干の疑惑が存する場合において大傾斜に対応する復原性が明白にされていないときには、復原性曲線図が作成され多角度における復原性が判明するまでは、安全を期して、できる限り、多角度……の傾斜となることのないよう注意して操船すべきであったばかりか、たとえ負荷四分の三で航行中舵角十五度で旋回したとき約七度傾斜して間もなく復原したとしても、これまで経験したことのない負荷四分の四で航行中に舵角十五度をとって、復原性について保障のない一層大きな傾斜を惹起させたり甲板上にすくい上げる海水の量を増加させて多少でも復原性を悪化させるようなことは避け、小さい舵角で徐々に旋回すべきであったといわなければならない」。

「従って、被告人が機関を負荷四分の四に整定して航行中に、負荷四分の三の場合と同様に舵角十五度をとるよう指示したことは適切な操船方法ではなく、業務上の注意義務に欠けるところがあったといわなければならない」。

さらに、「業務上の過失犯の成立の一要件である結果の予見可能性とは、一般的客観的にみて、その業務に従事する者であれば当該具体的事情のもとにおいて結果の発生を予見することが期待できたことを指称するものであり、且つその結果の発生の予見は、必ずしも理論的正確さをもって結果の発生することを認識（予見）する必要はなく、未必的にしろ結果の発生の可能性を認識（予見）する場合をも含むものと解すべきである。従って、本件津久見丸の転覆という結果の発生については、当時、復原性曲線図も作成されていなかったのであるから、船長において理論的正確さをもってこれを予見することは到底できなかったとしても、前記のような当時の状況下において、本来復原性のあまりよくない船であり、機関を負荷四分の四に整定して航行中舵角十五度をとれば負荷四分の三の場合より復原性について保障のない一層大きな傾斜を惹起し、甲板上にすくい上げる海水の量も増加して多少でも復原性を悪化させることになることに思いを致したならば、一般船長はもちろん被告人も、負荷四分の四で航行中舵角十五度をとって旋回すると或いは転覆する危険性があるかも知れないと慮り、舵角十五度をとるよう指示することを思い止まって小さい舵角で徐々に旋回するよう指示したであろうと考えられるので……結果の予見可能性があったということができる」。

「それ故、本件転覆事故は、一つには、被告人が業務上の注意義務を尽さずに、機関を負荷四分の四に整定して航行中舵角十五度をとって旋回するよう指示した過失に起因するものであることを肯定せざるを得ない」。

〈研　究〉

一　本件の論点は、構造上欠陥のある船舶を運航するに際して船長にいかなる注意が要求されるか、という点にある。より厳密にいえば、第一に、積荷方法について事実上一等航海士に任せていた場合にも、なお船長に過失責任があるか、第二に、船舶所有者らの主宰する船舶の速力試験および傾斜試験の最中に起きた転覆致死事故について、船長の操船ミスだけが問題とされるべきか、そして第三に、転覆致死についての予見の対象と予見可能性の程度如何、である。構造上欠陥のある船舶の転覆事故としては、本件の少し前に大平丸事件（高知地判昭和三四・二・二七下刑集一巻二号四八六頁）があるし（但し悪天候下で危険水域を航行）、その後、昭和六一年六月に宮城県沖で起きた潜水艇支援調査船「へりおす」事件（不起訴処分）などがある。転覆事故は、衝突事故とは異なる側面があり、その過失責任の問い方も理論的に十分検討すべき内容を有している。特に本判決は、過失犯論一般からも興味深い論点を提供しているので、ここで取り上げる次第である。(1) 以下、右に示した論点に即して考察することにする。

二　第一に、構造上欠陥のある船舶への積荷方法について事実上一等航海士に任せていた場合にも、本件船長に過失責任があるといえようか。判決は、「船舶の最高責任者であり最高技術者として運航全般の指揮にあたる船長」には、船員法八条（船長の発航前の検査義務）からしても、「船舶転覆等の事故の発生を未然に防止すべき業務上の注意義務がある」として、貨物の積付についても過失責任を肯定した。確かに、船員法上、発航前の検査義務が船長には存在する。しかし、その義務が即座に刑法上の業務上過失致死罪の注意義務になるかは疑問である。本件の場合、積荷方法のミスと船舶転覆致死との因果関係は認められようが、予見可能性を認めるには、より具体的な事情の考慮が必要である。

この問題を考えるうえで、同じく転覆事故で無罪となった美島丸事件判決（高松地判昭和三七・九・八下刑集四巻九＝一〇号八一三頁）と比較してみよう。定期客船美島丸（総トン数一三八・四五トン）の船長である被告人は、同船をドックで修理後、乗員乗客計六一名を乗せて高松港から大阪港に向け出航してまもなく、同船の運航指揮を海技免状を有しない甲板長に一任して自分は船長室で休息していたところ、もともと本船は復原性の弱い船（いわゆるトップヘビー）であったのに加え、前部三等室床下に滞留した多量のビルジ水が船体の動揺に伴い遊動して左舷に片寄ったこと、甲板に約五トンの貨物を積んだため一層重心バランス（GM）が崩れたこと、さらに風と波浪の影響が加わったため、甲板上より浸水し数分で後部から沈没し、乗員乗客計四五名が溺死し、四名が行方不明になったものである。本件の論点は、積荷状態不確認と操船指揮を海技免状を有しない者に一任した点につき、船長に過失責任を問いうるか、というところにあった。高松地裁は、具体的事情を考慮した結果、検察官が根拠とする船員法一〇条の「船長の甲板上の指揮義務」違反を根拠とする過失責任を否定した。その際、次のように述べている点が注目される。「若しこれが許されないとするならば、航行時においては船長たるものは四、六時中船橋に佇立していることを余儀なくせられ、航海日誌その他船長としての重要な事務の処置が妨げられることは勿論、必要不可欠な最少《ママ》限度の休息さえも奪われることにもなりかねないと言うことになって、結局船長に対して不可能を強いることに帰するから、法がそこまで要求する筈はありえない」。

美島丸事件自体が津久見丸事件と共通点（積荷ミス）がある点で興味深いばかりか、後者では積荷ミスが過失内容のひとつを構成しているのに対し、前者ではそれが特に問題とされていない点、さらには後者では船員法上の注意義務が刑法上の注意義務として認められているのに対し、前者ではそれが否定されている点でも、両判決の比較は意義深い。論理としては、美島丸事件判決の方が刑事過失を論じるうえで妥当と思われる。なぜなら、船員法のような行政法規上の注意義務は、きわめて包括的であり、それを客観的注意義務として刑事過失認定にそのまま取り込むとすれば、船長には実質上絶対責任が課せられることになり、責任主義に抵触するおそれがあるからである。(2)

もっとも、津久見丸事件判決自体、必ずしも船員法八条だけを形式的根拠にして過失を認定しているわけではなく、被告人が船長となって以来、試験日当日の事故発生までの具体的プロセスを考慮している点にも注意する必要がある。そのうえでなお積荷方法のミスが転覆致死の過失内容となるかを検討すると、過去一五航海においては「復原性がよくない」との認識を得ることはあっても、転覆に至ることまで予見可能と断定するのはやや無理があり、結局は、一六航海目、すなわち試験当日のしかも最後の段階での操船ミスが決定的な要因といえよう。船舶構造上の欠陥を、前船長が関係者から知らされておらず、被告人自身も船長に就任する際その旨を明確に引き継いでない点、積荷については前船長時代から一貫して一等航海士Yに実質的に任せていた点、しかも被告人自身が復原性の試験を申し出ていた点を考慮すると、積荷方法のミスをもって被告人に転覆致死まで責任を負わすのは酷と思われる。

三　それではつぎに、船長の操船ミスについてはどうであろうか。本件は、船舶所有者らの主宰する船舶の速力試験および傾斜試験の最中に、しかもその最後の段階で起きたものだけに、船長一人の過失といえるかが問題となる。判決は、「通常の事態においては一応適切であると見られる操船であっても、具体的な諸条件の下においては必ずしも妥当な操船であるとはいえ……ない場合がある」という前提に立つ。船舶衝突事例でも考察したように、(3)具体的事情を考慮して過失を認定しようとするこの立場は妥当である。さらに判決は、「このような具体的状況下において、被告人と同じ資格を有する一般船長に対し、如何なる操船をすることが期待されるべきであるか」、という問題設定を行う。注意の程度を確定しようというわけである。そして、次のように言う。①「船舶の最高責任者、最高技術者として運航全般の指揮にあたる者は、安全な運航を期すため、風位、風速、波浪、船の速度、傾斜、動揺、積載貨物の状況等船舶の安全性に関係のある総ての事項について細心の注意を払って、人命、財産に対し危害を及ぼすような事故の発生を防止すべき業務上の注意義務がある」。しかし、これではあまりに一般的すぎる。そこで続けて言う。②「本件における如くその復原性について若干の疑惑が存する場合において大傾斜に対応する復原性が明白にされていないときには、復原性曲線図が作成され多角度における復原性が判明するまでは、安全を期して、できる限り、多角度……の傾斜となることのないよう注意して操船すべきであったばかりか、たとえ負荷四分の三で航行中舵角十五度で旋回したとき約七度傾斜して間もなく復原したとしても、これまで経験したことのない負荷四分の四で航行中に舵角十五度をとって、復原性について保障のない一層大きな傾斜を惹起させたり甲板上にすくい上げる海水の量を増加させて多少でも復原性を悪化させるようなことは避け、小さい舵角で徐々に旋回すべきであった」。これがまさに本件の過失内容といえよう。①で一応の客観的な注意の程度を示し、②でその具体的内容を示していると解される。このような論理をとれば、特に「客観的注意義務」というカテゴリーを持ってこずとも、「具体的予見可能性」の判断は可能になる。この論理は、過失犯論自体がそれほど議論されていない時代の判決だけに、かなり評価に値するように思われる。

四　第三に、本判決は、予見可能性の程度ないし予見の対象についても言及し、「業務上の過失犯の成立の一要件である結果の予見可能性とは、一般的客観的にみて、その業務に従事する者であれば当該具体的事情のもとにおいて結果の発生を予見することができたことを指称するものであり、且つその結果の発生の予見は、必ずしも理論的正確さをもって結果の発生することを認識（予見）する必要はなく、未必的にしろ結果の発生の可能性を認識（予見）する場合をも含むものと解すべきである」、と述べている。ここには、後の北大電気メス事件二審判決の定式（予見の対象を「特定の構成要件的結果及びその結果の発生に至る因果関係の基本的部分」とする考え）を先取りする姿勢がすでに表れているように思われる。しかも、予見可能性をあくまで「一般的客観的」に把握しようとする。ここには、行為者の主観的事情が入る余地さえない点に疑問を感じるが、理論それ自体としては、すっきりしたものといえよう。いずれにせよ、本件船舶転覆死傷事故における予見の対象は、その因果連鎖において、積荷ミスでは足りないが、直接的に死傷結果でなくとも、転覆という事象で足りると解される。その事象の中に、死傷結果の蓋然性をもった因果力が内在しているからである。(4)

五　かくして、本判決は、結論的には有罪であったが、高度な船長の注意義務の判断に際して具体的事情を考慮すべきことを一方で認めている点で、戦前の、いわば絶対責任に近い形で船長に刑事責任を科していた考えを修正したものと解される。ちなみに、戦前の事件として、屋島丸転覆事件（大判昭和一二・五・四刑集一六巻九号六一六頁）があった。客船屋島丸（総トン数九四六トン）が台風接近に伴う荒天下に高松港を出航し、早期避難を怠ったため沈没し、六九名が溺死した事案である。大審院は、次のように判示した。

「瀬戸内海ハ法律ニ所謂沿海航路ノ区域ニシテ之ヲ航路区域トスル総噸数一千噸未満ノ汽船ハ船長トシテ乙種一等運転士免状ヲ有スル者ヲ用フルヲ以テ足ルモノニシテ判示屋島丸ハ総噸数九百四十六噸ニ過キサルコトハ洵ニ所論ノ如クナルモ之カ為ニ斯ル航路ニ斯ル船舶ニ船長トシテ航行スル者ハ単ニ乙種一等運転士タルノ免状ヲ得ルニ必要ナル知識経

験ヲ標準トスル注意ヲ用フルヲ以テ足レリトセス苟モ之ニ船長トシテ航行スル者ハ其ノ乙種一等運転士免状ヲ有スルト将又乙種船長免状ヲ有スルトヲ問ハス風位風速気圧気象ノ変化波浪船体動揺傾斜ノ状況等ニ絶エス細心周密ノ注意ヲ用ヒ因テ船舶覆没ノ如キ危険ヲ感知シタルトキハ其ノ災厄ヲ免ルヘク或ハ島蔭ニ接近シテ仮泊シ或ハ標翩シ風浪ノ減退ヲ待チテ航行ヲ継続スル等適宜ノ措置ヲ講スヘキ責務アルモノニシテ若シ該注意ヲ怠リシ結果事故ノ発生ヲ予見セス之ヲ防止スルニ適宜ノ措置ヲ講セサリシ為ニ船舶覆没シ因テ人ヲ死ニ致シタルトキハ所論乙種一等運転士相当ノ注意ヲ用ヒ且被告人ノ現ニ有スル知識ヲ以テシテハ事故ヲ予見シ得サリシトキト雖刑法第百二十九条第二項第二百十一条ノ刑責ヲ免レ得サルモノト解スルヲ相当トス」

これは、あまりに船長に酷な判決といえる。船舶の事故では、総じて船長のみ刑事責任を問われるケースが多い。そして、それがもっともだと思われる判決もかなりある。しかし、場合によっては、船舶所有者ないし運航管理者の刑事責任を問う余地があってよいものと解される。なお、大平丸事件判決（前出）では、台風で天候悪化が予測される中を構造上欠陥を有する船舶で危険水域を航行して沈没させ、乗員一六名を溺死させた事案について、気象通報確認、安全航行のための準備、危険状態での航行安全の確保等の注意義務懈怠を根拠に船長が有罪とされたが、量刑事情において、異常気象（天災）、船舶構造上の欠陥について被告人に直接責任がない旨を明示し、最終的には禁錮一年六月、執行猶予三年の刑を宣告をしている。この判決も、屋島丸事件判決よりは緩和された論理といえよう。

他方、期待可能性の問題の事例としてよく引かれる、呉市の沖合で昭和七年に起きた第五柏島丸事件（大判昭和八・一一・二一刑集一二巻二〇七二頁）では、定員二四名のところをその五倍以上の一二八名が乗って転覆し、二八名が死亡しているし、先に取り上げた昭和三二年に広島県三原市沖で起きた第五北川丸事件（広島地尾道支判昭和三三・七・三〇一審刑集一巻七号一一二二頁）では、旅客定員七七名（船員七名）のところを旅客二三四名も乗船させ、しかも危険な水路を甲板見習員に操舵させて沈没せしめ、死者一一三名、負傷者四九名を出している。にもかかわらず、処罰されたのは船長のみで、運航管理者の刑事責任は何ら問われていない。具体的事情を考慮すれば、具体的予見可能性という観点からも船舶所有者ないし運航管理者の責任を問う余地があったものと思われる。

ちなみに、海上の船舶事故ではないが、昭和二九年に神奈川県の相模湖で起きた遊覧船内郷丸転覆事件（横浜地判昭和三一・二・一四裁判所時報二〇二号三八頁）では、船長のみならず、船主に対しても業務上過失責任が認められている。事案は、同船に、旅客定員一九名（船員二名）のところを遊覧客七七名も乗船させたため、後部甲板の船べりがほとんど水面下に没し、船体改造の際生じた船尾の間隙より浸水し、出航後わずか一〇分で沈没して乗客二二名が溺死したというものである。本件では、船主自身が乗客勧誘をし、定員超過を招いていることもあって、船長のみならず船主にも過失が認められているが、そもそも船体の欠陥を承知で客を乗せること自体にも、具体的に過失があったものと解される。

要するに、転覆事案では、船体自体の物的管理、定員超過ないし物品等の積載超過などの運航管理、適切な人員配備をしているかなどの船舶内の人的管理、および悪天候下での出航判断などの航行管理、これらのミスが当該具体的状況下で、転覆という事態と因果的に強く結び付く場合、船舶所有者ないし運航管理者の過失責任を具体的予見可能性という観点から問いうると考えられる。(5)

本件津久見丸事件の場合、右の点は特に問題とされていないが、傾斜試験ないし速力試験の計画自体に問題があったとすれば、船舶所有者側にも過失責任が認められる余地はあったといえよう。それにしても、最後の試験段階で起きた事故だけに、不運な事故としかいいようがない。

（1）本判決の評釈として、窪田宏「船長の注意義務」別冊ジュリスト『運輸判例百選』（一九七一）六二頁以下がある。
（2）この点については、甲斐克則「海上交通事故と過失犯論」刑法雑誌三〇巻三号（一九九〇）七〇頁以下［本章第1章三五頁以下］参照。
（3）甲斐克則「狭水道における船舶衝突死傷事故につき信頼の原則が否定された事例（フェリーふたば・貨物船グレート・ビクトリー号衝突事件）」海保大研究報告三四巻二号（一九八九）一頁以下、同「東京湾の中ノ瀬航路出口付近で起きた船舶衝突事故につき大型タンカーの船長の過失が認められた事例（タンカー第拾雄洋丸・貨物船パシフィック・アレス号衝突事件）」同誌三五巻一号（一九八九）六九頁以下［本章第3章］参照。
（4）この点の詳細については、甲斐・前出注（2）七六頁以下［本書第1章四一頁以下］参照。
（5）甲斐・前出注（2）六八頁以下［本書第1章三二頁以下］参照。

四　結　語

以上、船舶転覆事故と過失犯論について、典型事例を中心素材としつつ、必要な範囲で他の事例との比較を踏まえながら検討を加えてきた。これにより、船舶衝突事件とは異なる事情がこれらの事例には含まれていることが判明した。それらの特殊事情は、過失犯の認定に際して十分に考慮する必要があるといえる。

第5章　瀬渡し船の事故と過失犯論
――いわゆる「危険の引受け」論を顧慮しつつ――

一　序――問題の所在――

一　近年の海洋レジャーは、質的にかつてないほどに多様化し、量的にも増加しつつある。とりわけ、釣りブームは広く行き渡り、釣り人口は数百万人いるともいわれる。そして、「日曜日や休日ともなれば、限られた時間の中で十分な釣りの成果をあげようという、いわゆる神風釣り客が、新しい漁場を求めて、いままであまり人の行かない危険な海岸や沖合いの岩礁地帯に繰り出す例も、最近非常にふえている」し、「若干の危険はあると知りつつも、客の求めに応じて沖合いの離れた岩礁などの釣り場に客を送り届ける漁業者や釣り船業者もふえている」(1)、ともいわれている。これに伴い、当然ながら、瀬渡し船の事故も目につくようになった。

二　ところで、瀬渡し船の事故を現象面から分析すると、大きく転覆事故と岩場等での磯釣り客放置事故とに分けることができる。そして、刑事学的観点からすれば、前者の事故原因は、定員超過と気象・海象確認不十分の場合が多く、後者の原因は、磯釣り客への指示不十分等の場合が多いといえる。他方、刑法解釈論の観点――とりわけ過失犯論の観点――から分析すると、一般的な船舶衝突事例や転覆事例とは異なる側面があるように思われる。すなわち、後者の場合には、被害者である釣り客が危険を承知で瀬渡し船に乗船して釣り場へ向かうという要因(いわゆる「危険の引受け」）がある点で、死傷結果が発生した場合、瀬渡し業者に過失が認められるのか、認められる場合にはどのような注意義務違反が認められるのか、あるいは被害者の行為が因果関係ないしは正犯・共犯関係の認定にどのような影響を及ぼすのか、といった問題が、重要検討課題としてクローズアップされることになる。(2)

三　そこで、本章では、前述の現象面での分類に従いつつ、刑法解釈論の観点から、判例を素材としながら、まず、瀬渡し船転覆死傷事故と過失犯の問題を考察し、つぎに、釣り場における死傷事故と過失犯の問題を考察することにする。

(1)　林修三「釣りブームと神風釣り客の避難対策」法学教室一七号（一九八二）七四頁。なお、平成一二年版の『海上保安白書』では、第3章に「マリンレジャーの事故防止対策と救助体制の充実強化」という章を設け、マリンレジャーの事故分析（愛好者へのアンケートを含む）と対策、そして救助体制について詳細に論じており、示唆に富む。

(2)　海上交通事故一般の刑法上の考察については、甲斐克則「海上交通事故と過失犯論」刑法雑誌三〇巻三号（一九九〇）四七頁以下［本書第1章一〇頁以下］、同「船舶衝突事故と過失犯論――なだしお事件判決に寄せて――」片山信弘・甲斐克則編『海上犯罪の理論と実務――大國仁先生退官記念論集――』（一九九三）一四七頁以下［本書第2章四八頁以下］参照。

二　瀬渡し船転覆死傷事故と瀬渡し業者の刑事過失

一　まず、瀬渡し船転覆死傷事故について、事故の経緯と判例の論理を分析しつつ考察しよう。すでに指摘したように、(3)転覆事案においても、衝突事案と同様、総じて当時の具体的状況を考慮して予見可能性を具体的に検証する姿勢が確認できる。そして、操船者のみならず、「船体自体の物的管理、定員超過ないし物品等の積載超過などの運行管理、適切な人員配備をしているかなどの船舶内の人的管理、および悪天候下での出航判断などの航行管理、これらのミスが当該具体的状況下で、転覆という事態と因果的に強く結び付く場合、船舶所有者ないし運行管理者の過失責任を具体的予見可能性という観点から問いうると考えられる」(4)。ところが、瀬渡し船の場合、大半は個人が営業主体となっていると考えられ、したがって、まさに操船者の刑事過失責任がストレートに問われることになる。しかも、単なる操船のみならず、天候を予測し、釣り客を危険な岩場等へ上陸させるまで注意を払わなければならない点で、一般的な転覆事案とやや異なる側面もある。この点について、二つの判例を素材として事故の経緯と判例の論理を分析してみよう。

二　第一に、梅屋丸事件（和歌山地田辺支判昭和四五・四・一八刑月二巻四号四〇〇頁）を取り上げてみよう。本件は、釣り客を危険な岩礁に上陸させる際に転覆して死傷結果を招いたという点で、本主題の核心を衝くケースである。

事案の概要は、次のとおりである。被告人は、昭和四一年七月一七日午前四時二〇分ころ、小型渡船梅屋丸（総トン数約四・六トン、旅客定員一八名）の船長として、通常よりかなり多い六〇名の釣り客を同船甲板上に満載し、和歌山県のすさみ港を出港し、約五分後の午前四時二五分ころ、まず最初に、同港稲積島灯台より西南西約七五〇メートルの沖合にある岩礁、鰹島に、釣り客八名を上陸させようとしたところ、周期的に横波が押し寄せてくることがわかっていながら、不確実な指示のもとに、磯釣りに不慣れな釣り客を無計画に上陸させ続けたため、船を後退させる措置をとる機会を失い、接岸状態の船首右舷に横波を受けるに至らせ、船首部分を乗り上げさせて転覆させ、その結果、同船甲板上の釣り客五六名を海中に転落させ、よって六名が溺死し、六名が傷害を負った。

弁護人は、本件の場合被告人には渡船の転覆の危険を避けるため後退すべき義務と、他方では飛びおりようとする釣り客を海中に転落させる危険を防止するため後退を差し控える義務とがあり、当時前者の危険は確実に予想されたものではなかったのに反し、後者の危険は明白かつ差し迫ったものであったから、被告人が後者の危険を防止するため後退を差し控えた行為はその違法性が阻却される、と主張したが、和歌山地裁田辺支部は、次のような論理で被告人に業務上過失致死傷罪等の責任を認め、禁錮一年、執行猶予二年に処した。

①「被告人は、右の横波や当時のうねりの程度は十分これを認識しており、また同船の正確な乗客数は知らなかったが、それが少なくとも四〇人をこえる多人数であって、そのため、同船の復原力がかなり弱くなっていたことは認識していたものであり、さらに接岸の際横波を受けて船首が島に乗り上げれば顚覆しやすいものであることも経験上これを熟知しているのであるから、このような場合船長としては、接岸したままで右の横波を受ければ、右の如く顚覆する危険が多分にあることは、十分予見可能であったものというべきであり、従ってこれを避けるため、前記の如き方法で釣客を上陸させつつ、右の横波が寄せてくるのを認めたときは、直ちに釣客の上陸を中止し、速やかに船を後退させ、これをやりすごした後再び接岸して釣客を上陸させるというように、右の横波の合間をみて前進後退を繰り返しながら釣客を上陸させる方法をとらねばならなかったわけである」。

②「しかし、船長が右の如き操船方法をとろうとする場合、同島に上陸しようとする釣客が、すべて同島での磯釣りに習熟していて、満潮時に船長が右の如き操船をすることを熟知しているときは、船長が特に指図しなくとも、それらの釣客は自ら適切な上陸行動をとる筈で、船長が右の如く操船しようとするのを妨害するような行動に出るとは通常考えられないけれども、もし釣客のなかに、同島での磯釣りに不慣れで、船長が右の如き操船をすることを知らない者が混じっているときには、その者が、機敏に飛びおりることができず、しかも右の如き操船がなされるのを知らないため、船長において横波に気付き船を後退させれば、その者を海中に転落させるおそれがあるため、船長としても、或いはこれをおそれる結果、直ちに後退する措置をとることを妨げられ、後退すべき時期を失し、前記のように横波を受けて渡船を顚覆させてしまうという危険が多分にあったものであるところ、同島に上陸する予定の釣客八名のうち七名は、磯釣りの初心者を含め、いずれも同島にさほど慣れていない者であって、被告人もこれを知悉していたのであるから、船長としては、そ

れら不慣れな釣客が前記の如き行動に出て、自己の操船を妨げるかも知れないことを予見することは十分可能であったものといわねばならない」。

③「従って、かかる場合船長としては、そのような事態を避けるため、それら不慣れな釣客に対し、事前に、前記の如き操船方法をとることを十分説明して了承させ、かつ、横波の合間をみて上陸することになるので、その動作は敏捷にし、横波が接近するときは直ちに上陸行動を中止するような十分な注意と警告を与えるのはもちろん、それらの釣客が不慣れのため、なお前記の如く操船を妨害する行動に出るかも知れないことをも考慮し、一回の接岸に際し上陸する人数を、確実に飛びおりることのできる最小限度に予め制限し、これをそれら釣客に周知徹底させ、計画的に上陸させるなど安全上陸のため万全の措置を講じ、もって前記の如き渡船の顚覆およびそれによる乗客の死傷などの事故の発生を未然に防止すべき業務上の注意義務があったものといわなければならない」。

④「然るに被告人はこれを怠り、事前にそれら同島に不慣れな釣客に対し、右の如き説明や注意、警告を与えることなく、一回に上陸させる釣客の数を予め計画的に制限することもせず、ただ僅かに、船首より機関室をへだてて約八メートルも離れた操舵室より、拡声器も用いずに、飛びおりようとする釣客に対し、その都度『それ今だ。』とか『やめておけ。』などと大声で掛声をかけるという、機関の騒音のため船首で飛びおりようと待機している釣客には聞きとりにくい、極めて不十分な注意を与えるだけの方法で上陸を開始させ、最初に第一地点へ船首を直角に接岸して、まず釣客二名を上陸させ、同地点が当時のうねりの高さからみて上陸するのに不適当であったので一旦後退し、残り六名は第二地点に上陸させるべく、そこへ前同様に接岸して、さらに二名の釣客を上陸させた後も、なお右の如き不確実な指図のもとに、磯釣りに不慣れな釣客をして無計画に上陸させ続けた過失」がある。

本件は、海洋レジャーには初心者も含まれることがあること、したがって瀬渡し業者もそのことを念頭に置いて操船のみならず釣り場への上陸に際しても釣り客に対して的確な指示をすることが要求されることを示すもので興味深い。本判決の論理は、①②で接岸上陸に伴う具体的危険の発生とその認識を中心に据えて具体的予見可能性を論証し、それに応じて③で具体的事情に応じた注意義務を確定し、それに基づいて④で被告人の過失行為を「磯釣りに不慣れな釣客をして無計画に上陸させ続けた」点に求めて注意義務違反を認定しており、いわば伝統的過失論に近い論理であって説得力がある。この論理には、一般条項的なものはほとんど含まれておらず、事実に忠実に論理を当てはめていく姿勢がよく表れており、評価できる判決である。本件では、大幅な定員超過で自ら復原力低下という重大な危険源を創出したうえに、前述のような不十分な指示の下で上陸行為を続行せしめ、前記の結果を生ぜしめている以上、「危険の引受け」論を考慮する余地はなく、実行行為性はもちろんのこと、具体的予見可能性も肯定でき、したがって過失責任を肯定せざるをえないであろう。

なお、一九八八年には「遊漁船業の適正化に関する法律」（昭和六三年一二月二三日法律第九九号）が施行され、業者は市町村を通じ県に届け出なければならなくなったが、必ずしもこれで事故が防止できるものでもない。事件は、その後も続く。

三　第二に、比較的最近のケースとして、福神丸事件（山口地判平成五・一一・一七新・海難刑事判例集三七一頁（ただし一部分のみ））を取り上げてみよう。本件は大きく報道もなされたが、安易な釣りブームに警鐘を鳴らすという意味でも注目される事件である。(5)

事案の概要は、経緯も含め、以下のとおりである。被告人は、瀬渡し船福神丸（総トン数五・五トン、全長一四・〇五メートル、最大速力約二七ノット、強化プラスチック製、定員二六名（旅客二四名、船員二名））の船長として瀬渡し業を営んでいる者であるが、平成四年一月一一日夕ころまでに翌一二日の乗船客として約一〇〇名の予約を受け付けていたので、四便に分けて出航することにし、天気予報を確認したところ波浪注意報も出ていなかったので、翌日は出航することに決めた。そして、予約客に連絡を取るなどしたところ、一便ないし三便を希望する予約客が多かったことなどから、定員を超過することは分かっていたが、午前三時発の一便に三〇名、午前四時三〇分発の二便に二七名、午前六時発の三便に二七名、午前一〇時発の四便に一七名を乗船させて出航することにし、予定どおり合計一〇一名の釣り客を福神丸に乗船させて下関市の吉見港を出航して、約一二キロメートル離れた蓋井島（ふたおいじま）の各瀬および同島南東に位置する水島に瀬渡しした。ところが同日午前一一時ころから西寄りの強風が吹き始めて波も一・五ないし二メートルくらいの高さになってきたことから、さらに風雨が激しくなることが予想されたので、被告人は、西寄りの風浪の影響を受ける前記釣り場に分散していた釣り客三八名を次々に回収し、蓋井島の東側の安全な瀬（大先）に移動させた。さらに他の釣り客を回収するため、全員が下船したか否かを確認しないまま、大先を出航して、同島北側の瀬（威瀬・泉水）にいる一〇名を回収して（このころ波高二メートル以上）大先に戻ったものの、そこで下船させることなく、そこで待機していた一部の釣り客などを乗せて同島東側の瀬に瀬変わりさせ、付近の各瀬で一便一五名を回収し（この時点での乗船客は計三三名）、午後一時前ころ大先に戻った。

ところが、大先に戻ったときに、一便客の帰りの予定時間をかなり過ぎており、海がしけてきたため釣りができないことなどから、同所で待機していた一便客だけでなく、二便以降の客を含む二〇名くらいの客が乗船しようとし、また、すでに乗船していた客のうち二便客一〇名は下船しようとしなかった。被告人は、少なくとも二七名が乗船していることを認識しており、それだけでも定員超過であるのに、さらに大先で多くの客を乗せると大幅な定員超過となるうえ、釣り具などが前甲板にそのまま積載されていたので、船の重心が高くなり、乾舷の減少と復原力の低下を来していること、周辺海域の風浪の状況からして、このような場合、これまでの経験から自船針路上の水島付近から吉見港方向への海上は、蓋井島から遠ざかるに従って西方からの風をまともに受けて波高は二メートルを超えることが予測され、しかも斜め追い波を受けることになり、一層転覆の危険が大きくなることを認識していたため、乗船しようとした客らに対して「一便のお客さんだけ乗って下さい。あとの方はここで待っておいて下さい」などと注意した。約半数の釣り客は乗船を取りやめたが、一便客九名、三便客二名が乗船し、この時点で合計四三名となった。被告人は正確な人数を把握していなかったものの、少なくとも三七名くらいが乗船しており、大幅な定員超過になっていることは分かっていたが、客商売であることから強く下船を求めて客の機嫌を損ねることはできないなどと考え、それ以上に下船を促したり、転覆の危険性を告げて下船を求めたり、出航を拒否するなどの措置をとることはしなかった。そして、適宜速度を増減したり、臨機応変な操舵などにより、慎重に操船すれば吉見港まで何とか航行できるものと考え、そのまま出航することとした。しかも、その後、途中でさらに一本松の瀬で一便客三名を乗せ、乗船客は四六名となり、定員を二二名も超過したうえ、大先で下船した客の荷物が甲板上などにうずたかく積載された状態になっていたにもかかわらず(被告人は約四〇名が乗船していると認識)、午後一時ころ、一本松から吉見港に向けて出航した。

ところが、午後一時四五分ころ、下関市福江七〇〇番地西方の来留見瀬灯標から真方位三三一度、約三八〇〇メートル付近の水島沖海上において、右舷船尾後方からの波高約三メートルの斜め追い波を受けて、船体が波の頂上に乗り、船体が急激に右回頭し、左舷側に傾斜しながら波の左前方に滑り落ちて行き、船体が波と平行になったときに横波を受けて船体が大きく傾斜し、復原力を喪失させて同船を転覆させ、その結果、同日午後四時五五分ころから午後九時五五分ころまでの間に、九名を死亡させた。

被告人は、業務上過失往来危険(刑法一二九条二項)、業務上過失致死(刑法第二一一条前段)、定員超過につき船舶安全法一八条一項四号違反などの罪に問われたが、山口地裁は、三罪を観念的競合として被告人に禁錮一年六月の実刑判決を下した。その論理は、一本松港を出航するに当たり、著しい定員超過状態に伴う乾舷の減少と復原力の低下した状態、および波高約二メートルの風浪の発生状況下での当該海域における航行に伴う右舷船尾後方からの斜め追い波を受ける状態等を経験上認識していたことを重視し、「そのまま出航すれば、転覆の危険があることを予見していた」ことを根拠に、「操船者としては、最大搭載人員を厳守して、これを超過したままでの出航を中止すべき業務上の注意義務があるのに、これを怠り、適宜速度を増減したり臨機応変な操舵などによって航行できるものと軽信し、漫然と吉見港に向けて出航した」点に過失を認める、という構造である。簡潔ながら、本判決も、過失の実行行為開始を一本松出航という作為に求め、具体的予見可能性を認定したうえで注意義務を認定するという構造をとっており、妥当な論理であると評価することができる。

いずれにせよ、本件は、判決が「量刑の理由」のところで述べているように、「被告人が船長としての基本的でしかも重要な注意義務に違反して、危険かつ無謀な出航をした結果本件事故が発生したものであることは明らかであって、その注意義務の懈怠の程度には著しいものがある」といえるものであり、本件において、被害者の「危険の引受け」を違法性阻却事由ないし責任阻却事由として、あるいは自己答責性により客観的帰属を妨げるものと解するのは困難であって、実刑判決もその点で意味があり、もしこの瀬渡し業が組織的に行われる場合であれば、そのような状況下で出航させる営業者も刑事責任を問われうるであろう。

なお、本件は量刑不当を理由として控訴されたが、第二審（広島高判平成六・一〇・二七新・海難刑事判例集三七三頁）は、破棄自判して、禁錮一年の実刑に軽減した判決を下している。注意義務違反の認定に大差はないが、原審の量刑不当を認定する理由の中で、次のように述べている。すなわち、「本件釣り客も、冬場の時化ている海で船に乗るに当たっては自らの身の安全を考えて、船長である被告人の指示に従うべきであったこと、現に釣り客の中には船内の状況を見て転覆の危険を感じ乗船しなかった者もいた位であり、釣り客各自も吉見港から乗船して来た時よりも多くの客が乗っていて船内は身動きのとれない状態になっていることを感得していたのに、被告人の指示に従わず乗船し、あるいは下船しなかったのであって、釣り客の側にも問題があった点は、本件の量刑を考えるに当たって十分斟酌すべきものである」、と。これは、いわば「危険の引受け」を量刑論で考慮したものといえる。

（3）　甲斐・前出注（2）刑法雑誌三〇巻三号六五頁以下［本書第1章三〇頁以下］参照。
（4）　甲斐・前出注（2）刑法雑誌三〇巻三号六九頁［本書第1章三三頁］。
（5）　本件一審判決の一部は、『新・海難刑事判例集』三七一頁に掲載されている。なお、本章では詳細取り上げることができなかったが、一九九〇年（平成元年）一月二九日には、三重県度会郡南勢町相賀浦近くの止ノ鼻付近の海上で、瀬渡し船第二おしだ丸（二・四トン）が転覆し、二人が死亡する事件が起きている（朝日新聞一九九〇年一月三〇日付報道）。本件も、悪天候のうえに定員超過状態だったとのことである。しかも、届け出もなされていなかったという。また、鹿児島県の串木野市沖合で、天候悪化時に遊漁船かなめ丸が岩礁や浅瀬に挟まれた狭い海域に進入したため高波を受けて転覆し、乗客三名が死亡した事件では、転覆の予見可能性および回避可能性を肯定し、危険な海域の航行を避けて迂回したり転針して転覆を回避すべき注意義務の違反を認定している（鹿児島地判平成九・一・一〇判タ九六四号二七六頁）。妥当な判決といえる。

三　釣り場における死傷事故と瀬渡し業者の刑事過失

一　つぎに、釣り客を釣り場に連れて行ったものの、その後の安全確保が十分でなく、釣り客に死傷結果が発生した場合の瀬渡し業者の刑事過失について考察してみよう。これは、先の形態と異なり、被害者の「危険の引受け」が問題となりうるし、また、釣り客の独自の行為も介在してくるので、因果関係も問題となりうる。もちろん、いかなる注意義務がどの程度要求されるか、あるいは予見可能性はどうか、といった問題も生じてくる。

二　第一に、轟丸事件（阿南簡裁略式昭和四四・七・九海難刑事判例集四〇六頁）を取り上げておこう。略式命令なので理由も簡潔であり、したがって、罪となるべき事実から、理由も含め、かいつまんで述べることにする。

被告人は、自己所有の漁船轟丸（総トン数一・一二トン、ジーゼル六馬力）を使用し、磯釣り客の磯渡し業を営んでいたものであるところ、昭和四三年一二月五日午後零時過ぎころ、同船を使用して釣り客Aら三名を阿南市椿町蒲生田崎灯台南西方約七〇〇メートルの岩礁（通称しゃこばえ）に上げて磯渡しを行ったものであるが、同岩礁は満潮時には水面から三メートルくらいの高さしかなく、しかも同日は午前中からうねりが残っていたうえ、潮流ならびに風などの気象条件の変化により急激に波が高くなり、前記Aらが波にうたれて海中に転落するなどの危険の発生が予想されたのであるから、たえず同岩礁付近に待機して同人らの動静を注視し、天候悪化の兆が見られる場合は直ちに同人らを前記轟丸に収容して帰港するなど、危険の発生を未然に防止すべき業務上の注意義務があるのにこれを怠り、同日午後一時ころ、昼食のため、同所から約三キロメートル離れた蒲生田港に帰り前記Aら三名を救護しなかった過失により、同日午後二時ころまでの間に前記Aら三名をして、高波のため海中に転落させ、そのまま前記岩礁付近の海中において溺死するに至らしめた。被告人は、業務上過失致死罪で罰金二万円に処せられた。

本件では、釣り場がそもそも満潮時には水面から三メートルしかなかった点、しかも気象条件の変化も予想された点からして、そのような危険な場所に放置して救助体制を放棄したことは、不作為とはいえ、過失犯としての実行行為性が認められる。釣り客の生命を預かる保障人的地位に立つ瀬渡し業者の業務内容として、釣り人を目的地に連れて行くばかりでなく、気象条件等の「外的要因」から生じる危険に対して救助可能な状態を確保しておくこともそれに含まれるものと解される。また、被害者の直接の死因は高波による海中転落の結果の溺死であるが、救助体制さえ取っていればほぼ確実に救助可能であったことから、不作為の因果関係も肯定される。そして、前記条件下では死亡結果についての具体的予見可能性も肯定されるであろう。なお、釣り場で釣り客自身の不注意（「内在的要因」）で生じる結果（例えば岩場で足をすべらせて死傷する等）については、被害者が「危険の引受け」を行っているので、もちろん瀬渡し業者が過失責任を負うものとはいえないであろう。

三　第二に、かいゆう事件（福岡高判昭和五五・五・二高刑集三三巻二号一九三頁、判時九八六号一三三頁）を取り上げてみよう。本件は、被害者の過失行為が介在する点で、瀬渡し業者の過失責任を考えるうえで重要な論点を提起している。

事案の概要は、以下のとおりである。被告人は、沿岸区域を航行区域とする汽船「かいゆう」（交通船兼遊漁船、総トン数七・四六トン、二二〇馬力）を所有し、瀬渡し業を営むものであるが、昭和五一年八月二二日午後六時ころ、S_1、S_2、S_3、およびHの四名の磯釣り客を同船に乗船させ、長崎県平戸市大久保町汐の浦港から同県北松浦郡大島村馬ノ頭鼻の北側岩場に瀬渡しし、同人らを同岩場に上礁させたあと、翌二三日午前一〇時ころ迎えにくる約束をして同人らを同岩場に残したまま前記汐の浦港に帰港した。ところが、翌二三日午前四時ころから潮位が上がるとともに風波が強くなり、南側岩場への避難が困難となって孤立状態となり、さらに同日午前六時三〇分ころには北側岩場全体が高波に洗われる状態となり、ついに同日午前七時一五分ころS_1ら四名をして高波のため海中に転落させ、よってS_2、S_3の両名を同所付近の海中で溺死させ、S_1およびHに対してそれぞれ加療一週間と三週間の傷害を負わせた。

被告人は、業務上過失致死傷罪（その他船舶職員法違反の罪）で起訴されたが、弁護人は、次のように主張して争った。第一に、被告人には結果発生に対する予見可能性はなかった。つまり、①被害者らを瀬渡しした時点では海上は非常に穏やかであって、しけてくる気配はなく、本件のような天候の悪化は予見できなかった。②被告人の指示に基づき、風波が高くなりだしたら被害者らは自らの判断で南側岩場に避難すると考えるのが当然であり、風波が高くなってもなお北側岩場に留まっていることは予測できなかった。第二に、二三日午前四時半ころS_1、S_2らが南側岩場に泳いで渡ろうと提案したのをS_1らがこれを制止して北側岩場に留まらせたのであり、右の時点で泳いで渡っていれば結果は発生しなかったのであるから、本件結果の発生は右S_1らの判断の誤りに起因するものであって、被告人の行為との間に因果関係がない。第三に、被告人が「南側岩場の高い所におれば安全です。潮が満ちてくると中間の低い所は波がくるので、潮が満ちてきたり波が高くなったりしたら南側岩場の高い所に行きなさい」、と指示したことにより、被告人のなすべき注意義務は尽くされている。

これに対して、第一審（長崎地平戸支判昭和五四・一一・三〇）は、次のような論理で弁護人の前記主張をすべて退け、禁錮一年、執行猶予三年、罰金三万円の有罪判決を下した。第一の予見可能性に関する点のうち、①について。「一般に海上の状態は予期に反して急に悪化することが稀れではなく、しかも当時の予報では台風くずれの熱帯低気圧が接近しつつあることが報ぜられていたのであるから、天候の悪化することはむしろ当然に予測されていたというべきであり、被告人ら瀬渡し業者は海上の気象には人一倍敏感であるから、右のような天候の悪化することは当然に知っていたはずである。従って、天候が悪化し、北側岩場が極めて危険な状態になることは被告人も十分予見することができたというべきである」。また、②について。「被害者らはいずれも素人であり、しかも夜間の暗闇の中では海上の状況や空模様なども全く把握できない状態では、天候の急変を察知することは極めて困難であり（身の危険を感じるほど風波が強くなった時点ではもはや避難は困難である）、本件のように避難すべき時期を逸することは当然に考えられ、瀬渡し業者である被告人が右のような結果の発生を予見することができなかったとはとうてい考えられない」。

第二の因果関係に関する点については、「素人である同人らにとって（仮に磯釣りの経験が多少あったとしても）、風波がある程度強くなった状況下で北側岩場から南側岩場に泳いで渡ることに、果して危険がないかどうかを判断することは困難であり、まして暗闇の中で海上の状況も十分に確認できない状態で、これを的確に判断することは無理である。そのような安全の十分に確認できない状況でこれを敢行するのは、むしろ無謀というべきであって、これを中止させたのはむしろ妥当な措置というべきである。また、その時点で果して安全に渡り終えることができたかどうかは疑問であり、これを危険だと考えた被害者らの判断が誤りであったと認めることもできない」、と判示している。

第三の注意義務については、「本件の場合、仮に右のような簡単な指示のみで被告人の注意義務が尽されているとはとうてい考えられない」として、次のように述べている。

「前判示のとおり、当時は天候の悪化が当然に予想されるときに危険な北側岩場に被害者らを残して立去ろうとしたのであるから（このような時期に危険な岩場に瀬渡しすることじたい問題があるが）、同人らに対し右のような危険な状況下にあることを十分に認識させたうえ、もし天候の悪化する徴候が現われたら早めに北側岩場から避難するように指示するのはもちろん、同人らが同所で一夜を明かすことが分かっているのであるから、眠っている間に天候が悪化することも十分に考えられるので、少なくとも仮眠する場合は南側岩場か陸岸の安全なところでするようにし、北側岩場で仮眠するようなことは絶対に避けるように指示すべきであり、さらに夜の暗闇の中では海面の状況や空の雲の流れなどを知ることはできず、天候悪化の徴候を事前に察知することは困難であるから、日没後、夜が明けるまでの間は北側岩場で釣りをすることじたいをも避けるよう指示すべきであったといわなければならない。したがって、たんに危険に遭遇した場合の避難の時期や方法を指示するに止まらず、危険に遭遇することじたいを防止するための方法を具体的に指示すべき義務があったものというべきである」。

かくして、第一審は、「(イ)同人らは右岩場は初めての場所であって地理に不案内であること、(ロ)同所は北側岩場と南側岩場に分れており、北側岩場と南側岩場ないし陸岸との間に低地があり、満潮時や風波の強いときには海水が入り、北側岩場から他への移動が著しく困難または不可能となって孤立し、しかも風波の強いときは北側岩場全体が波をかぶり、危険な個所であること、(ハ)しかも当時弱い熱帯低気圧(前日一八時現在では台風一五号であった)の接近が予想され、海上風警報も発令されていて、天候が悪化することが当然予想されたのであるから、瀬渡し業者である被告人としては、右S_1らに対し、前記の如き危険な状況下にいることを十分に説明したうえ、北側岩場から陸岸への避難路は南側岩場からのみであるから、満潮や風波が強くなりだしたときは早めに南側岩場に避難すべきことなど、避難すべき時期や方法等について十分な指示を与え、同人らの危険を未然に防止すべき業務上の注意義務があるのに、これを怠り、漫然と船上から同人らに対し『高い所におれば安全だ。低い所は潮がきて渡れなくなる。』などと簡単な指示をしたのみで、汐の浦港に引き返した」点に過失を認めたのである。

四　これに対して、被告人は控訴し、弁護人らは主として次の点を争って無罪を主張した。第一に、被害者に対する被告人の指示はもっと具体的であり(「南側岩場の高い所におれば安全です。潮が満ちてくると中間の低い所は波がくるので、潮が満ちてきたり、波が高くなったりしたら、南側岩場の高い所に行きなさい。雨が降ってきたら灯台の崖下にある洞窟に行きなさい。」と指示したとする)、その指示に従っておれば結果は発生しなかったのであり、したがって、被告人が被害者らに対し北側岩場で仮眠することおよび日没後夜明けまでの間同所で釣りをすることを避けるよう指示しなかったことと被害者らが本件遭難事故に出会ったこととの間には因果関係は存在せず、むしろ本件の結果発生の決定的原因は被害者らの行為にあった。第二に、本件事故は、客観的にみて被害者らが右北側岩場で仮眠する可能性は稀有であったのに、同人らが、少し波が高いことを認識し、同所より約四メートル高い所にある前記南側岩場を目前にしながら、右北側岩場に上陸した当日の午後一〇時以降安易に同所で仮眠してしまったばかりか、翌日午前三時ないし同三時半ころ仮眠から目覚めた際、風が強くなって釣りができないほどの状態であり、当時なら容易に同所から右南側岩場に渡ることができたのにこれをしなかった重大な過失により発生したものであり、かつ、被害者らが安易に右北側岩場で仮眠さえしなければ事故発生は回避できたのであるから、新過失論によれば、被告人には本件結果の発生を予見する可能性も、これを回避する義務もなかったのであり、旧過失論によっても、被告人が被害者らに対し右北側岩場で仮眠することを避けるよう指示しなかったことは（実質的で許されない）危険な行為にあたらない。

この弁護人の主張は、本件の論点を鮮明に浮き彫りにしている。もちろん、第一審判決でもそれらの点について判断が示されているのであるが、被害者側の過失にほとんど言及していない点で、論理としては、やや淡白である。これに対して、第二審の福岡高裁（前出）は、基本的には第一審判決と同様の事実認定をして被告人の控訴を棄却したものの、次のように、被害者側の過失に言及した判断を示した。

①「右各事実を総合し、更に、被害者らは、通常人の睡眠時間帯を含む、前記のような長時間北側岩場に滞在する予定であったから、その間同所で仮眠することが予想されたことをも勘案すると、被害者らが北側岩場に上陸した当時、同人らは、被告人から、同所は高波が押し寄せるおそれがあるため危険である旨の指摘を受けてはいなかったため、北側岩場の危険性に気づかず、あるいは同所で釣に没頭し、又は同所で仮眠し、若しくは同所に夜どおし居続けても単に満潮時に南側岩場へ渡れなくなるにすぎないと安易に考えて時を過し、しけが誰の目にも明白になって危険が切迫するまで北側岩場に居続け、南側岩場に渡る時期を逸して北側岩場で遭難するおそれのあることが予見されたのであるから、このよう

な場合、瀬渡し業者である被告人としては、被害者らに対し、少なくとも、風が強くなって波が高くなるおそれがあり、満潮時や波が高いときは北側岩場と南側岩場との間の低地帯に海水が侵入して北側岩場は孤立し、夜間においては北側岩場から南側岩場へ渡る時期を逸するおそれがあるから、満潮時や夜間においては北側岩場は危険であること、及び、やがて日没と満潮が到来することを説明して北側岩場の危険性を認識させたうえ、最初の満潮が到来する前の明るいうちに前記馬ノ頭鼻灯台のある陸地に続いている南側岩場へ渡り、同所で釣をするよう注意をして、本件遭難事故を未然に防止すべき業務上の注意義務があったのにこれを怠り、単に『高い所におれば安全です。低い所は潮がきて渡れなくなります。』などという簡単な注意しか与えなかった過失により、被害者らをして、北側岩場の危険性に気づかないまま、同所で、長時間釣に没頭させたり、仮眠させたり、北側岩場に居続けても単に満潮時に南側岩場へ渡れなくなるにすぎないと安易に考えさせたりして、南側岩場に渡る時期を逸しさせ、北側岩場で本件遭難事故を惹き起こしたものであって、被告人が前示結果回避義務を講じておけば本件事故の発生を防止することができたと認めるのが相当である」。

②「なるほど、本件事故の発生については、被害者らにも、被告人の指示した『高い所』の趣旨が客観的にみて『南側岩場の高い所』と解される可能性がなかったわけではないのに、これを『北側岩場の高い所』と軽信したり、上陸後その日の次の満潮に至る前の明るい時期や翌日午前一時五四分の干潮時及びその前後の潮の入り込まない時間帯に南側岩場へ渡らなかったり、海上がしけたら被告人が迎えにきてくれると軽信したりした過失があったと認められることは、各所論の指摘するとおりであるけれども、その程度の過失の存在は、本件のような事情のもとでは、一般の磯釣客にありがちなことではあるところ、被告人は、磯釣客の生命、身体に対する危険を包蔵する瀬渡し業務に従事していたのであり、一般に磯釣は、いわゆる素人である、ごく一部の社会人が行う余技であるレクリエーションの一種にすぎないため、瀬渡し業務は磯釣客の生命、身体に対する危険について社会生活上要求される注意（瀬渡し業者としては、磯釣客に右の程度の過失の存在することを予見して適切な注意を与えることが要求される。）を少しでも一般の磯釣客に分担させて軽減されるべき筋合の事務ではなく、瀬渡し業者は、身体に対する危険を回避するため気象、海象、釣場の状況等に従った適切な行動をとってくれるものと信頼して瀬渡しをすればたりるものではないのであるから、被害者らの右過失の競合を理由として被告人の前記過失と本件事故の発生との間の因果関係を否定することはできないものといわなければならない」。

五　このように第二審判決は、釣り客に対して不十分な指示しか与えていなかった点に過失行為を認め、しかもその行為と結果との因果関係は、本件程度の被害者の過失行為の介在では切れないという論理を採っている。さらに、瀬渡し業者と釣り客との間に信頼の原則は適用されないと明言している点も重要である。瀬渡し業者に固有の過失責任の問題が、ここにすべて表れているといってよい。以下、これらの点について考察してみよう。

第一に、実行行為の内容および開始時点をいかに解すべきであろうか。(6) 第一審は、不十分な指示しか与えないまま汐の浦港に引き返した点に実行行為内容およびその開始を認めているのに対して、第二審は、不十分な指示しか与えなかった点自体にそれを認めており、したがって第二審の方が、注意義務違反（不作為）をストレートに実行行為と捉えているといえる。実行行為は可能なかぎり作為を問題とすべきであり、その点では第一審判決が妥当であるが、本件の場合、弱い熱帯低気圧の接近が予想されていたとはいえ、釣り客を釣り場に連れて行くこと（作為）自体に業務上過失致死傷罪の実行行為性を認めることは困難であろうし、不十分な指示（換言すれば適切な指示を行わなかった不作為）それ自体にその実行行為性を認めることも困難であろう。さらに、汐の浦港に引き返したこと自体も実行行為性を認めるには決定的といえない。瀬渡し業者は、釣り客を釣り場に連れて行って無事に連れて帰ることを業務内容とする、いわば保障人的地位に立つ者であり、釣り客を引き受けている以上、釣り客の生命・身体の安全を確保すべき作為義務を有する。したがって、本件事故のような場合は、汐の浦港に引き返した後、救助体制をとっていない不作為にこそ実行行為としての危険性を認めることができるものと解される。例えば、天候の悪化に備えて自発的にあるいは無線連絡等を通じて即座に救助に向かう体制を取っておくことは可能であったといえよう。

しかし、第二に、本件の最も難しいところは、やはり因果関係の問題である。前述のような実行行為があっても、本件のように被害者自身に過失がある場合、その介在によって因果関係が切れるのではないか、が問題となる。周知のように、判例は、一方では保護者遺棄致死罪のケースにおける不作為の因果関係について「十中八、九の救命可能性」で足りるとしつつ（最決平成元・一二・一五刑集四三巻一三号八七九頁）、他方ではホテル・デパート火災等死傷事故の過失不作為犯のケースにおいて、例えば「避難訓練等の注意義務を尽くしていれば結果は回避できた」という安易な図式に依拠する（最決平成二・一一・一六刑集四四巻八号七四四頁、最決平成二・一一・二九刑集四四巻八号八七一頁、最決平五・一一・二五刑集四七巻九号二四二頁）など、必ずしも一貫していない。(7) しかし、いずれにせよ、もし被害者の過失という介在がなかったのであれば、本件のような場合、前記実行行為と結果との因果関係は、「確実性に境を接する程度の蓋然性」でもって因果関係を肯定することができるであろう。ところが、被害者の過失の介在があった場合、条件説に立てばともかく、相当因果関係説に立つ以上、客観説であれ折衷説であれ、介在事情の程度いかんでは、相当性が否定される場合（それはおそらく故意行為または重過失行為といった経験則上突飛な行為が介在する場合であろう）がありうる。(8) 私見は基本的に客観説に立脚するものであるが、その場合でも、いかにして実行行為と結果とを結び付けるかは難解である。この点について、前田雅英教授は、①実行行為に存する結果発生の確率、②介在事情の異常性の大小、③介在事情の結果への寄与の大小、という三点を考慮してこれを判断される。(9) 詳細についてはさらなる検討を要するが、この種の問題を考えるうえで参考になる。おそらく、実際上、この見解によっても、因果関係が切れるのは、介在事情が故意または重過失の場合になるのではなかろうか。

この点、判例は、立脚する理論的立場が必ずしも明確でないものの、総じて因果関係を肯定する傾向にある。例えば、柔道整復師が被害者から風邪の診察を依頼されたので連日医学と逆行する指示・療法（熱を上げ、水分や食事を控え、締め切った部屋で布団をしっかり掛け汗を出すことなど）を繰り返したところ被害者が脱水症状に陥り気管支炎に起因する心不全で死亡したという、いわば被害者の過失行為（医師にかからなかった点）が介在する事案につき、「被告人の行為は、それ自体が被害者の病状を悪化させ、ひいては死亡の結果をも引き起こしかねない危険性を有していたものであるから、医師の診察治療を受けることなく被告人だけに依存した被害者側にも落度があったことは否定できないとしても、被告人の行為と被害者の死亡との間には因果関係があるというべきであ」る、としたものがある（最決昭和六三・五・一一刑集四二巻五号八〇七頁）。本決定は、被告人の行為の危険性自体を根拠に因果関係を肯定しているが、本件では、被告人と被害者との強い人的関係からして、被害者が医師にかからなかったことは因果関係が切れるほどの異常な介在事情とはいえないと解すべきであろう。より厳密に見ると、曽根威彦教授が指摘されるように、「被害者側の落度ある態度は被告人の行為により誘発されたものとして、行為者による行為―結果の因果系列に内在するものと考えられ、当然予見も可能だということになり」、「この場合、被害者側の落度は、被告人の行為の中間結果ともいうべきものであり、したがって行為と被害者の死亡という（最終）結果を媒介するものとして、全体として相当因果関係が肯定される(10)」、と考えられる。

以上の観点を踏まえて、かいゆう事件を考察すると、本件は、一定程度の危険を伴う磯釣りに被害者が自ら進んで参加したうえに、潮が満ちてくることが分かっていながら低い方の岩場で仮眠してしまって高い方の岩場に行けなかったという被害者の過失行為が介在するとはいえ、その過失が被告人の不十分な指示に起因するとの認定（曽根教授の言葉によれば「被告人の行為の中間結果」にあたる）に従うかぎり、被告人の過失行為と結果との因果関係を切るほどの突飛な内容、すなわち、重過失とはいえず、したがって因果関係を肯定できる事案と解される。しかし、未成年者二名についてはともかく、成人が二名いながら適切な判断を下せず、高い方の南側岩場に移る時機を逸したのであるから、もう少し被告人が適切な指示さえしておけば、あるいは釣り客自身の初歩的な不注意（例えば岩場で足を滑らせる等）で結果が発生したのであれば、因果関係は切れていたであろう。

さらにこの点を掘り下げると、近時議論が盛んな「危険の引受け」論ないし自己答責性論の問題に直面する。ドイツでは一九二三年のメーメル河事件大審院判決（RGSt. 57, 172：嵐の日にメーメル河を渡河するのは危険だから思いとどまるよう再三忠告されたにもかかわらず、旅人が船頭に船を出すよう要求して、船頭が船を出したら転覆して旅人が死亡した事件で、助かった船頭に無罪が下された判決）等をめぐり、かねてよりこの問題が議論されてきたが、日本でも坂東三津五郎ふぐ中毒死事件判決（最判昭和五五・四・一八刑集三四巻三号一四九頁）やダートトライアル事件判決（地葉地判平成七・一二・一三判時一五六五号一四四頁）を契機に本格的な議論が始まっている。(11) ここで詳細を論じる余裕はないが、釣り客が強力なイニシアチヴで瀬渡しを依頼した場合、無罪の論理としてこれらを考慮する余地はありうる。その理論的検討ないし体系的位置づけについては、別途考察予定である。さしあたりの私見を示せば、生命の侵害ないしその具体的危険に直結する場合には、正当化は困難であり、予見可能性判断で責任阻却の余地を残すにとどまるが、それ以外の場合は正当化可能と考える。また、前者の場合でも、被害者が正犯に値するイニシアチヴをとった場合は、結果の帰属を行為者になしえないと考える。

六　第三に、注意義務および予見可能性について。本件も、天候の悪化が予想された状況下での事故であり、しかも夜間の孤立した岩場に保障人として釣り客の生命・身体の安全を引き受けて釣り客を連れて行く以上、その場で十分な指示をしておくか、前述のように天候の悪化に備えて自発的にあるいは無線連絡等を通じて即座に救助に向かう体制をとっておくなり適切な指示を出すなりの注意義務が被告人にはあったといえよう。もちろん、その前提として結果発生の具体的予見可能性も肯定される。

また、これと関連して、瀬渡し業者と釣り客との間に信頼の原則が適用できるかであるが、第二審が指摘しているように、「瀬渡し業者は、身体に対する危険を回避するため気象、海象、釣場の状況等に従った適切な行動をとってくれるものと信頼して瀬渡しをすればたりるものではない」、といえよう。かりに、両者の間に信頼の原則が認められるとすれば、これまで何度も同じ場所に瀬渡しして、釣り客も釣り場の事情を熟知している場合など、そこに実質的な信頼関係の積み重ねがある場合に限定されると考える。(12) そのような場合には、信頼の原則を適用して、瀬渡し業者に対して予見可能性を否定してよいと思われる。

七　なお、第三の判例として、長崎県下県郡厳原沖の岩礁で起きた第三若丸事件判決（長崎地厳原支判昭和六三・六・八判時一三一二号一五五頁）でも、同岩礁に磯釣客二名（長年の釣り経験あり）を瀬渡して漁港に帰港したところ天候急変により高波によって両名を死傷させた事案につき、当日対馬地方に強風波浪注意報が出されていたことから天候悪化の予見可能性を肯定し、「危険が生じる前に被害者らを安全な場所に避難させたり、船に回収するなどの措置を取るべき注意義務」違反を認め、「被害者らも長年釣りの経験を持ち、自分らも天気予報に気を配ったり、ロープに体を縛りつける等の行動に出なかった等落度ともいえる面がないではないが、到底これらの点をとらえて被告人の過失責任を否定するものではない」、と判示している（禁錮一年執行猶予三年）。これまで論じてきたことからすれば、妥当な判断といえる。

(6)　この問題一般については、大塚裕史「過失犯における実行行為の構造」下村康正先生古稀祝賀論集『刑事法学の新動向（上巻）』（一九九五・成文堂）一五三頁以下参照。
(7)　この点については、山中敬一「因果関係（客観的帰属）」中山研一＝米田泰邦編著『火災と刑事責任』（一九九三）六九頁以下参照。
(8)　この問題については、特に井上祐司『因果関係と刑事過失』（一九七九・成文堂）九五頁以下参照。
(9)　前田雅英『刑法の基礎　総論』（一九九三・有斐閣）一一六頁参照。
(10)　曽根威彦『刑法における実行・危険・錯誤』（一九九一・成文堂）五四頁。

(11)　この問題に関する論稿は多いが、さしあたり以下の文献参照。山中敬一『刑法における客観的帰属の理論』(一九九七・成文堂)七〇八頁以下、塩谷毅「危険引き受けについて――『ダートトライアル同乗者死亡事件』を素材として――」立命館法学二五三号(一九九七)一六七頁以下、山口厚「被害者による危険の引受けと過失犯処罰」研修五九九号(一九九八)四頁以下、吉田敏雄「『合意のある他者危殆化』について――ドイツ刑法学説の概観――」『西原春夫先生古稀祝賀論文集 第一巻』(一九九八・成文堂)四〇七頁以下、曽根威彦『刑事違法論の研究』(一九九八・成文堂)一五一頁以下、十河太朗「危険の引受けと過失犯の成否」同志社法学五〇巻三号(一九九九)一〇五頁以下、奥村正雄「被害者による『危険の引き受け』と過失犯の成否」清和法学研究六巻一号(一九九九)一〇五頁以下。神山敏雄「危険引き受けの法理とスポーツ事故」『宮澤浩一先生古稀祝賀論文集 第三巻』(二〇〇〇・成文堂)一七頁以下、深町晋也「危険引受け論について」本郷法政紀要九号(二〇〇〇)一二一頁以下、松宮孝明「被害者の『自己答責性』と過失正犯」渡部保夫先生古稀記念『誤判救済と刑事司法の課題』(二〇〇〇・日本評論社)五二三頁以下、井田良「危険の引受け」ジュリスト増刊『刑法の争点』(3版・二〇〇〇)七八頁以下、佐久間修『事例解説・現代社会と刑法』(二〇〇〇・啓正社)九六頁以下。しかし、いずれの論者も、本章で取り上げた日本の海難事例を素材とはしていない。なお、この問題は、二〇〇一年五月一九日開催の第七九回日本刑法学会分科会Ⅰ「刑法における自律と自己決定」(著者がオーガナイザー)でも取り上げて議論した(刑法雑誌に掲載予定)。

(12)　この点について、甲斐克則「火災死傷事故と信頼の原則」中山＝米田編著・前出注(7)一四一頁以下等参照。

四　結　語

以上、瀬渡し船の事故と過失の問題を論じてきたが、一種の海洋レジャーの発達に伴って生じる事故であるだけに、客の方にもある程度のリスクを背負っている部分があることを念頭に置いた理論構成(「危険引受け」論の顧慮)が要求されることを指摘しておきたい。中には無謀とも思える要求をする釣り客等もいると聞くが、そのような場合に因果関係を安易に認定したり、あまりに過度な注意義務を瀬渡し業者等の関係者に課すのは、危険の分配という観点からは妥当でない。業者の方にはある程度高度の注意が要求されるのは当然であるが、海洋レジャーへの参加者の能力や熟練度等の個別事情をも十分に考慮した過失犯論を中心に据えて考えるべきものと思われる。

第6章　エンジン始動に伴う船舶事故と監督過失

――漁船第一五喜一丸事件を素材として――

一　序

船舶は、船長をトップに、航海長、機関長等を中心に海(水)上で様々な作業を行う場でもあり、それが海上交通と競合して行われる場合も多い。したがって、それに伴って特有の事故が発生することがある。本章では、潜水作業中に機関長がエンジンを始動させたため潜水夫が死亡した場合において、信頼の原則を根拠に船長に対し業務上過失致死の責任が否定された漁船第一五喜一丸事件判決(東京高判昭和四七・一二・二〇高刑集二五巻六号九四六頁)を取り上げ、海上交通機関としての船舶を始動させる場合の監督者としての船長と機関長等の乗組員の関係をめぐる注意義務、信頼の原則の適用の有無を中心に検討を加えることとする。

二　漁船第一五喜一丸事件の事実の概要と東京高裁判決

まず、漁船第一五喜一丸事件の概要と東京高裁判決要旨を示しておこう。

被告人は、漁船第一五喜一丸(五三・三トン)の船長としてこれに乗り組んでいたものであるが、昭和四四年八月二九日、右船舶の乗組員が釜石港東北約一二〇キロメートルの海上においてまぐろ延縄漁獲の操業中、延縄がスクリューにからみついたのでこれを取り除くため、翌三〇日、釜石港に入港して釜石市東前町二〇番地三二号先岸壁に船尾を向けて、これより一二・五メートル離して直角に繋留して、同日午後四時二五分ころから、先に機関長Oが依頼した潜水夫S（三七歳）をして潜水してエアホースで縄の取り除き作業を行わせ、自分は機関室へ出入する人が見えない右舷後部に位置して作業を見守っていた。その際、被告人は、右Sの依頼により、作業がし易いように、操機長Kに命じてギヤを後退の状態にさせてシャフトを出した。ところが、機関長Oは、同日午後二時ころ上陸し、飲食店で酒、ラーメンを飲食し、同日午後四時四〇分ころ帰船したのであるが、被告人から集合時刻が午後四時半である旨告げられていたのに、当時時計を持っていなかったため、集合時刻に三〇分ばかりも遅れたものと思い込み、当時本件漁船が岸壁から九メートルばかり離れていて渡り板もなかったところから、たまたまそのとき本件漁船の左側へ入港して来て着岸したいか釣り船をつたわって本件漁船の左舷から帰船し、船長はもとより他の乗組員にも帰船の知らせをしないで、急いで機関室に入り、当時まだ縄の取り除き作業が行われていることにも、ギヤが後退の状態になっていることにも気付かず、出港準備のためエンジンを始動させた。そのため、スクリューが回転して、おりから、その近くで潜水して作業中の前記Sが、左大腿、両側下腿、左前腕開放性骨折、および左臀部から同大腿部にかけた挫創の傷害を負い、その結果、同日午後五時二〇分ころ、同市内の市民病院において失血死した。

第一審千葉地裁八日市場支部は、昭和四六年九月二七日、機関長Oの過失について禁錮四月、執行猶予三年の判決を下し、船長である被告人Sについても、「人を配して機関室への立入りを禁止するとか、機関長の気付き易い箇所に貼紙して右機関長の不注意なエンジン始動操作を防止すべきであるにもかかわらず、同被告人は、同船には当て、やはり業務上過失致死罪の成立を認め、罰金三万円の判決を下した。

時あゆみ板（渡り板）が掛っていなかったためかかる危険が発生しないものと軽信して、これら注意を怠った」とし

機関長Ｏの罪責は確定したが、船長Ｓは、①機関長はもとより第三者も乗船してくる可能性がなかった、②エンジンをかける可能性がなかった、③機関長が酒に酔ってニュートラルになっているかどうかを確認せず、不注意にもエンジンをかけるなどということはとうてい予想しえないところであり、日頃より機関長を信頼しその仕事に期待して行動してきたのであるから、信頼の原則が適用されるべきである、④予見可能性がなかった、等を理由に控訴して無罪を主張した。

東京高裁第一刑事部は、昭和四七年一二月二〇日、被告人の主張を認め、原判決を破棄、自判して、次のように述べて無罪を言い渡した。

「原判決挙示の証拠によれば、縄の取り除き作業をその業者に直接依頼したのは機関長Ｏであり、その結果潜水夫が同日午後四時半ころまでに来ることになり、右Ｏは、同日午後二時ころ上陸した際、道路上で被告人に会い、その旨を告げたことが認められるのであるから、被告人は、右Ｏが、同日午後四時半ころから縄の取り除き作業が行われることを充分承知のうえで行動するであろうと考えたとしても、これは、当然といわなければならない。そして、当審証人Ｓ、原審証人Ｎの各供述およびＯの検察官に対する供述調書によれば、機関長としては、エンジンを始動させる場合、ギヤがニュートラルに入っているかどうかを確認すべきものであり、通常そのように行われているというのであって、機関長にかかる注意義務を課することは、当該船舶およびその乗組員の安全はもとより、該船舶に近接している他の船舶およびその乗組員の安全を確保する上から考えても当然というべく、これは、機関長

の守るべき基本的な注意義務であると考えられる。しかるに、右Oは、前記のとおり縄の取り除き作業が行われているかどうか、またギヤがニュートラルに入っているかどうか確認せず、漫然とエンジンを始動させたというのであるから、同人の行動は、極めて軽率、異常なものといわざるを得ず、これが本件事故の主たる原因となっていることは、原判決も認めるところである。

ところで、船舶の船長としては、通常、機関長のような地位にある職員について、同人がその持場において、その基本的な注意義務を守り、適切な行動に出るであろうことを信頼して行動することは、当然であって、特段の事由がない限り、同職員がその職責上その知識経験に基づき当然守るであろう基本的注意を怠り、異常な行動に出るかもしれないことまで予想して、事故の発生の防止につとめなければならない業務上の注意義務があるものとは、解し難いのである。

これを本件についてみるに、船長である被告人としては、機関長であるOが、みずから直接縄の取り除き作業を業者に依頼していて、潜水夫の来る時刻を知っており、したがって、その作業時間も予測していたはずであるから、同人が本件事故当時である同日午後四時四〇分ころ、潜水夫による縄の取り除き作業が行われているものと考えることは、不合理ではなく、かかる作業の際にはギヤを後退に入れることも従来から行われていたのであるから、同人が右の時刻にエンジンを始動させる場合は、とくにギヤの位置をたしかめ、ニュートラルに入っているのを確認したうえでこれをなすであろうことを信頼するのは、当然であって、本件のように、右作業中に帰船した機関長が、帰船の知らせもしないで、ただちに機関室に入って、縄の取り除き作業中であるかどうかも、またギヤの位置がニュートラルになっているかどうかも確かめず、いきなりエンジンを始動させることのあり得ることまで予想して、人を配して機関室への立入を禁ずるとか、機関長の気付き易いところに貼紙をする等して事故の発生を未然に防止すべき業務上の注意義務があるものとは、認め難いのである。

そうすると、原判決が、被告人に前記のような注意義務があるものとして、これを前提として業務上過失致死の責任を問うたのは、事実の誤認というほかなく、この誤認が判決に影響を及ぼすことは明らかであるから、論旨は、理由があり、被告人に対する原判決は、破棄を免れない」。

三　エンジン始動に伴う船舶事故と監督過失

一　本件の論点は、機関長の突然のエンジン始動行為により、潜水夫が死亡した場合、船長に対して業務上過失致死罪が成立するか、という点にある。本判決は、第一審の有罪判決を破棄し、信頼の原則を中心とした理論構成で無罪とした点で重要な意義を有する。本件のように、船舶において作業中に発生する死傷事故は、しばしば船長が乗組員に一定の業務を分担させている場合であることが特徴として考えられる。そこで、刑法上の問題点としては、直近過失者のほかに船長が監督過失責任を負うべきか、という点がクローズアップされる。[1]本判決は、この種の議論が本格化する以前に下されたものではあるが、内容上それを先取りする問題を含むものとして注目される。また、海上交通機関として船舶のエンジンを始動させて出港する間の諸種の事故や船舶での荷役作業中の事故等の処理にも実務上参考となるであろう。

二　さて、学説上、監督過失の議論はなお見解の一致を見ているわけではないが、論点としては、第一に作為犯か不作為犯か、第二に因果関係の有無、第三に安全体制確立義務（作為義務ないし注意義務）の問題、第四に予見可能性の有無、第五に信頼の原則の適用の有無等が挙げられる。[2]以下、この順序に即して本件を考察することにしよう。

第一に、作為犯か不作為犯かについてである。本件船長の行為が不作為であることは明らかであるから、ここで詳論する必要はないが、監督者の行為が不作為である場合には、「監督者」という地位それ自体で過失責当を問う傾向も見られ、(3)こうした処罰拡大傾向にはすでに疑問が提起されている点に注意を要する。(4)作為・不作為の行為構造に着目したうえで、なお過失犯本来の問題点である注意義務ないし予見可能性の議論を行うべきであろう。

第二に、因果関係については、不作為犯の場合、「その前提となる条件関係は、想定された作為がなされていたならばその結果は発生しなかったであろうという関係である」(仮定的判断)、とされ、しかも、「その関係は、仮定的判断としての不明確性を免れないが、『疑わしきは被告人の利益に』の原則からみれば、想定された適切な措置(作為)をとっていれば、その結果は確実に(『合理的な疑いを越える程度』に、表現を変えれば『確実性に接着する蓋然性』をもって)発生しなかったであろう(回避できたであろう)という関係でなければならない」(5)、とされる。

本件の場合、この観点から考察すると、一審判決が言うように、「人を配して機関室への立入りを禁止するとか、機関長の気付き易い箇所に貼紙して右機関長の不注意なエンジン始動操作を防止」していれば、機関長Oがエンジン始動操作をすることもなく、したがって潜水夫Sの死も発生しなかったであろうと解されるので、因果関係は肯定される。二審判決も、因果関係自体を否定してはいない。かくして、本件の場合、結局は残りの三点、すなわち、注意義務、予見可能性、信頼の原則の適用の有無が論点となる。

三　そこで第三に、注意義務の問題について考察してみよう。本件の場合、はたして監督者たる船長にどこまでの注意義務が認められるであろうか。

一審判決の認定した注意義務の内容は、「人を配して機関室への立入りを禁止するとか、機関長の気付き易い箇所に貼紙して右機関長の不注意なエンジン始動操作を防止すべき」点に求められた。その前提として、被告人には、

「右船舶の船長としてこれに乗組み船員の指揮監督及び船舶の障害なき運行を遂行する義務」があると考えているようである。これは、船員法七条以下（船長の職務および権限）に根拠を有するものであろう。しかし、このような行政法規上の一般的注意義務規定を刑法上の過失の注意義務の内容とすることの問題性は、海上交通事故の場合も含め、すでに指摘したとおりである。(6) また、最近のホテル・デパート火災に関する監督過失をめぐる議論の中で主張されている「安全体制確立義務」(7) を本件のようなケースで持ち出す必要もないように思われる。二審判決が言うように、「船舶の船長としては、通常、機関長のような地位にある職員について、同人がその持場において、その基本的な注意義務を守り、適切な行動に出るであろうことを信頼して行動することは、当然であって、特段の事由がない限り、同職員がその職責上その知識経験に基づき当然守るであろう基本的注意を怠り、異常な行動に出るかもしれないことまで予想して、事故の発生の防止につとめなければならない業務上の注意義務があるものとは、解し難い」し、本件の機関長の個別事情（潜水作業の時間を知っていたこと）を考慮しても、本件船長に右注意義務を課すことはできないものと解される。

また第四に、このことは、予見可能性についてもいえる。弁護人控訴趣意にも見られるように、本件事故当時第一五喜一丸は岩壁より約九メートル離れて繋留されており、また「あゆみ板」もかかっておらず、かつ、同船の左右には船舶は停泊していなかったので、機関長はもとより第三者も乗船してくる可能性はほとんどなかったといえよう。しかも、潜水作業を知っていた機関長Oが時間を確認せず、たまたまそのとき本件漁船の左側に入港して来て着岸したいか釣り船をつたわって本件漁船の左舷から帰船し、誰にも帰船の知らせをしないでいきなりエンジンを始動させるということは、当時の状況における船長たる被告人の予想を超えたものと判断される。したがって、結論的には具体的予見可能性を否定せざるをえない。

ところで、監督者の刑事過失を論じるうえで最も困難な点が、予見可能性の判断である。いわゆる危惧感説を採らずに、具体的予見可能性説に立脚するにしても、その内容および程度については必ずしも明確でなく、伸縮自在の概念であるとの批判、(8)予見可能性による刑事過失の限定機能そのものに対する疑問(9)も出されている。この点は、監督過失論において、深刻な形で表われる。本件のように比較的因果経過の簡単な事例では、それほどの困難はないが、因果経過が複雑であればあるほど、その深刻さは増大する。そこで、学説・判例は、予見対象論で、その問題点を克服しようと努力している。

その契機を与えたのは、北大電気メス事件判決（札幌高判昭和五一・三・一八高刑集二九巻一号七八頁）である。そこでは、「特定の構成要件的結果及びその結果の発生に至る因果関係の基本的部分」が予見の対象とされ、「電流による身体の傷害」がそれにあたるとされた。しかし、これだけでは、どの程度の具体的事情を取り込むべきか、あるいは因果関係の基本的部分が複数ある場合、そのすべてが予見の対象なのか、その一部なのか、なお明らかでない。その後、水俣病刑事事件二審判決（福岡高判昭和五七・九・六高刑集三五巻二号八五頁）がこれを踏襲し、工場排水に有毒物質が含まれること、およびそれが魚介類を経由して人体に入ることを予見の対象としている。(10)しかし、前者を予見の対象とすることは、なお結果から遠く、責任主義の観点から問題があり、むしろ後者こそが予見の対象とされねばならないであろう。この点、板橋ガス爆発事故判決（東京地判昭和五八・六・一判時一〇九五号二七頁）は、因果関係の重要な部分とは、「因果の経過のうちで、その『事実』が予見できる場合は一般人にとって、通常、構成要件的結果（ないしはこれを予見せしめ得る他の『重要な部分』）に対しても予見可能性があるといいうる『事実』を指す」、と述べている。これは、結果に近い因果的事実を予見の対象として把握しようとするもので、その明確化の努力を高く評価すべきである。

他方、学説の努力も見られる。詳細は第1章において論じたので、ここでは、西原春夫博士、前田雅英教授、町野朔教授、内藤謙教授らの所説を参照・検討してそこで得られた私見を示すにとどめる。[11] 私見によれば、予見の対象とは、構成要件的結果に即座に結び付く事案では、当該具体的結果そのものであるが、複数の因果連鎖を経て結果に至る場合は、当該具体的事案において、最終結果たる当該法益侵害（場合によっては法益の危殆化）と経験的に蓋然的に強く結び付いた因果力をもった事象で足りると解される。しかも、その事象は、必ずしも結果の直前に位置する因果の一コマでない場合もありうる。そして、予見の対象に取り込むべき具体的事象の少なくとも客観的側面は、具体的危険犯を基礎づける程度のものであることを要するといえよう。例えば、船舶衝突死傷事故における、具体的危険犯たる業務上過失往来妨害（危険）罪と業務上過失致死傷罪との関係が、その参考となる。[12]

これを本件についてみると、因果連鎖は、潜水作業開始→機関長Oの帰船→機関長Oによるエンジン始動→潜水夫Sの死亡、という具合になるが、本件がスクリューにからみついた延縄除去作業中という具体的事情を考慮すると、船長たる被告人の予見の対象は、「機関長Oによるエンジン始動」ということになる。そして、結論的にその予見可能性は否定されるわけであるが、それを説得的なものにするためには、その際に、船長と機関長との人的関係をどうしても考慮せざるをえない。

四　そこで、第五に、信頼の原則を考慮する必要性が出てくる。信頼の原則は、周知のように自動車事故のように、加害者対被害者の関係において、加害者の責任を限定する法理として登場したものである。しかし最近では、チーム医療や作業分担において生じる事故のように、加害者間の、特に監督者—被監督者という関係においても、この法理が用いられる傾向にある。その代表的見解として、西原春夫博士の所説をみておこう。次のように説かれる。

「……信頼の原則はこれまでおもに加害者が『被害者』の適切な行動を信頼するのが相当な場合を過失責任から解除するという機能を営んできたが、その適用領域は必ずしもそのような場合にかぎられるべきではなく、複数の『加害者』間に一定の信頼関係があり、その信頼が相当な場合にもまったく同じ趣旨で適用になりうる。とくに過失の認定、責任の所在の探求の非常に困難な、いわゆる監督責任の限界設定にそれは非常に有用である。注意義務違反の認定の出発点はいうまでもなく予見可能性であるが、この予見可能性という概念は非常に弾力性に富み、とくに結果が発生してから考えると、これを肯定しようと思えばいつでも肯定できるような性格のものである。これが、監督責任が問題となるような場合に責任の追及をどこで打ち切ったらよいかわからなくなる最大の原因といわなければならない。そこで、予見可能性認定の背後に信頼の原則をしのばせ、被監督者が適切な行動をとるであろうという監督者の信頼が当該状況におかれた一般人の立場からみて相当と思われる場合には、たとい自然的事実的には予見可能性が肯定されるとしても、刑法的には予見可能性がなかったものとして、これを過失責任から解除すればよい。そこで、監督責任を否定しうる場合には過失否定の論理として信頼の原則を正面から用いればよいし、監督責任を肯定する場合にも、予見可能性認定の一助としてその法理を応用し、信頼の不相当性を明らかにしていくことによってその存在を肯定する方が明確である[13]」。

信頼の原則の位置づけをめぐっては、争いのあるところであり、新過失論に立脚する西原博士のような立場からすれば、過失行為の違法性判断に重点が置かれるため、信頼の原則も違法論のレベルで積極的に正面から論じられることになる。これに対して、私見のように基本的に伝統的過失論に立脚する立場からすれば、責任レベルでの具体的予見可能性の判断の一要素として信頼の原則が位置づけられることになる。それゆえ、私見によれば、「信頼の原則は、具体的予見可能性を否定する事由であり、法的顧慮に値する実質的信頼関係がある場合にはじめてそれが心理的に結果回避への動機づけを著しく阻止ないし緩和する方向に働くがゆえに行為者に具体的予見ができない[14]」、という機能を有するものと解される。それは、加害者―被害者間のみならず、加害者（監督者―被監督者）間でも同様である。西原博士の説かれる信頼の相当性・不相当性の判断も、実質的に判断されなければ、「形式的作業分担さえしておけば免責される」ということになりかねないであろう。

本件の場合、船長と機関長との間に分業・役割分担としての実質的信頼関係はあったとみるべきであり、重過失ともいうべき機関長の行為(エンジン始動)を船長は予見できなかったし、ましてや潜水夫の死亡を予見できなかったと解される。具体的事情を考慮すると、二審判決が言うように、「かかる作業の際にはギヤを後退に入れることも従来から行われていたのであるから、同人が右の時刻にエンジンを始動させる場合は、とくにギヤの位置をたしかめ、ニュートラルに入っているのを確認したうえでこれをなすであろうことを信頼するのは、当然」、と判断されよう。

（1）　監督過失に関する基本的文献としては、以下のものがある。西原春夫「監督責任の限界設定と信頼の原則(上)(下)」法曹時報三〇巻二号（一九七八）一八一頁以下、三号三六五頁以下、米田桊邦「刑事過失の限定法理と可罰的監督義務違反(上)(中)(下)」判タ三四二号（一九七七）一一頁以下、三四五号一九頁以下、三四六号三四頁以下、井上祐司「監督者の刑事過失について(一)(二)」法政研究四八巻一号（一九八一）一頁以下、同二号三一頁以下、同「『監督過失』と信頼の原則」法政研究四九巻一＝三号（一九八三）二七頁以下、同「監督者の刑事過失判例について」井上正治博士還暦祝賀『刑事法学の諸相(上)』（一九八一）二七五頁以下、石塚章夫「監督者の刑事過失責任について(一)(二)(三)」判時九四五号（一九八〇）三頁以下、九四六号三頁以下、九四七号一〇頁以下、三井誠ほか共同研究「刑法における管理・監督責任」刑法雑誌二八巻一号（一九八七）一七頁以下、土本武司「監督過失」同『過失犯の研究』（一九八六）九五頁以下、板倉宏「監督過失」警察学論集四〇巻一〇号（一九八七）四三頁以下、佐藤文哉「監督過失」芝原編『刑法の基本判例』（一九八八）四八頁以下、芝原邦爾「監督過失」芝原邦爾＝堀内捷三＝町野朔＝西田典之編『刑法理論の現代的展開・総論II』（一九九〇・日本評論社）八三頁以下、四〇五号九八頁以下、内藤謙『刑法講義総論(下)I』（一九九一）一一七二頁以下、前田雅英「監督過失について」法曹時報四二巻二号（一九九〇）二九九頁以下、林幹人『刑法の基礎理論』（一九九五・東京大学出版会）九七頁以下、山口厚『問題探究・刑法総論』（一九九八・有斐閣）一七一頁以下。

（2）　内藤・前出注（1）参照。

（3）　とりわけ、大洋デパート火災事件控訴審判決（福岡高判昭和六三・六・二八高刑集四一巻二号一四五頁）、千日デパートビル火災事件控訴審判決（大阪高判昭和六二・九・二八判時一二六二号四五頁）では、上司への進言義務違反を根拠に監督過失を認めている。

（4）内藤・前出注（1）一一七六頁、松宮孝明「『進言義務』と過失不作為犯」南山法学一三巻一号（一九八九）九三頁以下参照。

（5）内藤・前出注（1）一一七五—一一七六頁。

（6）甲斐克則「海上交通事故と過失犯論」刑法雑誌三〇巻三号（一九九〇）七〇頁以下〔本書第1章三五頁以下〕参照。なお、注意義務の根本的考察として、松宮孝明『刑事過失論の研究』（一九八九）一二二頁以下参照。

（7）詳細については、中山研一＝米田泰邦編著『火災と刑事責任——管理者の過失処罰を中心に——』（一九九三）、井田良『犯罪論の現在と目的的行為論』（一九九五・成文堂）二〇〇頁以下、甲斐克則「火災死傷事故と過失犯論（一）〜（七）——管理・監督者の過失責任を中心に——」広島法学一六巻四号（一九九三）一三一頁以下、一七巻四号（一九九四）一一五頁以下、一八巻三号（一九九五）一頁以下、一九巻二号六一頁以下、一九巻四号（一九九六）一二九頁以下、二〇巻三号（一九九七）四九頁以下、二一巻一号二七頁以下（未完）、石塚・前出注（1）「㈢」判時九四八号一一頁参照。

ちなみに、石塚判事によれば、監督者にとって直接行為者の過失行為およびそれによる結果発生が予見可能とされる場合を類型化すると、〔第一類型〕直接行為者に単純なミスがあったとき、〔第二類型〕定型的な危険があるとして、法令等で、あるいは自主的な安全対策として、事故防止のための手段が定められている場合に、直接行為者が右の定めに違反して結果を発生させたとき、〔第三類型〕同種事故の報告や初期的異常の発生報告等の、事故発生を予見しうる特別事情が存在するとき、に分類される。そして、〔第一類型〕については、「①そのようなミスを犯さないように日常的に指導、訓練すること」、「②ミスを犯さないような体制を作っておくこと」、「③さらに、ミスが仮にあっても、それが危険な結果に結びつかないような体制を作っておくこと」が、「結果回避のために監督者としてとるべき一般的な義務（必ずしも刑事上の義務とは一致しない）であ」り、〔第二類型〕については、「右にみた②、③の安全体制の設置はすでに義務づけられているから、あとは④直接行為者が右体制に従った行動をとるように指導すること、及び⑤右の安全体制が正常に作動するように点検整備すること、が結果回避のために必要な措置である」、とされる。以上の①から⑤の各措置を、一般的な結果回避措置として位置づけ、「安全体制確立義務」と称される。「これに対して、第三類型については、特別事情に対応して具体的な結果回避措置を個別に考えなければならない」、とされる。もっとも、石塚判事自身は、安全体制確立義務を直接的に刑法上の注意義務として構成することに消極的である。

なお、安全体制確立義務を刑法上の過失犯の注意義務として捉え、その違反を根拠にホテル社長の業務上過失致死責任を認めたものとして、川治プリンスホテル火災事故上告審決定（最決平成二・一一・一六刑集四四巻八号七四四頁）ホテルニュージャパン火災事故上告審決定（最決平成五・一一・二五刑集四七巻九号二四二頁）、等がある。

（8）　山中敬一「過失犯における因果経過の予見可能性について㈠㈡」関西大学法学論集二九巻一号（一九七九）二八頁以下、二号二五頁以下、特に五八―五九頁参照。

（9）　米田・前出注（1）「(上)」判タ三四二号一八頁参照。なお、米田泰邦『機能的刑法と過失』（一九九四）一〇頁以下参照。

（10）　水俣病刑事事件における過失犯の問題の詳細な検討については、甲斐克則「事故型過失と構造型過失」刑法雑誌三一巻二号（一九九〇）五九頁以下参照。なお、前田雅英「『結果』の予見可能性」ジュリスト七八四号（一九八三）四六頁以下参照。

（11）　詳細については、本書第1章四〇頁以下参照。

（12）　甲斐・前出注（6）七六頁〔本書第1章四一―四二頁〕、同・前出注（10）七五頁参照。なお予見可能性の問題について、基本的に伝統的過失論の立場から考察するものとして、松宮・前出注（6）二三八頁以下参照。

（13）　西原・前出注（1）「(下)」法曹時報三〇巻三号三九三―三九四頁。

（14）　本書第1章三七頁。

四　結　語

かくして、本判決は、一応妥当な判決と解されるし、船内作業や荷役作業において生じる死傷事故処理にも参考になると思われる。そして、監督過失といわれるものも、右にみたような論点を丹念に検討していけば、具体的予見可能性判断を中心とした通常の過失論の基本的枠組の中で把握することができる。[15]

（15）　同旨のものとして、井上・前出注（1）「監督者の刑事過失について㈠」法政研究四巻一号三頁、芝原・前出注（1）一〇〇頁参照。とはいえ、具体的予見可能性説の立場からその判断構造をある程度明示することがなお課題として残されている。甲斐・前出注（6）〔本書第1章〕および注（10）は、その予備的考察であり、甲斐克則「過失『責任』の意味および本質――責任原理を視座として——」刑法雑誌三八巻一号（一九九八）一頁以下は、さしあたりの結論的考察である。また、松宮・前出注（6）および大塚裕史「監督過失における予見可能性論（一）〜(九)」早稲田大学大学院法研論集四八号（一九八八）六九頁以下、五〇号（一九八九）一一三頁以下、五二号（一九九〇）二七頁以下、五四号五七頁以下、海保大研究報告三七巻二号（一九九二）一一頁以下、三八巻一＝二号（一九九三）六七頁以下、三九巻二号（一九九四）一頁以下、四一巻一号（一九九六）一頁以下、四二巻一号（一九九七）一頁以下（但し未完）は、それを目指す意欲的著作である。また判例として興味深いものとして、先に挙げたもののほか、信越化学工場爆発事故判決（新潟地判昭和五三・三・九判時八九三号一〇六頁）がある。同判決は、工場長と課長の業務上過失致死傷責任を肯定するに際し、入念に具体的予見可能性を吟味しており、その理論構成は高く評価される。なお、海上公害事犯としては三菱石油水島製油所重油流出事故判決（岡山地判平成一・三・九判時一三一二号一二頁）がある。管理・監督者たる三菱石油が不起訴であったこともあり、無罪となったが、特異なケースとして今後の参考となるであろう。本判決の総合的検討として、庭山英雄＝神山敏雄＝甲斐克則＝虫明満＝小田直樹＝大國仁＝高田昭正「特集：石油コンビナート災害をめぐる刑事法上の諸問題——三石重油流出事故無罪判決を契機として——」刑法雑誌三〇巻二号（一九八九）がある。特に過失犯との関係では、小田直樹「三石重油流出事故に現われた予見可能性問題」同誌七三頁以下、神山敏雄「三石重油流出事故における管理・監督過失責任」同誌一〇四頁以下参照。

第二部　艦船覆没・破壊罪

第7章　艦船覆没・破壊罪の考察
――汽車・電車転覆・破壊罪と対比しつつ――

一　序――問題の所在――

一　刑法典第十一章の「往来を妨害する罪」は、交通に関する公共危険罪を六箇条にわたって規定する。そのうち、刑法一二六条一項は、「現に人がいる汽車又は電車を転覆させ、又は破壊した者は、無期又は三年以上の懲役に処する」、と規定し、同条二項は、「現に人がいる艦船を転覆させ、沈没させ、又は破壊した者も、前項と同様とする」、と規定する。前者を汽車・電車転覆・破壊罪といい、後者を艦船覆没・破壊罪（覆没は転覆と沈没を含む）という。そして、このような危険犯が死亡結果を発生させると、同条三項（「前二項の罪を犯し、よって人を死亡させた者は、死刑又は無期懲役に処する」）により結果的加重犯として重く処罰される。いずれも、未遂であっても処罰される（一二八条）。このように、本条の罪は、きわめて重いものであるにもかかわらず、本罪の内容については、同じ公共危険罪である放火罪と比較しても、これまで必ずしも十分に研究されてはこなかった。

二　しかし、一二六条の罪の研究は、危険犯の本質を考えるうえでも、そしてまた責任原理を研究するうえでも、きわめて重要な内容を含んでいるといえよう。主な論点の第一は、本罪の罪質についてである。本罪を抽象的危険犯として捉えるか、具体的危険犯として捉えるか、あるいはその中間的な準抽象的危険犯として捉えるか、学説上争いがある。第二に、それと関係して、転覆ないし覆没については理解しやすいとしても、それと並列的に規定されている「破壊」概念については、とりわけ二項の艦船破壊罪に関して、二六〇条の艦船損壊罪にいう「損壊」との差異、あるいは破壊の程度、既遂と未遂の区別等をめぐり、難しい問題がある。さらに第三に、「人の現在性」をどう解釈するか、および同条三項にいう「人」の範囲はどこまでか、という問題も重要である。(1)

これらの問題の究明は、危険犯の研究にとって不可欠の課題である。しかし、従来、判例評釈を除けば、これらの問題について、海(水)上犯罪である艦船覆没・破壊罪を正面に据え、汽車・電車転覆・破壊罪と対比しつつ考察した論稿は、あまりない。(2)一項の客体は、公共交通機関である汽車・電車に限定されているのに対して、二項の客体は、艦船であり、必ずしも公共交通機関に限定されておらず、後述のように様々な船舶がここに組み込まれる。にもかかわらず、公共危険罪として同様の処罰を受ける。その根拠は何であろうか。交通の危険と公共の危険とは、同一のものなのか。陸上交通における危険と海上交通における危険とをきちんと比較検討しておくべきではないか。疑問は、次々と湧いてくる。

三　そこで本章は、以上のような問題意識から、まず第一に、艦船覆没・破壊罪の規定の変遷を辿ることにより、その罪質を考察し、第二に、それを踏まえて、判例・学説の検討を通してとりわけ艦船の「破壊」の概念について考察を加え、最後に、「人の現在性」および死傷の対象となる「人」の範囲について検討することとする。

なお、もともと本章執筆の契機は、伊藤寧教授の御逝去にある。故伊藤寧教授は、海上保安大学校在職中から、海上犯罪の実態に着目しつつ、それを素材としてドイツ刑法理論をも射程に入れて刑法理論を考察され、大國仁教授とともに、海上犯罪にも目配りして研究することの学問的意義を縷々説かれたことであった。御親交を賜ってから一六年目の一九九八年一〇月に、伊藤教授の突然の訃報を聞いたときは、愕然とした。とりわけ、私が関わる研究会には、いつも御出席いただいていただけに、いまさらながらその学問的熱意に感謝申し上げたい。(3) 以上の次第で、本章は、私が長年手がけてきた海上犯罪の研究の一端をテーマとして、その示唆を与えていただいた敬愛すべき故伊藤寧教授を追悼しつつ、論を進めたいと思う。(4)

(1)　これらの問題の概略は、甲斐克則「刑法一二六条二項にいう艦船の『破壊』にあたるとされた事例（第八よし丸事件）」海保大研究報告三二巻二号（一九八七）四五頁以下で論じたことがあるが、本章は、この判例評釈をさらに補充・敷衍・修正したものである。

(2)　この問題に関する貴重な論稿として、大國仁「交通と刑法」竹内正＝伊藤寧編『刑法と現代社会〔改訂版〕』（一九九二）一六三頁以下がある。本稿も、大國教授の見解に大いに示唆を受けている。なお、大國「船舶往来妨害罪の罪質」海保大研究報告一六巻一号（一九七〇）一頁以下をも参照。

(3)　本章との関係では、伊藤寧「危険犯に関する一考察（その一）（その二）」海保大研究報告一五巻一号（一九六九）一頁以下、一六巻一号（一九七〇）二八頁以下参照。また、本書全体との関係では、「『当て逃げ』の刑事責任」海上保安問題研究会編『海上保安と海難』（一九九六）一六一頁以下が貴重であるが、本書ではこの問題を取り上げることができなかった。他日を期したい。なお、故伊藤寧教授は、とりわけ「広島医事法研究会」と「瀬戸内刑事法研究会」には実にまめに出席していただき、研究会後の懇親会の場を含め、学会の大先輩として貴重な御意見を数多く賜ったことを懐しく思う。

(4)　主なものとして、甲斐克則「海洋環境の保護と刑法」刑法雑誌三〇巻二号（一九八九）一四頁以下、同「海上交通事故と過失犯論」刑法雑誌三〇巻三号（一九九〇）四七頁以下〔本書第1章〕、同「刑法の場所的適用範囲に関する一考察」国司彰男教授退官記念論集『海上保安の諸問題』（一九九〇・中央法規）一二九頁以下、同「事故型過失と構造型過失」刑法雑誌三一巻二号（一九九〇）五九頁以下、同「船舶衝突事故と過失犯論」大國仁先生退官記念論集『海上犯罪の理論と実務』（一九九三・中央法規）一四七頁以下〔本書第2章〕、同「漁業権の保護と刑法」日本土地法学会・土地問題双書三一『漁業権・行政指導・生産緑地法』（一九九五・有斐閣）八一頁以下、同「瀬渡し船の事故と過失犯論」海上保安問題研究会編『海上保安と海難』（一九九六・中央法規）一九一頁以下〔本書第5章〕、同「漁業権の保護と刑法」広島法学二〇巻二号（一九九六）一八五頁以下、同「漁業権の保護と刑法」海上保安問題研究会編『海上保安と漁業』（二〇〇〇・中央法規）一八一頁以下（判例評釈は除く）。

二　艦船覆没・破壊罪の規定の変遷とその特質および罪質

一　まず、艦船覆没・破壊罪の特質および罪質を検討しよう。そのためには、前提作業として、日本における同罪の規定の変遷を辿りつつ、同罪がどのように扱われてきたかを確認しておく必要がある。本罪は、明治になって海洋国家日本が大小船舶の建造を推進していく過程に呼応するかのように整備されていく。

その先駆は、一八七三年（明治六年）のいわゆるボアソナード刑法草案(5)である。ボアソナード草案は、第九節「衝突、乗掛等ノ罪」において、次のような諸規定を置いていた。

四六一條「何人ト雖モ海『ラード』（『ラード』ハ船舶ノ碇泊スル所ト雖モ凹所少ナクシテ暴風雨ヲ凌クニ充分ナラザル所）港（『ポール』ハ船舶ノ安全碇泊スル所ニシテ凹所大ナル所ヲ云フ）ニ於テ衝突、乗掛又ハ其他放火、發爆外ノ有罪ノ起作ニ因リ人ノ住居シ（舩ヲ以テ住所ト爲スヲ云フ）又ハ人ヲ載セタル大船小船ヲ故ラニ滅失セシメタル者ハ船舶及ヒ其所載ノ價値ヲ見積リタル貨物ノ過半、右犯者ニ屬セシトキハ左ノ如ク罰ス

第一　人ニ何等ノ損傷ヲモ加ヘサリシトキハ軽懲役

第二　一時ノ損傷ヲ加ヘシトキハ重懲役

第三　無期ノ病疾ニ至ラシメタルトキハ有期ノ徒刑

四六一條第二（船舶又ハ其所載ノ過半ノ貨物犯者ニ屬セサリシトキハ前條ニ掲ケタル刑ノ最高點ヲ宣告ス可シ）

（犯者右事變ノ際其船舶ノ指揮ヲ爲セシカ又ハ指揮ニ直接ノ干與ヲ為セシトキハ前條ノ刑ニ一等ヲ加ヘテ處斷ス

可シ」

「何レノ場合ニ於テモ一名若クハ数名ノ死去カ船舶ノ滅失ヨリ直接ニ生シ而シテ衝突又ハ乗掛ニ關スル罪ノ既遂缺効又ハ未遂ナルトキハ死刑ヲ宣告ス可シ」

四六二條「故サラニ滅失セシメタル船舶其事變ノ時ニ住人ナク且ツ人ヲ載セサリシト雖モ其船舶他人ニ属シ又ハ載貨ノ價額ノ過半他人ニ屬スルモノヲ包含セシトキハ一年以上四年以下ノ重禁錮及ヒ拾圓以下ノ罰金ニ處ス」

「船舶及ヒ其載貨ノ過半他人ニ属セシトキハ刑（前項ノ刑ニ）一等ヲ加フ而シテ犯人若シ其船舶ノ指揮ヲ爲シ又ハ指揮ニ直接ノ干與ヲ為セシ者ナレハ更ニ一等ヲ加フ可シ」

〔該犯ノ未遂罪ハ罰スヘキモノトス〕

四六二條第二〔前條々ヲ適用スルニ際シ船舶衝突シテ他人ノ救助ヲ求ムルニアラサレハ決シテ航海ヲ繼續シ得サルカ又ハ船舶ノ乗掛ケタルニ因リ自力ノミヲ以テ浮フコトヲ得サルトキハ其船舶滅失シタルモノト看做スヘシ〕

四六三条「犯人ニ属スル船舶又ハ商品ト雖モ海上危害ニ付キ保険セラレタルカ又ハ之レニ第三ノ人カ書入質、動産質又ハ其他物上權ヲ有スルモノナルトキハ之レヲ他人ニ屬スル物件ト看做ス可シ」

フランス刑法を意識した以上のような規定から看取できることは、第一に、船舶に関わる犯罪が、明確に公共危険罪として意識的に独立して規定されているのではなく、財産罪との混合形態として規定されているという点である。しかし、ボアソナード自身は、「其人ノ乗込ミタル船舶ハ人ノ死去スル危険アルコト明瞭ナリト雖モ人ノ乗込マサル船舶ハ唯財産ニ關スル危険アル而已」(6)と、罪質の違いを意識している点に注意を要する。第二に、しかし、四六二條第二の規定からも窺えるように、船舶衝突後に他人の救助がなければ自力航行できない場合や乗掛により自力で浮かぶことができない場合に、「船舶滅失」とみなす考えは、現行法の「破壊」概念を考えるうえで示唆に富む。この点について、ボアソナードは、次のように述べている。

「本節ニ豫定セル犯罪ノ主タル構造事實ハ故意ヲ以テ大小船舶ヲ滅失スルコトナリ而シテ第四百六十二條ノ二ニ於テハ或ル重大ノ毀損ニシテ全部ノ滅失ト同視シタルモノヲ指定ス蓋シ斯ク同視シタルハ全ク是等ノ毀損ニシテ他ヨリ救助ヲ蒙ラサル以上ハ自カラ全部ノ滅失トナルヘキ程ノモノナレハナリ然レトモ斯ク同視スルニ付テハ尚ホ犯罪ノ手段カ第七節ニ豫定シタル放火又ハ破裂ニ非サル他ノ有罪ナル企計ニ屬スルヲ要ス即チ此企計トハ船舶ヲ相衝突セシメ又ハ之レヲ暗礁、砂地ニ乗掛ケ及ヒ其他總テ之レヲ流出覆没セシメントスル有罪ノ所爲ナリ又犯罪ノ場所即チ大洋若クハ港灣モ亦該構造ノ事實ナリ何トナレハ危險ノ甚タシキ獨リ此等ノ場所ナルヲ以テナリ(7)」

ここに、覆没と座礁とが同列に理解されている点は、重要である。これは、海上における交通の場としての危険を意識した議論として注目に値する。

二　右にみたボアソナード刑法草案は、必ずしも明治一三年(一八八〇年)の旧刑法(明治一三年七月一七日太政官布告第三六号)に十分には結実しなかった。旧刑法草案は(8)、一六二条において、「船舶ノ往来ヲ妨害スル爲メ燈臺浮標其他都テ航海ノ安寧ヲ保護ス可キ標識ヲ毀損損傷シタル者ハ前條ノ刑ニ處ス」(重懲役)、と規定し、さらに、一六四条は、これらの行為による損壊に起因する殺傷を重きに従って罰する規定である。ボアソナードは、この一六二条について、次のように註釈している。

「船舶ノ安寧ハ鐵道列車ノ安寧ヨリモ緊要ナルコト尠シトセス故ニ本法ハ前條ニ類スル手段ヲ以テ船舶ヲ災害ニ遇ハシムル者ニ對シテ同一ノ刑ヲ科セリ但シ其災害ハ類別多カル可キヲ以テ本法之ヲ預定セスト雖モ多クハ船舶ノ暗礁ニ乗上ル事其沈没若クハ其衝突ノ如キ是レナリ
本按第三篇第二章ニ於テ罪（ママ）スヘキ所爲ニ依テ船舶ヲ衝突シ之ヲ暗礁ニ乗上ケ若シ（ママ）クハ之ヲ沈没シタル罪ヲ記載シテ其ノ第九節ニアリ此罪ハ私人ニ對シテ犯シタル重罪ノ部ニ之ヲ置ケリ實ニ定マリタル船舶ニ對シテ罪（ママ）スヘキ所業ヲ爲シタレバ即チ既ニ其所業ハ公ケノ静謐又ハ安寧ヲ害スル重罪ノ部類ニ属セサレハナリ
本條ノ明文ハ損壊ノ預見ヲ一般ニシテ以テ航海ヲ保護スヘキ標識ヲ論スルニ過キサルヲ以テ能ク此區別ヲ存セリ故ニ船舶ヲ覆没セシムル爲其舵其螺旋形若クハ蒸滊器械ヲ損壊セシ者ハ私人ニ對スル重罪ヲ犯セルモノタルヘシ幷ニ此第百六十二條ニ於テハ鐵道ノ爲前條ニ記スル所ノ保護ノ規則ヲ以テ航海ニ適用スルノ目的ニ外ナラサルカ故ニ須ラク茲ニ船舶ヲ覆没スベキ都テノ手段ヲ用ユルノ罪ヲ増補スルヲ要ス是レ宜シク注意ス可キナリ(9)」

このように、ボアソナードは、この規定の不十分さを指摘し、自己の当初の案のような船舶に対する直接的行為の処罰規定の必要性を説いたのである。

しかし、旧刑法は、第二編「公益ニ関スル重罪軽罪」の第三章「静謐ヲ害スル罪」第九節に「船舶ヲ覆没スル罪」と称して、次のような二箇条を規定したにとどまる(10)。

四一五条「衝突其他ノ所為ヲ以テ人ヲ乗載シタル船舶ヲ覆没シタル者ハ死刑ニ処ス但船中死亡ナキ時ハ無期徒刑ニ処ス」

四一六条「前条ノ所爲ヲ以テ人ヲ乗載セサル船舶ヲ覆没シタル者ハ軽懲役ニ処ス」

右の規定からも明らかなように、旧刑法は、もともと船舶覆没行為の処罰により、船内の人命保護にウェイトを置いていたことが分かる。海上において船内に留め置かれた人々は、脱出も容易でなく、そのためその生命・身体を手厚く保護しようとするものであり、自然の理に適った対応といえよう。もっとも、ボアソナード草案よりも著しくシンプルになっている。また、ボアソナード草案同様、過失犯処罰規定もない。それは、おそらく、海上交通の重要性が日本においてまだ十分に認識されていなかったことにも起因するであろう。また、明治五年(一八七二年)に新橋―横浜間に鉄道が開通して、陸の公共交通機関の整備が始まったとはいえ、まだ日本において汽車・電車が普及していなかった時代に、むしろ船舶覆没罪が独自に規定されていることにも留意しておく必要がある。ただ、狭義の往来妨害罪は、第六節「往来通信ヲ妨害スル罪」の一六五条以下に海陸両交通の安全を保護する規定が置かれていたことにも留意する必要がある。すなわち、一六五条(「汽車ノ往来ヲ妨害スル為メ鉄道及ヒ其標識ヲ損壊シ其他危険ナル障礙ヲ為シタル者ハ重懲役ニ処ス」)と一六六条(「船舶ノ往来ヲ妨害スル為メ燈臺浮標其他航海ノ安寧ヲ保護スル標識ヲ損壊シ又ハ詐欺ノ標識ヲ點示シタル者ハ亦前条ニ同シ」)を受けて、一六九条では、「第百六十五条第百六十六条ノ罪ヲ犯シ因テ汽車ヲ顚覆シ又ハ船舶ヲ覆没シタル時ハ無期徒刑ニ処シ人ヲ死ニ致シタル時ハ死刑ニ処ス」、と規定していたのである。しかしそれは、あくまで汽車や船舶に対する間接的攻撃の加重結果を処罰するに止まっている。

三　周知のように、旧刑法典は、施行後早い段階から改正の波に揉まれた。本罪に関しては、ボアソナード草案の趣旨は、むしろ明治二三年(一八九〇年)の改正刑法草案に盛り込まれた。同草案は、第九章「静謐ヲ害スル罪」の第四節「船舶ヲ覆没スル罪」において、次のような四箇条を設けている。

二四七条「衝突、坐礁其他ノ方法ヲ以テ人ノ住居シ又ハ人ヲ乗載シタル船舶ヲ覆没シタル者ハ其船舶自己ノ所有ニ属スルトキト雖モ一等有期懲役ニ処ス」

「船長又ハ運転手自ラ犯シタルトキハ無期懲役ニ処ス」

二四八条「前条ノ罪ヲ犯シ因テ人ヲ死ニ致シタルトキハ死刑ニ処ス」

二四九条「人ノ住居セス且人ヲ乗載セサル他人ノ船舶ヲ覆没シタル者ハ二等又ハ三等ノ有期懲役ニ処ス」

「船長又ハ運転手自ラ犯シタルトキハ一等ヲ加フ」

二五〇条「船舶ヲ衝突シ他ノ救助ヲ受クルに非サレハ継続シテ航行スルコトヲ得サルトキ又ハ船舶ヲ坐礁シ自力ノミニテ水上ニ浮フコトヲ得サルトキハ覆没ト同ク論ス」

「自己所有ニ属スト雖モ裁判所ヨリ差押ヘラレ又ハ抵当トナシ其他他人ノ為メニ物権ヲ設定シ又ハ海上保険ニ付シタル船舶ハ他人ノ所有ニ属スルモノト同ク論ス」

このように、明治二三年草案は、ボアソナード草案同様、公共危険罪と財産罪の両方の性格を併せ持って船舶覆没行為に対処しており、また、「破壊」という文言こそまだ用いられていないが、二五〇条では、自力航行不可能な場合にも覆没と同視している点に注目する必要がある。また、海陸交通の発達に伴い、犯罪形態の多様性に対応するためか、狭義の往来妨害罪については、二五二条（「汽車ノ往来ヲ妨害スル為メ鉄道又ハ其標識ヲ損壊シ其他汽車ノ危難ヲ招ク可キ所為ヲ行ヒタル者ハ二等有期懲役ニ処ス」）および二五三条（「船舶ノ往来ヲ妨害スル為メ燈臺、浮標、標識ヲ損壊シ其他船舶ノ危難ヲ招ク可キ所為ヲ行ヒタル者ハ亦前条ニ同シ」）が示すように、「其他汽車（船舶）ノ危難を招ク」行為が追加されている点も、看過してはならない。

ところが、この草案は、そのまま成案となったわけではなく、一〇年間ほどさらに検討され、明治三四年（一九〇一年)の刑法改正案に取って代わられる。この間の海陸両交通の発達により、交通犯罪の類型も整備された。明治三二年(一八九九年)に船舶法が成立するなど、海洋国家としての船舶の重要性が広く認識されはじめ、三条二項では、「帝国外ニ在ル帝国船内ノ犯罪」についても、国内犯と同じ扱いがなされている。そして、これまでは、独自の節で規定されていた船舶覆没罪は、狭義の往来妨害罪とともに、第六章「静謐ヲ害スル罪」の第四節「往来通信ヲ妨害スル罪」にまとめられた。しかし、海上交通は、必ずしも公共交通機関に限定されてはいない。これに対して、このとき、陸上の「公共交通」として、汽車と電車が登場した。これを受けて、一四八条は、次のように規定された。

「人ノ現在スル汽車又ハ電車ヲ顛覆又ハ破壊シタル者ハ無期又ハ五年以上ノ懲役ニ処ス」
「人ノ現在スル船舶ヲ覆没又ハ破壊シタル者亦同シ」
「前二項ノ罪ヲ犯シ因テ人ヲ死ニ致シタル者ハ死刑又ハ無期懲役ニ処ス」

ここではじめて「破壊」という文言が登場した点に注目する必要がある。こうして現行刑法一二六条の原型はできた。後述のように、団藤重光裁判官が第八よし丸事件最高裁決定の補足意見で、本規定は、ボアソナード草案四六二条の二や明治二三年刑法草案二五〇条一項とは異なる「創設的な意味をもつ規定」と指摘されたのは、以上の規定の変遷から理解可能となる。また、現行刑法一二七条の原型にあたる規定も一四九条に創設されている。ここに、財産罪と訣別した公共危険罪としての明確な位置づけを看取することができる。財産罪としての船舶毀損罪は、別途二九八条に規定されたのである。その意味で、「破壊」概念は、公共の危険性を射程に入れた規範的内実を有する文言であるといえる。過失犯処罰も盛り込まれた。

その後、明治三五年（一九〇二年）刑法草案は、ほぼこの規定を継受して（ただし、「船舶」という語が「艦船」という語になっている）、これが明治四〇年（一九〇七年）の現行刑法（文語体）に結び付いたのである。また、文語体当時は、一二六条二項は、「人ノ現在スル艦船ヲ覆没又ハ破壊シタル者」という表現になっていたが、平成七年（一九九五年）の表記現代語化に伴い、前述のように「現に人がいる艦船を転覆させ、沈没させ、又は破壊した者」という表現に変わった。なお、昭和四九年（一九七四年）の改正刑法草案一九五条は、「現に人のいる汽車、電車、索道車、バス、船舶又は航空機を転覆させ、沈没させ、墜落させ、又は破壊した者は、無期又は五年以上の懲役に処する」、と規定し、対象を広げている点にも注意を要する。

四　以上のような規定の変遷から、艦船覆没・破壊罪の罪質を考察すると、当初は財産罪と公共危険罪の混合的性格を有していたものから、財産犯的側面は艦船損壊罪へと移され、公共危険罪的側面が前面に出た規定へと変遷したことが明らかとなる。問題は、公共危険の理解の仕方にある。後述のように、交通危険と公共危険とを混同すると、交通の機能的側面を過大視することになる。陸上の公共交通機関にのみ目を奪われると、ともすればそのような方向へ傾くように思われる。そして、交通の機能的側面だけに着目して本罪を抽象的危険犯だとすれば、(11)艦船損壊罪との区別がかなり困難になる可能性がある。しかし、本罪が「人の現在性」を要求している以上、単に交通の機能的側面だけを保護するにとどまるものでなく、多数または少数の人員を輸送するその（公共）交通機関を利用する者の安全性を保護するものでなければならない。したがって、山口厚教授やその支持者である大谷實教授が本罪を「通常の抽象的危険」から区別可能な「ある程度より具体的な抽象的な危険」を要求する「準抽象的危険犯」として位置づけているのは、(12)一理ある。しかし、そこまで具体的危険に固執するのであれば、「人の現在性」というものが法文上要求されている以上、具体的危険犯として位置づけるべきではなかろうか。実際上も、海上における危険が認定される場合、具体的危険が発生していることがほとんどである。しかし、転覆や沈没の場合には、そうは言えても、「破壊」の場合には、解釈論上、困難も伴う。そこで、このことをさらに論証するため、つぎに、艦船の「損壊」と「破壊」の意義について考察することとする。

(5) 以下の条文および解説については、ボアソナード氏『刑法草案註釈・下巻』(司法省編・一八八六)復刻版(一九八五・宗文館)七九二頁以下参照。

(6) ボアソナード・前出注(5)七九七頁参照。

(7) ボアソナード・前出注(5)七九六頁参照。

(8) 旧刑法成立過程および旧刑法草案については、吉井蒼生夫＝藤田正＝新倉修編『刑法草按注解(上・下)』(一九九二・信山社)参照。

(9) 吉井ほか編・前出注(8)『上』五四四―五四五頁。

(10) 以下の旧刑法典および各草案および現行(旧字体)刑法典の条文については、高橋治俊＝小谷二郎編『刑法沿革総覧』(一九二三・清水書院)の各所参照。

(11) 例えば、小野清一郎『新訂刑法講義各論』(一九五〇・有斐閣)八三頁、植松正『再訂刑法概論II各論』(一九七五・勁草書房)一二八頁、福田平『全訂刑法各論』(一九八八・有斐閣)七八頁、大塚仁『刑法概説各論〔三版〕』(一九九六・有斐閣)四〇二頁等。

(12) この点については、山口厚『危険犯の考察』(一九八二・東京大学出版会)二四八頁以下、大谷實『新版・刑法講義各論』(二〇〇〇)四〇六頁参照。なお、伊東研祐『現代社会と刑法各論〔第三分冊〕』(二〇〇〇・成文堂)は、「準抽象的危険犯という範疇を用いて適正な処罰・処罰範囲の適性な限定を実現しようという方向は、基本的には指示され得る」(三一三頁)としつつ、とりわけ「破壊」概念を転覆または覆没という「明白且つ現在な公共危険を常に徴表する構成要件素と同格・互換的なもの」と捉えようとされる(三一四頁)。

三　「艦船」の意義と艦船の「損壊」および「破壊」の意義

一　まず、そもそも「艦船」とは何か、その意義について判例を素材としつつ確認しておく必要がある。

古く、大審院は、業務上過失艦船覆没・破壊罪（刑法一二九条二項）に関する第三雲浦丸事件判決（大判昭和一〇・二・二刑集一四巻一三二頁）において、「尚書」ながら、「刑法第百二十九条ニ所謂艦船トハ其ノ大小形状ノ如何ヲ問ハス各種ノ船舶ヲ指称スルモノト解スルヲ相当トスルカ故ニ苟モ船舶タル以上ハ長サ約四間二尺ニ過キサル木造漁船ニシテ而モ所論ノ如ク櫓ヲ使用シテ水上ヲ進行スルモノナリトスルモ之ヲ同条ノ艦船ト云フニ妨ケナ」しと述べ、それ以来、この定義が一般に定着している。事案は、発動機船第三雲浦丸（一七トン、二五馬力）が昭和八年三月一五日午前三時ころ、新潟県佐渡郡の沖合で碇泊中の一人乗り木造漁船（長さ約四間二尺）に衝突し、同漁船を中央から分裂せしめてこれを破壊したというものであった。もし本件で、右木造漁船が本罪にいう「艦船」に該当しないとすれば、財産罪としての過失による艦船損壊罪の規定は存在しないので、（人身被害がない以上）予見可能性を問うまでもなく、無罪とされたであろう。しかし、大審院は、前述のような観点から、右木造漁船も艦船であることを認めたのである。船舶法その他の海事関係法令に照らしても、艦船ないし船舶について明確な法文上の定義はないだけに、この判決の意義は、重要である。

二　ここでわれわれは、二つのことを確認することができる。第一に、一二六条二項にせよ一二九条二項にせよ、「艦船」とは単なる建造物とは異なり、浮泛性（浮揚性）、移動性（航行性）、そして積載性という船舶としての機能を具備したものでなければならないという点、第二に、その船舶に人が現在していなければならないという点、である。この二点は、本罪が公共危険罪であることと不可分の関係にあることに注意しなければならない。

第一の点については、財産罪としての艦船損壊罪（刑法二六〇条）についても同様である。例えば、旧軍艦「日向」事件（広島高判昭和二九・九・九判特三一号二三頁）を見てみよう。事案はこうである。同船（全長二二〇メートル、幅三四メートル、総トン数四五、〇〇〇トン）は、昭和二〇年七月四日の空襲で被爆し、広島県賀茂郡情島沖合で沈没擱座中のものを、終戦後、連合国の指令により解撤船艇として破壊を命ぜられ、同所においてH造船所の手により、まず、満潮時水面までの上装部分を解撤され、そのまま久しく放置されてあったものであるが、これを引き揚げ、スクラップとして熔解用および伸鉄材料として再製使用する目的で、昭和二五年四月三日に株式会社M商店が国から一一、一一一、〇〇〇円で払下げを受けた。その後、I産業株式会社の所有となり、同社の手により昭和二六年に完全浮揚に成功し、これを同郡倉橋島大浦崎の北西方約六〇〇メートルの海上に曳航繋留し、同所において排水ポンプを備え付けつつ解撤作業中のところ、本件犯行当時はすでに上部より全体の約三分の二を解撤し終わり、残りの下甲板より以下の部分につき右作業が行われており、艦内作業として保安要員を含め、毎日七、八〇名の作業員がこれに出入りして右作業に従事していた。その際に、被告人等は、この艦船の一部を破壊した。本件につき、広島高裁は、次のように述べて、原判決が艦船損壊と判断したのは誤りだとして、建造物損壊罪を適用した。

「刑法第二六〇条にいわゆる艦船であるがためには現に自力又は他力による航行能力を有するものであることを要するものと解すべきものであるから右のように六年間も海底に沈没して錆腐し且つ、その三分の二を解体撤去されたとき水上に浮いていたとはいえ完全に航行能力を喪失し、一部の船骸を残すに過ぎないものであるからもとは軍艦であっても同条にいわゆる艦船には当たらないものと解するを相当とする。然らば右は単なる器物又はスクラップの塊りに過ぎないものと見るべきや否やというに、右は解体途上にあったもので本件犯行当時は既に三分の二を解撤されたとはいえ、なお下甲板以下の巨大なる原型構造を存し内部に人の出入し得べき各室を有して毎日約七、八〇名の作業員がこれに出入して解撤作業に従事していたもので浮べる解体工場ともいい得べく、且つ地上ではないとしても一定の場所に繋留されていたものであるから右は家屋類似の工作物であって同条にいわゆる建造物に当るものと解するを相当とする。そして被告人等はこれを沈没せしむる意思はなかったとしてもその一部を故意に破壊したものであることは明らかであるから本件は建造物損壊を以て論ずるものを相当［と］する」。

ここで、艦船損壊罪が建造物損壊罪と同一条文にあるから「艦船」と「建造物」の区別の議論は実益がないと考えてはならない。艦船、すなわち船舶であるか否かは、海事関係法令に関わる罰則との適用関係や船舶保険との関連からも重要である。単に外観が「船舶」というだけでは、艦船損壊罪の客体とはなりえず、第8章で考察するように、やはり、浮揚性、積載性および移動性を具備しなければならないのである。したがって、例えば旧船を観光用ないし商業用施設として港に繋留している船舶は、ここでいう艦船ないし船舶とはいえない。右判決は、その点からして、貴重な判決である。

三　第二に、後述のように「人の現在性」は、艦船損壊罪と艦船覆没・破壊罪との区別をするうえで不可欠の要因である。前者は、財産犯であるから艦船であっても「人の現在性」は不要であるが、後者は、故意犯たると過失犯たるとを問わず公共危険罪であるから、「艦船に人が現在」していなければならない。ここから、とりわけ両罪の「損壊」の程度の差異も生まれる。

建造物損壊罪に関しては、すでに大審院が、「刑法第二百六十条ニ所謂損壊トハ物質的ニ建造物又ハ艦船ノ形態ヲ変更又ハ滅盡セシムル場合ノミナラス事実上建造物艦船ヲ其ノ用方ニ《（ママ）》従ヒ使用スルコト能ハサル状態ニ至ラシメタル場合ヲ包含スルモノト解スルヲ相当トス」（大判昭和五・一一・二七刑集九巻一一号八一〇頁）との判断を示して以来、毀棄罪における「破壊」は目的物の物質的損傷に限らず効用毀滅を含むという解釈が、判例（例えば最決昭和四一・六・一〇刑集二〇巻五号三七四頁参照）および学説上定着している。そして、大衆丸＝秀吉丸＝白濱丸＝咲花丸事件（大判昭和八・一一・八刑集一二巻二一号一九三一頁）では、汽船の機関損壊と艦船損壊罪の成否が争われた。事案は、こうである。被告人ら数名が、職場の待遇改善の目的で労働争議を起こし、その一環として、大阪港に碇泊中の汽船大衆丸の機関オームホイール、パイロットレバー、燃料ポンプ調整レバー各一個を、また同じく碇泊中の汽船秀吉丸の機関リンキングストップボールド一個を、さらに同じく碇泊中の汽船白濱丸の揚錨機ハンドルのピンを、そして若松港に停泊中の汽船咲花丸の機関の一部であるスターティングボックスを破壊した。この事実について、大審院は、次のように判示した。

「刑法第二百六十条ニ所謂艦船ハ単ニ船体ヲ指称スルモノニ非スシテ船体ニ固著シテ之ト一体ヲ成ス機関ヲ包含シ該機関ハ艦船ノ一部ヲ構成スルモノナルコト疑ヲ容レス然ラハ艦船ノ叙上機関ノ一部ヲ損壊スルハ即チ艦船ノ一部ヲ損壊スルモノニ外ナラス又同条ニ所謂損壊トハ物質的ニ艦船其ノ物ノ形態ヲ変更又ハ滅盡スル場合ノミナラス事実上艦船ヲ其ノ用方ニ《（ママ）》従ヒ使用スルコト能ハサル状態ニ至ラシメタル場合ヲ包含スルモノナレハ他人ノ所有ニ係ル艦船ノ叙上機関ノ一部ヲ物質的ニ破壊シ又ハ其ノ組成部分ノ一部ヲ取リ外シテ艦船ヲシテ航行スルコト能ハサルニ至ラシメタルトキハ縦令其ノ回復容易ナリトスルモ同条ニ所謂人ノ艦船ヲ損壊シタルモノニ該当スルコト論ヲ俟タス」。

確かに、船舶における機関の重要性に鑑みると、機関の一部を取り外す行為は、財産罪たる艦船損壊罪の「損壊」に該当するといえよう。その意味で、本判決は、妥当である。

では、例えば船舶の窓ガラスを損壊する場合はどうであろうか。広島高裁は、ある事件で、この点について判示したことがある（広島高判昭和五三・五・一八刑月一〇巻一一＝一二号一三六九頁）。事案は、被告人が傷害行為を行う際に、ハード・トップ型モーター・ボート（六人乗り、全長約六メートル、全幅約二・四メートル、一七五馬力、総トン数四・七二トン）のはめこみ式フロント・ウィンドウ・ガラス（強化ガラス使用、横約七五センチ・メートル、縦約四二センチ・メートル）をボートのカバー用の木製支柱で叩き壊したというものであった。第一審は艦船損壊罪（刑法二六〇条前段）を肯定したが、弁護側は、はめこみ式フロント・ウィンドウ・ガラスは艦船の一部とは認めがたく、また右ガラスを叩き壊してもモーター・ボートの船としての効用がなくなるわけではないので同罪の成立を否定すべきだとして争った。

広島高裁は、「本件フロント・ガラスにはアルミサッシの二重枠がつき、これがリベットで船体に取り付けられていて、その取外しには特殊な道具と専門的技術が必要であること、モーター・ボートは一般的に二〇ノット（時速約三六キロメートル）以上の速度を出さないと本来の運行状態（滑走状態）に達しないが、本件フロント・ガラスが破壊された場合には、船室内に流入する風の力（風圧）によって運行が阻害されるので、相当のパワー・アップが必要となるし、流入する風を後部ドアの開放等によって逃さない限り、風をはらむ状態となるから運航の安定を欠き、危険であること、ハード・トップ型のモーター・ボートはオープン型のそれと対比すると、船室の居住性が重視され、風雨に耐え得るような構造となっているのが特徴であるが、本件フロント・ガラスが破壊されることにより、これらの特徴は失われてしまうことなどの諸事実が認められる」として、原審判断を支持し、次のように判示した。すなわち、「本件モーター・ボートが刑法二六〇条所定の『艦船』に当ることは明らか」であり、「本件フロント・ガラスは、船の『機関』ではないけれども、その構造及び機能にかんがみ、『機関』と同様の意味で本件モーター・ボートの一部を構成するものと認めるのが相当であり、本件フロント・ガラスが破壊されることによって、本件モーター・ボートの艦船としての効用、とくに、高速船としての効用や居住性は著しく損なわれて、事実上運航に供しえない状態となることが認められるのであるから（これを所論の如く、単にスピードが一杯に出せないだけであるということはできない。）、……本件フロント・ガラスを破壊した行為は、ひっきょう、艦船たる本件モーター・ボートの損壊行為であって、刑法二六〇条前段に該当するものと解するのが相当である」。

確かに、本件のようにモーター・ボートのフロント・ガラスを破壊する行為は、財産罪たる艦船損壊罪に該当するといえる。しかし、この程度の「損壊」が、艦船覆没・破壊罪にいう「破壊」になぜ該当しないのか、あるいは逆にどのような場合に同罪の「破壊」に該当するのかは、さらなる検討を要する。本件では、モーター・ボートには公共交通機関としての性格がないので艦船損壊罪で起訴されたのか（もっとも公共性は必然的条件ではないが）、それとも相手の生命・身体への危険がなかったのでそうなったのかは、必ずしも判然としない。

四　さて、刑法一二六条二項の艦船覆没・破壊罪の罪質については一般に抽象的危険犯と解されているが、とりわけ「破壊」の意義については、後述のように学説上争いがある。本罪の「破壊」の概念を考察するには、一二六条一項の汽車・電車転覆・破壊罪との対比をしつつ、また海上危険の特性をも踏まえ、さらに前述の艦船損壊罪との区別も意識しておく必要がある。そこで、これらの点を踏まえて、問題点を具体的に把握するため、これまでの判例を事実関係にも注意を払いながら入念に分析してみよう。

古く、大審院の判例は、汽車・電車の破壊（一二六条一項）に関しては、「人ノ現在スル汽車又ハ電車ヲ破壊シタル者トハ人ノ現在スル汽車又ハ電車ノ実質ヲ害シテ其交通機関タル用法ノ全部又ハ一部ヲ不能ナラシムヘキ程度ノ損壊ヲ致シタル者ヲ指称スルモノトス」（大判明治四四・一一・一〇刑録一七輯一八六八頁）と解し、人が乗車した進行中の電車に小石を投げて窓硝子に穴をあけて周囲に亀裂を生ぜしめ、または窓硝子一枚を割ったり、車体に塗られた漆様のものを直径一寸ほど不正円形に剝離せしめても、「破壊」に該らないと判示した。この判決は、汽車・電車の実質を害することに主眼を置き、そこから、その交通機関たる用法の全部または一部を不能ならしめる程度の損壊を要求している点で、本罪を公共危険罪として明確に把握しており、古いながらも注目に値する。

この判例は、艦船破壊罪においても考慮された。第一長寿丸事件判決（大判昭和二・一〇・一八刑集六巻一〇号三八六頁）が、それである。事案はこうである。被告人は、船長として発動機船第一長寿丸に数名と乗り組み、大正一五年一一月一一日、長崎県北松浦郡生月島西南沖合の機船底曳網漁業の禁止区域において、発動機船幸長丸と共同して密猟中、地方漁民数名が乗り組んだ監視船発動機船大福丸に発見されて横付けされ、その不法を詰問され、かつ暴行も加えられた。大福丸が帰港しようとするところを、原審相被告人Ｉは、幸長丸を操縦して大福丸を追跡し、その左舷に幸長丸の船首を衝突せしめて船体の一部を破壊した。そして、被告人も、右大福丸船員の態度を憤り、第一長寿丸を操縦して大福丸を追撃し、その船首を大福丸の右舷に故意に衝突せしめて、その右舷のウォーターレール（船側台木）約一五尺およびカイシング（船舷）三〇余尺を破壊し、操舵室を倒壊し、もって人の現在する船舶を破壊した。

この程度の損壊が船舶としての効用を不能ならしめたものといえるかが争われたが、大審院は、刑法一二六条二項の艦船の破壊とは、「艦船ノ実質ヲ害シテ航行機関タル機能ノ一部ヲ不能ナラシムヘキ程度ニ損壊シタルコトヲ指称スル」との立場から、本件の場合、「其ノ船体ノ実質ヲ壊チ安全ナル航行ヲ不能ナラシメタルコト顕著ナル事実ニ属」する、と判断した。本件の場合、船舶にとって中枢部分にあたる操舵室の倒壊が大きなウェイトを占めていると思われるが、乗組員の生命・身体の危険性との関連について言及されていないのは、物足りない。

戦後の判例も、基本的には大審院の態度を踏襲している。最高裁判例としては、いわゆる横須賀線電車爆破事件判決（最判昭和四六・四・二二刑集二五巻三号五三〇頁）がある。事案はこうである。ある女性との交際が破綻して同女に憎悪の念を抱いた被告人が、同女が他の男性との交際の際に利用する国鉄横須賀線の電車に時限爆弾を仕掛けて爆破すれば世間が大騒ぎするであろうと考えて、時限爆弾装置を作って買物紙袋に入れ、昭和四三年六月一六日午後一時四〇分ころ、東京駅六番ホームに行き、そこに停車中の、乗客の現在する下り横須賀行電車五号車網棚に右爆発物を装置し、午後三時二分ころ、同電車が北鎌倉—大船駅間に差しかかった際、これを爆破させた。これによって、同車両の屋根、天井に張られた鉄板および合金板四枚、座席七個、網棚、窓ガラス四枚のほか、車体付属品八点を損壊し、乗客一名を死亡させ、一四名に傷害を負わせた。

右事実について、第一審（横浜地判昭和四四・三・二〇）は、「爆発物を使用して人の現在する電車車両の屋根、天井に多数の弾痕、貫通痕を残し、さらに窓ガラスを粉砕し座席を損傷汚損しているので、まさに交通機関の実質を害し、少〔な〕くともその機能効用の一部を失わしめた」として、刑法一二六条一項を肯定したうえで、同条三項を適用し、被告人を死刑に処した。第二審（東京高判昭和四五・八・一一高刑集二三巻三号五二四頁）も、これにやや肉付けをして、「刑法一二六条一項にいう破壊とは、人の現在する汽車、又は電車の実質を害して、その交通機関たる機能の全部又は一部を失なわせる程度の損壊をいうものと解すべきところ、……被告人の仕掛けた爆体の爆破によって、本件電車の屋根、天井に張られた鉄板、及び合金板四枚、座席七個、網棚、窓ガラス四枚、その他車体付属品八点を損壊したことが明らかであって……その損害額が五四、一〇六円程度に止まったにしても、進行中の電車に小石を投じて窓ガラスを割ったり、小刀を使って座席を傷つけたりしたのとは異〔な〕り、たとえ、電車自体の走行そのものは可能であったとしても、交通機関として乗客を乗せた安全な運行を続けるに堪えないものと認められるから、刑法一二六条一項所定の破壊というに妨げない」、として第一審を支持した。この第二審の論拠は、公共危険罪を考えるうえで重要な視座を提供している。

最高裁も、「なお書き」ながら、次のように述べて原審を支持した。すなわち、「刑法一二六条一項にいう汽車または電車の破壊とは、汽車または電車の実質を害して、その交通機関としての全部または一部を失わせる程度の損壊をいうものと解するのが相当である。そして、原判決の認定したところによると、被告人の仕掛けた爆発物の爆発により、本件電車五号車両の屋根、天井に張られた鉄板および合金板四枚、座席七個、網棚、窓ガラス四枚のほか、車体付属品八点が損壊され、爆発物の破片等が床いっぱいに散乱して、乗客を乗せて安全な運行を続けることができないような状態になったというのであるから、これを右にいう電車の破壊にあたるものとしたのは相当である」。

この最高裁判決を契機として、「判例のいう実質とは、汽車、電車、艦船そのもので、こわさなければ取りはずすことができない部分をいうものと解してよい(13)」(したがって、たとえば電車の座席のクッション、行先指示板などのようなものは含まない)との一般的認識が普及した。しかし、それだけであれば、前述の艦船損壊罪との区別が実質的につかなくなるように思われる。むしろ、第二審が述べているように、「電車自体の走行そのものは可能であったとしても、交通機関として乗客を乗せた安全な運行を続けることができないような状態になった」かどうか、という点を重視すべきである。

五　艦船破壊罪に関してこの点を意識した注目すべき地裁段階の判決が、宝洋丸事件判決(旭川地判昭和三四・八・六下刑集一巻八号三二一頁)である。事案はこうである。被告人は、昭和二九年三月七日午前八時過ぎころ、漁船宝洋丸(乗組員一三名、総トン数二八・五八トン)を北海道の留萌港に入港させるに際して、そのまま帰港すれば衝突事故が発覚するとおそれ(ただし、衝突事実については裁判所は否定)、故意に自船の船首を岸壁に衝突させて船首材を折損させ、かつ船首部分付近のカイシングをそれぞれ左右両舷とも船首より約三メートルの長さにわたり破損させた。この事実について、旭川地裁は、次のような興味深い論理で艦船破壊罪の成立を否定した。多少長いが、重要部分を引用しておこう。

「刑法上艦船破壊罪が同法第十一章往来を妨害する罪の章下に規定せられる公共危険罪であって、そこに『艦船を覆没又は破壊』と併記されていることを考えると、接岸に際して船体の一部を損壊し、航行機関としての一部機能を害した一事を以て直ちに右が艦船破壊罪に該当するものと断定することはできない。艦船破壊の罪が、勿論公共危険の具体的発生を要件としているものではないと解せられるが、『破壊』は『覆没』に比較して多くの態様が考えられるから、損傷の部位、程度と、それが人の生命身体に危険を及ぼすに足る程度の破壊であるか否かを考慮して判断すべきものと考える。本件において、宝洋丸は船首部等の破損によってこれを修補することなくそのまま航行、出漁出来ない状態にあったとはいえ直ちに沈没を招く虞のある状態にあったと認むべき証左なく、その破損はすでに航海を終って、まさに停止接岸しようとした際に生じたものであって、洋上その他航行中の場合と異〔な〕り、航行機関としての完全な機能を保持しなければ乗組員の生命身体に危険を生ぜしめるおそれがあったわけではなく、前記……証拠によれば、宝洋丸乗組員は同船が岸壁に衝突破損したこと自体に、自己又は他の乗組員の生命、身体に危険を感じたり、或はそのための回避の措置をとろうとした形跡は全くみられず、破損したデリックが使用不可能になったため、これが使用を除いては平常と変〔わ〕りなく直ちに漁獲物の荷揚げ作業を行った程度の損傷にすぎなかったことを認めることができるのである。

右認定によれば、本件岸壁衝突による宝洋丸の船体の一部破損は未だ人の生命身体に危険を及ぼすおそれはなかったもので、公共危険罪としての法益侵害行為があったと認めることはできず、従って前示、いわゆる艦船破壊に該当しないものというべきである。はたしてそうであるとするならば本件宝洋丸の船首部、両舷カイシングの破損は刑法にいわゆる毀棄罪としての『艦船損壊』に該当するにすぎない」。

本判決の論理は、艦船破壊の意義を乗組員の生命・身体の危険との関連の中で問うており、実質的な危険判断を加味している点で、示唆に富む。判決も述べているように、船舶の一部を物理的に損壊しただけでは、公共危険罪としての艦船の「破壊」とはいえず、せいぜい財産罪たる艦船の「損壊」にすぎないというべきである。

六　さて、このような判例の流れの中で、最高裁は、艦船破壊罪に関する第八よし丸事件決定(最決昭和五五・一二・九刑集三四巻七号五一三頁、判時九八九号一三〇頁)を下すこととなった。保険金騙取を目的とする重要事件だけに、破壊に至るメカニズムを知るため、事案の詳細を記しておこう。

被告人は、漁船の漁撈長として適宜船主に雇われており、かねてからNおよびIとも知り合いであった。NとIは、N所有の漁船第八よし丸を故意に座礁させ、破壊するなどして船体を放棄し、海難事故を装い、Nが同船の船体について締結している船体保険の保険金五、五〇〇万円、ならびに右偽装海難事故敢行前に新規に同船の積荷等にかけた保険金を騙取しようと企て、被告人に右意図を打ち明けて同船の処分を要請した。被告人は、自分がその実行役になることを拒んだものの、NおよびIに対し、かねて漁船の「沈め屋」として噂が高く、かつその当時第八よし丸の漁撈長として同船に乗り組んでいたKを適任者として推薦し、自らKに犯行加担を説得した。さらにKと協議の結果、漁船第八佳栄丸の漁撈長であるT(かつての第八よし丸の漁撈長)を抱き込み、Tに第八よし丸の乗組員を救助する役に当たらせる旨、およびTの抱き込み工作は被告人が担当する旨、ならびにKとTとの洋上における連絡は他船から傍受されるのを防ぐため到達距離の短い電波を定め、被告人がこれをTに伝える旨の密約を行った。続いて、被告人がNにKを引き合わせるとともに以上の経過を説明し、三者間で、犯行の時期・方法として、時化の時を利用し、千島列島ウルップ島に第八よし丸を乗り上げて破壊し、その船体を放棄するが、対外的には風で流されて座礁したことにする旨等を約束させた。

以上の協定に基づき、昭和五〇年一月二七日夜、第八よし丸は、千島列島沖に向け出航し、他方、Tの乗り組む第八佳栄丸も、二月四日に同海域に向け出航し、KとTが事前に定めていた特定電波で連絡を取り合いつつ、同月七日早朝、千島列島ウルップ島穴崎海岸の沖合において合流した。Kは、同月九日、午前五時ころ、比較的大型の漁船である第八よし丸にとって緊急入域するほどの悪天候ではなかったのに、緊急入域すると称し、第八佳栄丸が漂白している眼前において第八よし丸を右穴崎海岸に近付けて同船を暗礁に乗り上げさせ、もって同船の座礁を図ったが、同日午前一時ころ満潮となって自然離礁して失敗した。そのため翌一〇日午前四時三〇分過ぎころ、第八佳栄丸に乗船するTに対し、第八よし丸の機関部に海水が進入したと称して同船を右穴崎海岸に乗り上げる旨打電し、同日午前五時一〇分ころ、同船を時速約四ノットの速度で同海岸の砂利原に突入して乗り上げさせ、次いで同船機関長の協力のもと、同船の機関室の海水取入れパイプのバルブを開放させて同機関室内に大量の海水（約一九・四トン）を流入させ、さらに同日正午ころから午前一時頃までの間に同船の機関始動用の圧縮空気を全部放出し、同船を破壊してその航行を不能にした。

他方、前記無線連絡を受けたTは、同海岸が岩礁や浅瀬の多い危険な区域であるため、長時間にわたり魚探を使いながら停船、微速を繰り返しつつ、ようやく第八佳栄丸を第八よし丸に接舷させて第八よし丸の乗組員一一名全員を第八佳栄丸に移乗させた。右の状況について無線連絡を受けていたNは、同日午後二時ころ、第八よし丸の船長に同船の放棄を指示してこれを放棄させた。かくてNは、同船が通常の海難事故にあったように偽装して根釧漁業保険組合に対し、同船に付した船体保険金の請求手続をし、よって同組合係員を欺罔し、同保険金支払名下に四、五三九万円に上る財産上不法の利益を得た。

右事実について、第一審の釧路地裁は、昭和五三年一二月一三日、艦船覆没・破壊罪（刑法一二六条二項）および詐欺罪（同二四六条二項）の共謀共同正犯を肯定し、これに漁業法違反を併合して、被告人を懲役三年、執行猶予四年、罰金一五万円に処した。さらに、第二審の札幌高裁第三部は、昭和五四年七月一二日、ソビエト（当時）支配下にある千島列島の一島嶼を選び、偽装海難の調査を困難ならしめ、確実に犯跡を隠蔽することができる点で完全犯罪を企図したといいうること、偽装海難について具体的方策を定める犯行推進に大きく寄与し、まさに参謀役として枢要な役割を果たしたこと、漁船員を天職として各船の漁撈長を勤めた身でありながら、厳冬期における寒冷な千島列島海域が往々にして漁船員の人命を奪いかねない危険に満ち、しかも岩礁・浅瀬の多い地点での座礁、破壊、放棄は、なおいっそう乗組員の生命を危険にさらすことになり、救助役を立てたとはいえ職業上の仲間の人命を弄んだ背信的行為である等の理由で、被告人を懲役三年の実刑に処した。

これに対して、弁護人は、本件の場合、船底亀裂その他の損傷はなかったので、通説判例が要求する二要素（「機能・効用の喪失」と「物質的損壊」）を考慮しても、機能効用の一時的喪失はあったが物質的損壊にまで至っておらず、艦船覆没罪の未遂ではないか等の点を争って上告した。しかし、最高裁第一小法廷は、全員一致の決定で上告を棄却した。その際、「なお書き」ながら、次のように述べた。

「なお、人の現在する本件漁船の船底約三分の一を厳寒の千島列島ウルップ島海岸の砂利原に乗り上げさせて坐礁させたうえ、同船機関室内の海水取入れパイプのバルブを開放して同室内に約一九・四トンの海水を取り入れ、自力離礁を不可能ならしめて、同船の航行能力を失わせた等、本件の事実関係のもとにおいては、船体自体に破損が生じていなくても、本件所為は刑法一二六条二項にいう艦船の『破壊』にあたると認めるのが相当である」。

本決定は、基本的には判例の主流に従いつつ、厳寒の千島列島ウルップ島海岸の砂利原という具体的状況を考慮して、船体自体に直接的な物理的破損はないものの自力離礁・航行能力を喪失せしめた点をもって艦船破壊罪にあたるとしたところに新しさがある。これは、「破壊」概念の拡張にあたるのか、あるいはそもそも本件では「船体自体に破損がなかった」といえるのか。物理的損壊の程度に固執することは、本質的なことか。危険判断は、どのような構造で行われているのか。このように本決定は、問題意識をかき立てる。さらに、本決定に際して団藤重光裁判官と谷口正孝裁判官により述べられた次のような補足意見は、それを倍加せしめるものがある。

〔団藤補足意見〕「一　艦船覆没罪（刑法一二六条二項）が既遂になるためには、覆没・破壊の結果を生じた時点において艦船に人が現在することを要求するものと解しなければならない。ところで、本件においては、被告人が本件漁船を坐礁させたうえその機関室内に約一九・四トンの海水を取り入れて自力離礁を不可能ならしめた時点において、同船内に人が現在していたことはあきらかであるが、さらに数時間後にその機関始動用の圧縮空気を放出した時点においては、被告人および共犯者以外の者がなお同船内に現在していたことについては、その証明がない。したがって、圧縮空気放出の事実は、本件犯罪の既遂の成否については、これを除外して考えなければならないのであって、これをも包括して本件犯罪の既遂をみとめた原判決は、その点で誤っているというべきである。しかし、本件の事実関係のもとにおいては、この事実を除外しても、なお犯罪の既遂をみとめることができるのであるから、この違法は原判決の結論に影響を及ぼすものではない。

二　艦船を坐礁させたうえ自力による離礁を不可能ならしめることが、当然に艦船の『覆没』または『破壊』にあたるものと考えることはできない。沿革的には、ボアソナード刑法草案四六二条の二および明治二三年刑法草案二五〇条一項〔前出参照――筆者〕はこれを覆没と同じく論じるものと規定していたが、これをもって当然の事理をあきらかにした解釈規定とみるのは困難であって、多少とも創設的な意味をもつ規定と解するのが相当であろう（ちなみに、その後の諸草案では、この種の規定は削られ、そのかわりに、行為として覆没のほかに破壊が加えられた。これが現行法につながっているのである。)。

しかし、坐礁させたうえ自力による離礁を不可能ならしめることは、艦船の航行能力を失わせるものである。器物損壊罪（刑法二六一条）における『破壊』が目的物の物理的・物質的損傷だけでなく効用の毀滅をも含むものとされていることとの対比から考えれば、艦船の航行能力を失わせることは、それが船体そのものの物理的・物質的損傷によるものでなくても、艦船の『破壊』にあたるものといってよいであろう。ただ、器物損壊罪が個人の財産を保護法益とするものであるのに対して、艦船覆没罪は公共危険罪である。しかも、法が『人の現在する艦船』を本罪の客体としているのは、覆没・破壊が艦船に現在する人の生命・身体に対する危険の発生を伴うものであることを構成要件として予想しているというべきである。通常の形態における覆没・破壊は当然にかような危険の発生を伴うものと法がみているのであるが、自力離礁の不可能な坐礁は、それが航行能力の喪失にあたるからといって、ただちに艦船の『破壊』にあたるものと解するのは早計であり、それが船内に現在する人の生命・身体に対する危険の発生を伴うようなものであるばあいに、はじめてこれにあたるものといわなければならない。本件の事実関係のもとでは、右のような要件が充たされているものと解されるので、そのような意味において艦船破壊罪の既遂の成立が肯定されるのである。谷口裁判官の補足意見も、私見とほぼ軌を一にするものとおもわれる」。

〔谷口補足意見〕「被告人の本件所為が刑法一二六条二項所定の艦船破壊罪に当ると解することに異論はない。以下その理由について私なりの意見を少しく述べておきたい。

右刑法の罪はいわゆる抽象的危険犯とよばれているもので、法は艦船の覆没とか破壊の行為があれば、多数人の生命・身体に危険を生ぜしめたか否かを具体的に問わないで直ちに右行為の危険があるものとしている、と一般に解されている。行為の性質に着目して危険を抽象的に論定しているというわけである。あるいは、危険を擬制しているといってよい。

しかし、私は抽象的危険犯をこのように考えることには疑問を感ずる。抽象的危険犯を右のように形式的にとらえる限り、およそ法益侵害を発生することのありえないことが明らかであるようなばあいにも、法所定の行為があれば直ちに抽象的危険があるものとして処罰されることになる。そうだとすると、法益侵害の危険のないばあいにまで犯罪の成立を認めることになり、犯罪の本質に反し不当であるとの非難を免れまい。私は、いわゆる抽象的危険犯と具体的危険犯とが異なるところは、後者では法益侵害の危険が現に生じたことを処罰の根拠とするのに対し、前者では行為当時の具体的事情を考えて法益侵害の危険の発生することが一般的に認められる行為がなされた場合に限り、危険が具体化されることを問わずに処罰の理由が備わったものとする点にあると考える。特に、本件の如く破壊の語を規範的、目的論的に理解するばあい、行為じたいがすでに一義的に限定されないものであるから、拡張して用いられるおそれがあるので、抽象的危険犯の性格に則した考慮が一そう要求される。

本件のばあい、艦船の航行能力の全部又は一部を失わせたという点で破壊と価値的に同一視できるということだけで艦船破壊罪に当るとし、しかもそのような行為があれば直ちに抽象的危険犯としての同罪が成立するという考え方には賛成できないのである。私としては、先に述べたように、抽象的危険犯の実質に即して、本件についても、行為当時の具体的事情を考えて多数人の生命・身体に対する危険の発生することが一般的に認められる艦船の航行能力の全部又は一部の喪失行為があったばあいにはじめて、法にいう破壊に当る行為があったと考える。そして、そのように解することによって、破壊の語を拡張して解釈することを抑えることができるものと思う。

以上のような考え方に従って、被告人の本件所為を、危険に満ちた厳寒の北洋海域におけるものであることなど行為当時の事情を考えて評価すれば、本決定の示すとおり、まさに艦船破壊罪に当るものと考えられるのである」。

七

さて、以上の最高裁決定および団藤・谷口両裁判官の補足意見をどう受け止め、「破壊」概念をどのように理解すべきか。学説は、従来、①交通機関としての機能を害する程度の損壊があれば通常は公共の危険発生があるから本罪が成立する、とする説が多かった。(14) しかし他方、宝洋丸事件判決のように、②人の生命・身体に危険を生ぜしめる程度の損壊を有するという説、(15) あるいは③損壊の程度自体は問題ではなく、多数人の生命・身体に危険を生ぜしめるに足る損壊たることを要するとする説も古くからあり、(16) 最近では、④「破壊」は覆没に匹敵する程度であ

ることを要するとする説も有力に主張されている。(17)

①説は、交通機関の機能侵害に本罪の本質を求める見解であるが、交通機関の機能自体の直接的保護は、交通法規（陸上交通であれば道路交通法等、海上交通であれば海上衝突予防法（ただし罰則なし）や海上交通安全法等）の任務であり、仮にこれを人の生命・身体の安全性と関連づけて理解するとしても、かなり抽象的なものになり、破壊が転覆および沈没と同列に置かれていることとのバランスからしても、また責任原理からしても問題である。また、「交通の危険」ないし「往来の危険」をもたらす行為自体は、一二五条の守備範囲である。他方、③説は、多数人の生命・身体に対する危険を重視している点は妥当だとしても、損壊の程度に固執しないとなると、往来危険罪（一二五条）との区別が付きにくくなるし、「破壊」概念に幅をもたせすぎることになり、罪刑法定主義の観点から問題である。そこで、人の生命・身体に危険を生ぜしめる程度の損壊を要するとする②説が説得力をもってくる。しかし、これだけだと、危険性の程度をかなり抽象的に捉える立場からであれば、必ずしも限定がきかなくなる。(18)むしろ大國教授が指摘されるように、「一二六条に該当するか否かを決定する尺度は覆没との比較にある」(19)といえよう。また、山口厚教授や中空壽雅教授が指摘されるように、(20)本罪は、覆没・破壊行為の危険性を処罰するものではなく、覆没・破壊という結果から生ずる危険性を処罰するものと解される。この解釈は、立法史的にも、また法文が転覆、沈没、破壊を並列的に規定している趣旨にも適う。そうだとすれば、④説が最も妥当な見解だといえる。②説で危険概念に限定を加える立場は、むしろ④説と合体させて理解すべきである。これを詰めて考えると、前述のように、本罪の危険は、抽象的危険ではなく、第八よし丸事件における弁護人上告趣意書が説いたように、具体的危険の発生を要求することになるであろう。(21)団藤＝谷口補足意見に代表されるように、抽象的危険犯にとどまりつつ危険の擬制を克服する努力も注目に値するが、そこまで具体性を要求するのであれば、竿燈を一歩進めて、具体的危険犯の土俵に踏み込

むべきではなかろうか。

かくして、「破壊」とは、転覆・沈没に匹敵するほどの物理的損壊を伴い、かつ人の生命・身体に具体的危険を生ぜしめる程度のものでなければならない、ということになる。右最高裁決定は、「船体自体に破損が生じていなくても」という留保を付しているが、右事件において、第八よし丸を厳寒の千島列島ウルップ島海岸の砂利原に乗り上げさせたのみならず、同船の機関室の海水取入れパイプのバルブを開放させて同機関室内に大量の海水（約一九・四トン）を流入させた行為により自力離礁を不可能ならしめたことは、単なる座礁を超えて、機関室の破壊、ひいては情を知らない一二名の生命・身体を具体的に危険に晒す程度の艦船の破壊といえる(22)。すなわち、このような海域で船舶が自力航行不可能ということは、突風や横波で即座に船舶が転覆・沈没する可能性が高いことを意味する。しかも、第八よし丸事件当時のような気象・海象・地理的条件であれば、救助船が予定されていたとはいえ、その危険が具体化する(23)。これに対して前述の宝洋丸事件では、三月の北海道沖で起きたにもかかわらず、船首部等の破損が航海終了後まさに停止接岸しようとした際に生じた点が考慮され、無罪となったのである。両事件の相違点に留意する必要がある。

(13)　坂本武志・最高裁判所判例解説刑事篇・昭和四六年度二二七頁。
(14)　前出注（11）を見よ。なお、他に同旨のものとして、渡邉一弘『大コンメンタール刑法第5巻』（大塚仁ほか編・一九九〇）二〇八頁。また、阪村幸男「艦船の破壊」ジュリスト『昭和五六年度重要判例解説』（一九八二）一七九―一八〇頁は、財産的破損を重視しつつ、「結局は事案により、船舶としての交通機関の実質を害し、その機能効用の全部又は大部分を失わせたかどうかを判断するほかはない」とし、その中に個別事情を取り入れようとするが、交通機関の機能を重視しすぎるように思われる。
(15)　例えば、大場茂馬『刑法各論下巻』（八版・一九二三・中央大学）一八七―一八八頁、岡田庄作『刑法原論各論』（一九二〇・有斐閣）二五〇頁、熊倉武『日本刑法各論下巻』（一九七〇・啓文堂）七九頁、奥村正雄「艦船の破壊の意義」『刑法判例百選II

各論〔第二版〕』（一九八四）一五五頁。

(16) 例えば、牧野英一『重訂日本刑法下巻』（一九四一・有斐閣）八五頁、木村亀二『刑法各論』（一九五九・法文社）二二〇頁、金築誠志「刑法一二六条二項にいう艦船の『破壊』にあたるとされた事例」法曹時報三四巻一号（一九八二）三〇二頁。なお、以上の学説整理については、高田卓爾『註釈刑法（3）各則（1）』（団藤重光編・一九六五）二一八―二一九頁、および高橋貞彦『判例刑法研究7』（西原春夫ほか編・一九八三）二四六頁以下参照。

(17) 中山研一「刑法一二六条二項にいう艦船の『破壊』にあたるとされた事例」判例評論二六九号（一九八一）四八頁（判時一〇〇一号一八八頁）、同『刑法各論』（一九八四・成文堂）四〇六頁、内田文昭『刑法各論〔第三版〕』（一九九六・青林書院）四八五頁、伊東・前出注（12）三一四頁。

(18) 例えば、宇津呂英雄「艦船の破壊」研修三九五号（一九八一）六二―六三頁。

(19) 大國仁「艦船の破壊の意義」『刑法判例百選II各論〔第三版〕』（一九九二）一五三頁。中空壽雅「艦船の破壊」『刑法判例百選II各論〔第四版〕』（一九九七）一五七頁も同旨を説いており、妥当である。

(20) 山口厚「刑法一二六条二項にいう艦船の『破壊』にあたるとされた事例」警察研究五三巻七号（一九八二）五五頁、中空・前出注（19）一五七頁。

(21) 甲斐・前出注（1）五九頁では、本罪をなお抽象的危険犯として捉えていたが、本文のように修正した。

(22) 第八よし丸事件については、多くの評者が結論的には本罪の成立を肯定しているが、本罪を具体的危険犯として明確に位置づけている論者はいない。

(23) この点について、大國・前出注（19）一五三頁、飛田清弘「刑法一二六条二項にいう艦船の『破壊』にあたるとされた事例」警察学論集三四巻六号（一九八一）一五三―一五四頁（ただし、「このことは、決して、本罪が具体的危険犯であるということなのではない」と念を押す）および甲斐・前出注（1）五八頁参照。なお、具体的危険性をかなり要求される中山博士も、抽象的危険犯の枠を出ておられない。中山・前出注（17）一九〇頁注（14）参照。

四 「人の現在性」の意義と死傷結果の「人」の範囲

一　艦船覆没・破壊罪（一二六条二項）が具体的危険犯だというためには、しかし、なお検討を加えておかなければならない点がある。それは、艦船覆没・破壊罪における「人の現在性」と死傷結果（一二六条三項）の「人」の範囲をどのように理解するか、である。最後に、この点について考察しよう。

まず、一二六条二項は、「人の現在性」を要求するが、抽象的危険犯と一般に理解されている現住建造物等放火罪（刑法一〇八条）と比較すると、後者は、人の「現住性」と「現在性」を要件としているが、前者は、「現在性」だけが要件になっている点に注意する必要がある。しかも、「現住性」の方が「現在性」よりも「人が現にいる状態」の理解が一般に緩やかになっている。このことは、両罪の差異を表しているように思われる。すなわち、艦船も、現住建造物等放火罪との関係では客体とされており、その場合は、「現住性」と「現在性」の両方が要求されるが、交通機関の手段として使用される際に加えられる攻撃（艦船覆没・破壊罪）の場合には、それを利用する人の生命・身体への危険が具体的に発生することを前提としているからこそ、「現在性」のみを要件としているのではないだろうか。また、海上交通の実態からして、転覆・沈没およびそれに匹敵する「破壊」が行われる場合、具体的危険が発生していることが一般である。それが欠ければ、前述のように艦船損壊罪となるのである。

二　では、「人の現在性」は、どの時点で判断するのであろうか。これが、重要性を帯びてくる。

古く大審院は、千代川丸事件判決（大判大正一二・三・一五刑集二巻三号二一〇頁）において、「犯人カ船舶ヲ覆没シタル場合ニ之ヲ覆没セシムル犯罪行為ノ実行ヲ開始シタル当時其ノ船舶ニ人ノ現在セル事実ノ存スル以上ハ其ノ行為ハ人ノ現在スル船舶ヲ覆没シタル罪ニ該当シ覆没ヲ遂ケタル時期ニ於テ人ノ現在スルコトハ其ノ罪ノ成立ニ必要ナラス」と判示し、原審判断（懲役五年）を支持した。事案は、被告人が自己所有の汽船千代川丸（総トン数五五トン余り）に保険を付して保険金を詐取すべく数名と共謀して、共同被告人ら五名が事情を知らない他の四名とともに大正一〇年六月一六日に下関港を出港し、愛知県半田港へ廻港の途中、同月二〇日和歌山県大引港に寄港して千代川丸の中央水槽付近の船底にボート錐で直径一寸余りの穴を開け、これに木栓を挿入して沈船の準備をし、翌二一日同港を出港して翌二二日午前六時半ころ同県西牟婁郡田並崎南端より南方二浬余りの沖合で木栓を引き抜くなどして、沈船を決行し、その後保険金を詐取した、というものである。本判決が、「人の現在性」について、実行着手時点で艦船に人が現在すれば足りると言明したことは、後の判例・学説に大きな影響を及ぼしている。本件は、前述の第八よし丸事件と事案内容が類似している点（もちろん、気象・海象・地理的条件、覆没している点では異なる）で興味深いほかに、一二六条二項の罪を抽象的危険犯として定着させる意義を有していたといえよう（なお、艦船覆没罪と詐欺罪とは併合罪とされている）。

さて、ここで「人の現在性」という場合、厳密には二つの問題がある。第一は、「人」とはどの範囲を意味するか、である。公共危険罪の場合、「不特定または多数人」の生命・身体（場合により財産）といわれるが、必ずしも明確ではない。そもそも「公共」概念からして不明確である。判例上、「人」とは、一〇八条に関しては、犯人以外のいっさいの人をいうとされ（最判昭和三二・六・二一刑集一一巻六号一七〇〇頁）、家族や同居人も、共犯者でないかぎり、ここにいう「人」に含まれる（大判昭和九・九・二五刑集一三巻一二四五頁）。通説も、一二六条一項および二項も含めて、同様であり、これを支持すべきである。その意味で、前述の千代川丸事件判決において、共犯者以外の情を知らない者が実際上一人であったとしても本罪の成立を肯定したのは、妥当である。また、あくまで共犯関係にある人間が除外されるのであって、単に事情を知っていたにすぎない者は、「人」に含まれると解すべきである。

三　第二は、「現在性の時期」をどう捉えるか、である。さすがに、実行行為開始以前でも人がいれば足りるとする見解は、見当たらない。判例の立場は、前述の千代川丸事件判決に代表されるように、実行開始時に人が艦船内に現在すれば足りる、という考えである。(24) 本罪を形式的な抽象的危険犯として捉える立場からすれば、当然にそのような解釈になる。しかし、実行行為に時間がかかる場合も想定されることから、この解釈ではかなり早い段階で未遂が成立することになる。かりに本罪を抽象的危険犯として理解するとしても、団藤補足意見が述べているように、「覆没・破壊の結果を生じた時点において艦船に人が現在することを要求するものと解」すべきであろうし、山口教授のように「覆没・破壊という結果から生ずる危険だけを問題とすべきである」(25) とする立場も、同様の結論になるであろう。もっとも、内田文昭博士のように、「行為」と「結果」を観念的に分離して考える必要があるかどうか疑問だとする見解もある。(26) また、中山研一博士は、「これらの見解の相違にもかかわらず、いわゆる『離隔犯』のような場合を除いては実際上の帰結にそれほどの差異が生ずるとは思われない」(27)、と指摘される。現に、着手時期から結果発生時までのいずれかの時点に現在すれば足りるとする説は、多数説となっている。(28) しかし、「ここで問題となるのは、艦船覆没罪の処罰の理由となっているのは、覆没・破壊という結果によって生ずる危険なのか、それとも、それだけではなく、覆没・破壊行為それ自体による危険までも含まれるのかということである」(29) 以上、いずれかに決定することは、十分意義がある。そして、具体的危険犯として構成しようとする本書の立場からは、当然に結果発生時説に帰着する。そして、着手時点ではまだ未遂にとどまると解される。

とはいえ、具体的危険犯として構成しても、危険判断を曖昧にすると、その意味は半減する。かつて最高裁は、刑法一二五条一項（往来危険罪）に関する有名な人民電車事件において、ストライキ中に業務命令によらない電車を運行させた事案について、電車の運行された京浜東北線上に他の電車はなかったにもかかわらず（同線と併用区間のある山手線の運行に若干の影響を与えたにすぎない）、電車往来危険罪における危険を「電車の安全な往来を妨げるおそれある状態、すなわち顚覆、衝突等の事故発生の可能性ある状態をいう」とした原判決を支持して、具体的危険の発生を認めている（最判昭和三六・一二・一刑集一五巻一一号一八〇七頁）。このように「具体的危険」を「公共の静謐」といった ような抽象的な法益観に結び付けて、「行為全体が法秩序に反する性質を有する」といった点や、「全一体たる企業の有機的連繋と秩序の破壊」に求める解釈をするならば、具体的危険犯として捉える意味は半減する。確固たる因果論的基盤に立脚した事後的判断の枠組みを維持した危険判断を堅持すべきである。(30)

四　これと関連して、一二六条三項にいう死傷結果の「人」に車船外の人を含むか、その範囲が問題となる。とりわけその法定刑が死刑か無期懲役を予定しているだけに、この問題には責任原理の観点からも慎重な対応が必要である。周知のように最高裁大法廷は、いわゆる三鷹事件判決において、七両連結の無人電車を起動操作し暴走せしめて三鷹駅で脱線破壊し、付近に居合わせた六名を死に致らしめた事案に関して、「なお書き」で、次のように述べてこれを肯定した（最大判昭和三〇・六・二二刑集九巻八号一一八九頁）。

「なお一二六条三項にいう人とは、必ずしも同条一項二項の車中船中に現在した人に限定すべきにあらず、いやしくも汽車又は電車の顚覆若しくは破壊に因って死に致された人をすべて包含するの法意と解するを相当とする。けだし人の現在する汽車又は電車を顚覆又は破壊せしめ、若しくは汽車又は電車の往来の危険を犯しもって右と同様の結果が発生するときは、人命に対する危害の及ぶところは、独り当該車中の人に局限せられるわけのものではないからである。また一二七条にいわゆる汽車又は電車とは、一二五条の犯行に供用されたものを含まないと解すべき理由は存しない」。

このように本判決は、一二七条の汽車・電車の中に一二五条の犯行に供用された無人電車をも含むと解し、一二七条（「前条ニ同シ」）でもって一二六条三項の適用を認めた。これを支持するのが通説であり(31)、一二六条三項の「人」を車船内の人に限定するのはきわめて少数である(32)。しかし、右最高裁判決少数意見が指摘するように、第一に、一二七条には致死の場合の文言がない点で罪刑法定主義の観点から疑問があり、第二に、刑の不均衡（一二五条は二年以下の有期懲役、過失致死でも重きに従って処断）からしても問題がある。そして何よりも、第三に、本罪に車船外の人を含める考えは、一二六条一項および二項の「人の現在性」に固執する本書がこれまで考察してきた本罪の基本的性格と相容れないように思われる。とりわけ結果的加重犯で故意も過失も不要だとする判例の立場では、例えば、無人の小型船舶を転覆させたところ、たまたま海中から出てきたダイバーの頭に当たり死亡した場合にも本罪が適用されることになる。これは、責任原理からも大いに問題がある(33)。また、その前提として、大國教授が指摘されるように、「車船内に在る人とその車船の外の人とでは、その車船を中心にしてみた場合相互の事情にかなりの違いがあり、「ことに車船内に在る人の場合は、いわばその車船に自己の運命を委ねた状態にあるともいうべく、その車船に生じた危険はすなわちその車船内の人の危険であって、しかも概ねこれを回避する術はない。これに対して車船外の人との関係での危険とは、いわばその車船が外に創り出す危険であって、交通の危険というよりむしろ機械としての危険というべく、工場等のそれと差異はない(34)」。われわれは、この本質的部分を念頭に置かねばならない。陸上の公共交通たる汽車・電車の場合は、決められた軌道を多数人が高速で運搬されるがゆえに、その転覆・破壊により具体的に乗客・乗員の生命・身体が危険に晒される。海（水）上交通たる船舶の場合、必ずしも公共性を伴うものとは限らないにせよ、外は水面であり、転覆・沈没・破壊により脱出を余儀なくされるか、仮に救助を待っても確実に救助されるか不明の場合も多く、むしろ生命・身体への危険性は、陸上交通以上である。まさに、「場の危険」

に鑑み、その交通手段に自己の運命を委ねているのである。また、とりわけ「海の場合、実のところこのような、用具が外部の人に直接危険を作り出すといったような事態は（海水浴場でのモーター・ボート、水上スキーなどの暴走のような特殊の例を除いて）あり得ない」[35]のであって、しかも一二五条以下が船舶と汽車・電車とを区別していないことから、これを統一的に解釈すれば、やはり罪質上、一二六条三項の「人」は、車船内の人に限定すべきものといえる。したがって、車船外の人に生じた死傷結果は、故意の場合には通常の殺人罪、過失の場合には（業務上）過失致死傷罪で対応するほかないであろう。もっとも、この問題については、より複雑な問題があるので、以上の点を踏まえて別途論じることとしたい。

(24) 木村・前出注（16）二〇〇頁、青柳文雄『刑法通論II各論』（一九六三・泉文堂）一八八頁等。宇津呂・前出注（18）六〇頁は、この説を通説とするが、現在では必ずしも通説とはいえない。
(25) 山口・前出注（20）五五頁。なお、結果発生時説を支持するものとして、平川宗信『刑法各論』（一九九五・有斐閣）一三二頁、林幹人『刑法各論』（一九九九・東京大学出版会）三四四頁がある。
(26) 内田・前出注（17）四八六頁注（1）参照。
(27) 中山・前出注（17）五〇頁。
(28) 植松・前出注（11）一二七頁、大塚・前出注（11）四〇二頁、福田・前出注（11）九九頁、大谷・前出注（12）四〇五頁、前田雅英『刑法各論講義〔第三版〕』（一九九九・東京大学出版会）三三五頁、西田典之『刑法各論』（一九九九・弘文堂）三〇二頁、高橋・前出注（16）二四六頁、宇津呂・前出注（18）六〇頁等。
(29) 山口・前出注（20）五四頁。
(30) この点について、松生建「具体的危険犯における『危険』の意義（一）（二）」九大法学四八号（一九八四）一頁以下、四九号三七頁以下参照。
(31) 通説的立場からこの問題に深く論及したものとして、とりわけ香川達夫「往来危険罪等をめぐる若干の問題」警察研究五一巻一号（一九八〇）二七頁以下がある。なお、半田祐司「往来妨害・危険罪の問題点」阿部純二ほか編『刑法基本講座第六巻・

各論の諸問題』（一九九三・法学書院）二〇二頁以下、特に二一〇頁参照。
(32)　拍木千秋『刑法各論・再版』（一九六五・有斐閣）二一五頁、高田・前出注（16）二二〇頁、大國・前出注（2）「交通と刑法」一七七頁、平川・前出注（25）一三二頁。
(33)　責任原理については、甲斐克則「責任原理の基礎づけと意義――アルトゥール・カウフマン『責任原理』を中心として――」横山晃一郎先生追悼論文集『市民社会と刑事法の交錯』（一九九七）七九頁以下、同「『認識ある過失』と『認識なき過失』――アルトゥール・カウフマンの問題提起を受けて――」『西原春夫先生古稀祝賀論文集第二巻』（一九九八）一頁以下、同「過失『責任』の意味および本質――責任原理を視座として――」刑法雑誌三八巻一号（一九九八）一頁以下、同「放火罪と公共危険発生の認識の要否――実質的責任原理の観点から――」産大法学三二巻二＝三号（一九九八）八八頁以下、アルトゥール・カウフマン『責任原理――刑法的・法哲学的研究――』（甲斐克則訳・二〇〇〇・九州大学出版会）参照。なお、私は以前、「結果的加重犯の性格上、それが肯定される場合もありうるであろう」と論じたことがあるが（前出注（1）五七頁）、本文のように改めたい。
(34)　大國・前出注（2）「交通と刑法」一七七頁。
(35)　大國・前出注（2）「交通と刑法」一七七頁。

五　結　語――交通危険と公共危険の区別――

以上、陸上の汽車・電車転覆・破壊罪と対比しつつ、海（水）上の艦船覆没・破壊罪について考察を加えてきた。従来の学説・判例は、ともすれば陸上の犯罪にのみ目を奪われてこれらの罪を考察してきた嫌いがある。しかし、一二六条をはじめ、広義の往来妨害の罪は、水陸両方を規定しており、そこに共通点を見いだしつつ解釈を施さなければならない。本書は、そのような視点からアプローチしたものである。最後に補足すると、交通危険と公共危険との区別の必要性を大國教授(36)とともに強調しておきたい。すなわち、交通手段が公共性を伴う汽車・電車の場合、その危険は交通用具の危険性に起因するが、海(水)上交通たる船舶の場合、前述のように必ずしも公共性を伴うわけではなく、その危険は「交通の場の危険」に起因する。したがって、交通危険がイコール公共危険なのではない点に注意する必要がある。この点を看過すると、危険概念の歪曲に通じる懸念がある。

(36) 大國・前出注(2)「交通と刑法」一七四―一七五頁参照。

第８章　公海上の船舶覆没行為と刑法一二六条二項の適用
――第三伸栄丸事件を素材として――

一　序――問題の所在――

刑法一条一項は、「この法律は、日本国内において罪を犯したすべての者に適用する」、と規定し、刑法の場所的適用範囲について属地主義を原則とすることを明言している。これは領土主権の顕れであり、近代国家がほとんど承認するものである。(1) ところが一条二項は、「日本国外にある日本船舶又は日本航空機内において罪を犯した者についても、前項と同様とする」、と規定し、いわば「浮かぶ領土」ともいうべき属地主義の延長を図っている。

旧刑法（明治一三年七月一七日公布、明治一五年一月一日施行）には刑法の場所的適用範囲の規定がなく、その後、明治三二年に船舶法（法律第四六号）が成立したこともあって、明治三四年刑法改正案三条一項において、「法律ハ何人ヲ問ハス帝国内ニ於テ犯シタル罪ニ之ヲ適用ス」、同条二項において、「帝国外ニ在ル帝国艦船内ノ犯罪ニ付キ亦同シ」、と規定案が登場した。そして、翌明治三五年刑法改正案では、これが、一条一項「本法ハ何人ヲ問ハス帝国内ニ於テ罪ヲ犯シタル者ニ之ヲ適用ス」、二項「帝国外ニアル帝国船舶ニ於テ罪ヲ犯シタル者ニ付キ亦同シ」、という具合に修正され、現行刑法（明治四〇年四月二四日公布、法律第四五号、明治四一年一〇月一日施行）に導入された（なお、第二次大戦後、「帝国」という文言が「日本国」に変わり、さらに「日本航空機」が追加されている）。この背景には、明治政府の近代国家形成、領土主権の確立、そのための法体制の整備という要請があったものと思われる。特に海洋国家日本が、日本船舶について属地主義を採用したことは、船舶技術の向上、海運経済の発展、海外貿易の急増等と深い関係があるものと推測される。(2)日本が海洋国家である以上、今後も船舶をめぐる刑法の適用の問題は後を絶たないであろう。

ところで、この問題に関して、刑法一条二項にいう「日本船舶」にあたるとされ、かつ公海上における船舶覆没行為につき刑法一条二項により同法一二六条二項の規定の適用があるとされた第三伸栄丸事件最高裁判例(最決昭和五八・一〇・二六刑集三七巻八号一二二八頁)がある。本件は、刑法一二六条二項の艦船覆没罪が公海上で行われた事案である。艦船覆没罪は、刑法二条ないし三条所定の国外犯ではないところから、覆没行為が刑法一条二項にいう「日本国外にある日本船舶」で行われたと認定されてはじめて日本刑法の適用がある。そこで本件の論点は、第一に、第三伸栄丸が覆没当時、なお「日本船舶」であったといえるかどうか、第二に、そもそも何をもって刑法一条二項にいう「日本国外にある日本船舶内において罪を犯した」といいうるか、にある。(3)本件は、船舶の国際商取引における所有権移転時期の問題に関係する稀有の事例であり、保険金騙取目的の偽装海難が多い昨今、(4)事件の経緯も含め、学問上も実務上も興味深いものである。特に国際刑法を今後考察するうえでの参考事例となりうるであろう。

(1)　この点について、森下忠「国際刑法」日本刑法学会編『刑法講座第一巻』(一九六三・有斐閣)七七頁以下、同『国際刑法の潮流』(一九八五・成文堂)五―六頁、同『国際刑法入門』(一九九三・悠々社)二五頁以下参照。なお、本浪章市「国際刑法概説」関大法学論集一六巻四＝五＝六号(一九六六)四九五頁以下および芝原邦爾「刑法の場所的適用範囲」『団藤重光博士古稀祝賀論文集第四巻』(一九八五・有斐閣)三三五頁以下も参照。Vgl. auch Dietrich Oehler, Internationales Strafrecht, 2. Aufl. 1983 S. 54 ff., 64 ff., 79 ff., 96 ff., 101 ff., 110 ff., 117 ff., 132 f., 155 ff.

(2)　立法趣旨については、高橋治俊＝小谷二郎編『刑法沿革綜覧』(一九二三・清水書院)二一二一頁参照。なお、これと関連して、志津田氏治『海事立法の発展』(一九五九・海文堂)参照。

（3）本件の判例評釈としては、すでに次のものが出されている。愛知正博・名大法政論集九七号（一九八三）二五〇頁以下、同・ジュリスト八〇一号（一九八三）一一一頁以下（以上二篇は本件一審判決について）、同・中京法学一九巻四号（一九八五）八二頁以下、坂井智・ジュリスト八〇九号（一九八四）五五頁、宮野彬・警察研究五六巻六号（一九八五）四九頁以下、林弘正・法学新報九二巻一〇＝一二号（一九八六）一〇七頁以下。また、本決定を含め、本章で取り上げた判例については、甲斐克則「刑法の場所的適用範囲に関する一考察——刑法一条二項に関する海上事犯を中心として——」国司彰男教授退官記念論集『海上保安の諸問題』（一九九〇・中央法規）一二九頁以下でも検討している。

（4）代表的なケースとして、例えば最決昭和五五・一二・九（刑集三四巻七号五一三頁、判時九八九号一三〇頁）の「第八よし丸事件」も領海外での保険金騙取目的の艦船破壊であった。詳細は、甲斐克則「刑法一二六条二項にいう艦船の『破壊』にあたるとされた事例（第八よし丸事件）」海保大研究報告三二巻二号（一九八七）四五頁以下および同「艦船覆没・破壊罪の考察——汽車・電車転覆・破壊罪と対比しつつ——」姫路法学二七＝二八号（一九九九）五四頁以下［本書第7章二〇八頁以下］参照。その他、保険金を騙取して負債を清算し、新造船を購入するため海難事故を装って貨物船第二水戸丸を故意に沈没させたが、保険会社から保険金を受け取る前に発覚して金員騙取の目的を遂げなかった事例（津地判昭和四五・一〇・一二海難刑事判例集五一六頁）、保険金を騙取して各種の費用および負債の支払等にあてるため、船長ら乗組員が船主と意思を通じて、漁船第一六大久保丸を東太平洋に沈没させた事例（高知地判昭和五〇・一二・一二海難刑事判例集五二〇頁）がある。

二　第三伸栄丸事件の事実の概要と最高裁決定

一　まず、事実の概要をみておこう。被告人FおよびYは、いずれも鮮魚・冷凍食品の輸出入・販売、船舶の売買等を事業目的とするZ物産株式会社（本店大阪市）の代表取締役をしていたもの、被告人S（乙種機関長の海技免状有）は、短期間同社に雇われて同社の船舶の回航に従事したことからFおよびYと知り合ったものである。F、Yは、

Z物産が抱えていた多額の負債を解消するため、同社が購入することとなった汽船第三伸栄丸（総トン数二五八・八三トン）に船舶回航保険をかけ、海難事故を装って故意に沈没させたうえ保険金を騙取しようと企て、昭和五四年七月二九日ころ、同船の機関長としてSを雇い入れるとともに、同人に対し、右意図を打ち明けて沈没行為の実行方を依頼し、同人も承諾して、これを引き受け、ここに艦船覆没、保険金詐欺の各共謀を行った。

F、Yは、Z物産が同船を輸出するためアメリカ合衆国アラスカ州スワード港へ回航するとして所定の手続や諸準備を終えるや、同年八月二二日、同社所有の日本船舶である同船に前記Sおよび新たに雇い入れた事情を知らない船長Uほか四名を乗り組ませて静岡県焼津港を出航させた。そして、同船が本州沿いに北上して針路を東に転じた後、一旦補給の必要から北海道釧路に寄港することとし、同月二五日午前一時四〇分ころ、同港に向け推測北緯四〇度四〇分、東経一四四度二五分付近の公海上を航行中、Sが、沈没を実行しかつ人命の救助を受けるには自己が当直で、操業中の漁船の灯火が視界に入るこの機会をおいてはないと決意し、当直勤務中の同船機関室において、主機冷却水ポンプ用船底弁（キングストン・コック）のコック押えを所携のモンキースパナで取り外し、同コックを引き抜いて海水を船内に浸入させ、よって同日午後七時四七分ころ、北緯四〇度二五分、東経一四四度一九分付近の公海（青森県八戸東方）において、同船を海中に沈没させ、もって人の現在する艦船を覆没させた。

他方FとYは、保険金騙取の意図を秘し、右第三伸栄丸の出航前にZ物産名義で英国の保険会社NA社との間にその代理店C社を介して、同船につき静岡県焼津港からアラスカ州スワード港までの船舶回航保険契約を締結（保険金額六二万七、〇〇〇米ドル）したうえ、右浸水事故発生の知らせを受けるや、ただちにその旨をC社に通知した。そして同月二六日、事故調査のため八戸市を訪れた同社東京支店の係員に対し、Sが、自己の過失により前記コック押えが外れた旨の虚偽の説明をするなどしたうえ、同年九月四日ころ、C社大阪支店において、Yが同支店保険部本部長Mらに対し、前記偽装沈没の事情を秘し、「第三伸栄丸は、主機冷却水ポンプ用船底弁（キングストン・コック）を調節するためコック押えを締めていたボルトをゆるめたところ、水圧で右ボルトが抜けてコック押えが外れ、同時にコックが飛ばされて浸水を始め、排水に努めたが、沈没した」旨の虚構の事実を述べて前記保険金の支払を請求した。その後も、YとFが、面談、電話等により早期に支払うべき旨の督促を繰り返した後、Mらが同船の沈没原因に不審を抱いて保険金の支払に難色を示すや、さらに同月二二日ころから同年一一月二八日ころまでの間、C社大阪支店およびZ物産において、YとFが数回にわたり直接または電話で繰り返しMに対し保険金支払までの代替措置として所定の方式により保険金相当額を無利息・無担保で貸し付けるべき旨を請求し（ローンホーム方式と称し、貸付後、保険事故発生原因が保険契約者の故意に基づかないことが判明した時点、あるいは六か月が経過した時点で、自動的に保険金支払に移行する）、同人らをして、沈没が故意によるものであることを明らかに立証できない以上、保険会社として少なくとも右保険金相当額の範囲内で右方式による貸付請求に応ずべき義務があるものと誤信させ、よって、同年一二月七日、香港上海銀行東京支店におけるNA社の当座預金口座から住友銀行梅田支店におけるZ物産名義の当座預金口座に金一億五七三万七、四〇〇円の振込入金を受け、もって貸付金名義にこれを騙取した。

二　以上の事実に対して、弁護人は、艦船覆没につき、第三伸栄丸の覆没場所は公海上であるから、刑法一二六条二項（艦船覆没罪）が適用されるためには、当時同船が刑法一条二項にいう日本船舶であったことを要するところ、同船は、昭和五四年七月三一日、Z物産が静岡県焼津市内の船舶ブローカーから買い受けたうえ、同日ころ、アメリカ合衆国アラスカ州所在のMP社に売り渡す契約をしたものであって、その所有権は右売買契約の成立時点でMP社に移転しているから（法例一〇条、民法一七六条）、同船は本件覆没当時すでに日本船舶ではなく、被告人らは無罪である、と主張した。

第一審神戸地裁第四刑事部は、昭和五七年三月二九日、次のように判示して、共謀共同正犯としてFおよびYをそれぞれ懲役五年、Sを懲役二年六月に処した。①本件艦船覆没は日本国外である公海上で行われたものであり、刑法一二六条二項を適用するには刑法一条二項により当時第三伸栄丸が日本船舶であったことを要するが、船舶法一条三号に照らし、同船がZ物産所有の日本船舶であることは明らかである。②第三伸栄丸をZ物産からMP社に売却する旨の契約（七月三〇日付、代金五七万米ドル）については、有効に成立したかどうか甚だ疑わしい点があるが、以前の売買契約等を考慮すると一応本件売買契約自体は有効に成立したものと前提せざるをえない。③そこで右売買契約による第三伸栄丸の所有権移転の有無について考えるに、本件は国際間の売買であるから準拠法が問題となる。法例一〇条によれば、動産および不動産に関する物権その他登記すべき権利は、その目的物の所在地法による旨規定されているが、船舶については、現実的所在地の法をもって準拠法とすれば、常に変動して安定を欠くため、船舶の登記地法をもってこれに代えるべきものと解するのが相当である。したがって、第三伸栄丸の場合、船舶登記のなされている日本法が準拠法であるが、わが国では船舶所有権の譲渡は当事者間の無方式な合意によってなしうると解されており（石井照久・海商法一二八頁等）、所有権移転の時期は民法一七六条により律せられることとなる。売主の所有である特定物の売買においては、その所有権の移転が将来になさるべき特約がないかぎり、買主への所有権移転の効力はただちに生ずると解するのが原則ではあるが、民法一七六条をさらに検討するならば、同条は当事者の意思表示、すなわち売買契約の内容次第で所有権移転の効力発生時期も決まることを意味するから、本件においても当該法律行為全体を解釈することによって所有権移転時期を決すべきである。④本件においては、㈠Z物産とMP社との間の第三伸栄丸の売買契約書である前記日付のメモランダム・オブ・アグリーメント（社団法人日本海運集会所制定の書式。「船舶売買契約覚書」と訳される。以下、覚書とのみいう。）には、所有権の移転時期を特に明確にする趣旨の条項は見当らない。㈡覚書二条にはシー・アイ・エフ・アラスカと書き込まれているが（『シー・アイ・エフ』＝『目的地渡』）、『エフ・オー・ビー』（＝『輸出港本船積込渡値段』）だと、出港と同時に売主側に責任がなくなり、回航途中で船が沈没した場合、買主側が危険を負担するので、保険金の受け取り人について問題が生ずるため、第三伸栄丸の場合、保険金を取得しやすくするため、『シー・アイ・エフ』とすることにしたと思った旨がＹの供述調書にある。㈢船舶取引においては、引渡し・代金の支払をもって所有権移転の時期とするのが実務家の意識・慣行であるとされており（国領英雄・海運経営実務講座第四巻一四七頁）、本件覚書第一五条には本覚書より生ずる一切の紛争は日本海運集会所による仲裁に付託され、その仲裁判断が最終のものとして両当事者を拘束する旨規定されており、所有権移転時期を含め本件売買契約より生ずべき紛争についても海運実務を重視した解決が予定されている。㈣以上の点を総合すると、第三伸栄丸についての本件売買契約の内容として、同船の所有権は本来同船がアラスカに到達して引渡しがなされた時点でＭＰ社に移転するものと解するのが合理的な解釈というべきである。

このようにして、神戸地裁第四刑事部は、他の証拠関係についても検討を加えつつ、結局、第三伸栄丸は本件覆没当時Ｚ物産所有の日本船舶であったものと認めるのが相当であり、したがって、公海上を航行中の同船内で行われた犯罪についても当然刑法が適用されるから、すでに日本船舶でなかったとする弁護人の主張は採用できない、と判示した。

第二審の大阪高裁第四刑事部も、昭和五八年三月八日、若干の補説を加えながらも、第一審判決を支持して、被告人側の控訴を棄却した。

三　これに対して被告人側は、第一審および第二審での争点と同趣旨の上告趣意をもって最高裁で争ったが、最高裁第一小法廷は、昭和五八年一〇月二六日、次のように全員一致の決定で上告を棄却した。

弁護人および被告人Ｆの上告趣意は、いずれも事実誤認、単なる法令違反の主張であって、刑訴法四〇五条の上告理由にあたらない。

「なお、本件船舶につき、本件覆没行為の当時船舶法一条三号の要件を備えていたものと認め、これを刑法一条二項にいう『日本船舶』にあたるとした原判断は相当である。また、本件のように、公海上で、日本船舶の乗組員が同船舶の船底弁を引き抜き海水を船内に浸入させて人の現在する船舶を覆没させた行為については、刑法一条二項により同法一二六条二項の規定の適用があると解すべきであるから、これと同旨の原判断は相当である」。

三　刑法一条二項の「日本船舶」の意義

一　まず、本件第三伸栄丸が覆没当時なお「日本船舶」であったかという点について検討しよう。過去の判例としては、昭和二年の関東州帆船漁船事件（関東庁高等法院上告部判決昭和二・一二・二四法律新聞二八四八号一四頁）が参考になる程度である。事案の概要は、次のようなものである。被告人Ｙは、関東州に居住する支那人（当時の呼称――筆者）であったが、昭和二年五月一六日午前三時ころ、奉天省荘河県鹿島沖西南約五〇支里の公海上において、やはり関東州に居住する支那人Ｋと帆船操縦のことから口論となり、ついに帆叉子で殴打し合った末、Ｙが手斧を取ってＫの左耳上部に斬り付けて同人を海中に墜落溺死せしめた。しかも当該船舶は、右支那人の所有であり、関東州内に碇繋の本拠を有し、かつ会事務所には未登録で会費を負担してはいなかったが、漁業船として漁業割を負担していた。第一審および第二審（関東庁高等法院覆審部）は、関東州船舶の範囲を狭義に解釈し、本件について関東庁法院は裁判権を有しないと判示した。これに対して検察官は、次のような理由で上告した。①刑法一条一項および二項からして、本法は何人を問わず関東州内において罪を犯した者、ならびに関東州外に在る関東州船舶内において罪を犯した者にもこれを適用すべきである。②従来、判例上、関東州船舶とは関東州船籍令(明治四四年一二月関東都督府令第三五号)に列挙規定されたものに限ると解釈されているが、その第一条の規定は主として日本人所有の船舶に着眼し、関東州居住者の最大多数を占める支那人所有の船舶については何らの規定を設けていない。したがって、関東州船舶の範囲を狭義に解釈すれば、本件のように加害者も被害者も共に関東州に居住する支那人であって、犯罪行為が行われた船舶もまた関東州内に碇繋の本拠を有するものであるにもかかわらず、たまたま犯罪行為が公海上で行われた一事をもって関東庁法院に裁判権がないとしてこれを放任するのは、わが日本帝国の統治権下にある人民に対し法益の保護が完全であるとはいえない。したがって、法規を広義に解釈し、本件のような場合にも処断しうるものとすべきである、と。

以上の上告趣意に対し、関東庁高等法院上告部は、「明治四十一年勅令第二百十三号関東州裁判事務取扱令第一条ニ基キ関東州ニ於テ依拠スヘキ刑法第一条第二項ノ『帝国外ニ在ル帝国船舶ニ於テ罪ヲ犯シタル者ニ付キ亦同シ』トノ文辞中『帝国船舶』ノ『帝国』ハ船舶ノ所属スル国換言スレハ船籍ノ存スル国ヲ指称シタルモノナリ然リ而シテ日本帝国ノ船舶トハ如何ナル船舶ヲ称スルヤハ法令ノ規定ニ依リ之ヲ決スヘク擅ニ常識判断ヲ許スヘキモノニアラス」(傍点筆者)として、船舶法(明治三二年法律第四六号)一条(6)、朝鮮船舶令(大正三年勅令第七号)一条(7)、台湾船籍規則(明治三一年勅令第四号)一条(8)、および関東州船籍令(明治四四年関東都督府令第三九号)一条(9)を挙げて、次のように判示し、上告を棄却した。「日本帝国ノ船舶換言スレハ前示刑法第一条第二項ノ所謂『帝国船舶』ハ上述諸法令ニ依リ日本船舶トシテ規定セラルルモノノミニ限定セラレ其ノ以外ノモノヲ包含セサルモノトス然ラハ上述諸法令ノ日本船舶ニ該当セサル本件船舶内ノ犯罪ニ付キテハ固ヨリ関東庁法院ニ於テ之ヲ管轄シ処罰スヘキ権限ナキモノナルコト明白ニシテ縦令所論ノ如ク事実上其ノ犯罪ヲ不問ニ附セサルヘカラサルノ不都合アリトスルモ厳正解釈ヲ要シ濫ニ類推的拡張的ノ解釈ヲ許容セサル刑事法ニ於テハ又以テ之ヲ如何トモ為ルコト能ハサル所ナリ」（傍点筆者）。

検察官の上告趣意には、帝国主義下の植民地統治政策の一端が如実に看取される。関東庁がこれに屈せず罪刑法定主義を意識して冷静な司法判断を下した点は、今日でも評価に値するといえよう。第三伸栄丸事件最高裁決定がこの判決を先例として尊重しているかどうかは定かでないが、「日本船舶」を一定の法規に依拠して厳格に解釈しようとする態度は、維持されているといえる。しかし、何故そうであるべきかを確認するため、学説を検討し、問題点を掘り下げておく必要がある。

二　刑法一条二項にいう「日本船舶」の意義については三つの考えがある。第一は、日本の船籍を有する船舶を指すとする見解[10]、第二は、船舶法一条所定の日本船舶を指すとする見解[11]、第三は、実質において日本船舶と認められるものを指すとする見解[12]である。従来、第一説と第二説とがもっぱら争われており、第二説が通説とされてきた。第一説によれば、船舶法一条の日本船舶に該当しながら、船舶法五条、二〇条、二一条および「小型船舶の船籍及び総トン数の測度に関する政令」（昭和二八年政令第二五九号）一条との関係から、総トン数二〇トン未満の船舶および櫓櫂船（いわゆる不登籍船）や、漁船法二条一項の漁船、総トン数五トン未満の船舶、および端舟その他ろかいのみをもって運転し、または主としてろかいをもって運転する舟などは、日本の船籍のない船舶ということになるので、刑法一条二項にいう「日本船舶」にあたらないことになり、領海外におけるこれらの船舶上で行われた国内犯には刑法の適用がないことになる[13]。第二説は、これを回避しようとするものである。ところが近年、河上和雄教授（元検事）や中野佳博検事らにより、第三のいわば実質説が主張されはじめた。次のように説かれる。

「実質において日本船舶、日本航空機と認められるもの、すなわち、日本法上日本人の所有に属するといえる船舶、航空機……、日本人が所有権を有しないまでも、その占有権を有し所有者と同様ないしそれに準ずる状態でそれを利用している場合、従って日本人によるチャーター船の場合はもとより、日本人がその所有権を法的にではなく実力により取得したような場合にまで日本船舶、日本航空機と認めて差支えないものと思われる(14)」。

「日本船舶内における犯罪を国内犯として処罰する旨を規定した刑法一条二項にいう『船舶』とは、船舶法上の船舶に限るか。例えば、日本の商事会社所有の推進器を有しない浚渫船や起重機船が外国領海内で作業に従事中、その船内で犯罪が行われた場合、刑法一条二項を適用できるか、という問題がある。推進器を有しない浚渫船は、船舶法上の船舶ではなく（施行細則二条）、登記および登録の対象とはならない。刑法一条二項の『船舶』を船舶法のそれと同義であると解した場合、右の事例に関しては、刑法の適用はできないことになろう。しかし、刑法を適用するかどうかの判断は、その場所が日本国内における場合と同様に刑法を適用してその内部における生活秩序を維持する必要性を認めうるだけの実態を具備しているかどうかにかかる。刑法一条二項の船舶を、船舶法のそれと同義に解する必要はない。右事例においても、それが社会通念上、『船舶』という概念に合致するか、そして、日本の刑法を適用してその内部の生活秩序を維持する必要性を認めうる実態の有無によって、決すべきものと解する(15)」。

今後はおそらく第二説と第三説との争いが続くものと思われる。というのは、第三説が登場するにはそれなりの社会的背景の変化があるからである。かつては中野検事も、「刑法第一条第二項に規定する『日本船舶』とは、船舶法第一条の要件を具備する日本船舶を意味する。同要件を具備する限り、船舶国籍証書、船籍票若しくは漁船登録票の各受有義務のない船舶も、日本船舶である(16)」、との立場であった。ところが最近の海洋開発やそれに伴う海洋科学調査が国際的規模になりつつある現状から、古い体質を残す船舶法自身の矛盾は各所に出てきている(17)。海洋レジャー産業も著しく発展し、船舶も多様化している。そもそも「船舶」とは何かという定義さえ法律上明文規定がない。船舶の種類に応じた分類規定があるだけである。一般的に、船舶とは、「水を航行する用途及び能力を有する一定の構造物」を指すといわれ、これをもって妥当と解するが、「浮揚性、移動性および積載性を有する構造物を指すとする見解もある」。しかし、刑法一条二項との関係上、日本の商事会社所有の推進器を有しない浚渫船や起重機船、その他ボーリング船、油田開発用の掘削工事船、灯台船、倉庫船等（場合によっては海洋工作物）を形式的に「日本船舶」から除外してよいのか。こういう問題意識から中野検事も改説されたものと推測される。そしてこの問題提起は実務上の重要な核心を衝いているものと思われる。

三　それにもかかわらず、理論的観点からより慎重に考えると、現状では、なお通説に従って船舶法一条の要件をもって刑法一条二項の「日本船舶」と解さざるをえないように思われる。なぜなら、第一に、中野検事自身も指摘されるように、「船舶法は、船舶の国籍、総トン数、登録、船舶国籍証書および船舶に対する行政的取締に関する事項等を定めた法律であ」り、「わが国の海事関係法令群の中にあって、船舶に関する基本法としての位置を占めるもの」だからである。そうである以上、先の関東庁の判決にもあったように、「擅ニ常識判断ヲ許スヘキモノニアラス」といえよう。これは罪刑法定主義の要請である。刑法独自の観点からいわば規範主義的に類推解釈や安易な拡張解釈をすることは刑法の保障機能を害する危険がある。第二に、国際法上、なお旗国主義が妥当している以上、船舶法七条との関係からしても、船舶法と刑法との関係は密接である。

とはいえ、現行船舶法が社会情勢の変化に十分対応していけるかは、疑問である。例えば一条の要件にしても、①日本の官庁又は公署の所有に属する船舶、②日本国民の所有に属する船舶、③日本に本店を有する商事会社であって合名会社にあっては社員の全員、合資会社にあっては無限責任社員の全員、株式会社及び有限会社にあっては取締役の全員が日本国民であるものの所有に属する船舶、④日本に主たる事務所を有する法人であってその代表者の全員が日本国民であるものの所有に属する船舶、と規定するだけである（法律の文言にある「臣民」という語もきわめて不適切である）。したがって、先に挙げた諸種の船舶のみならず、チャーター船や外国人との共有船舶も「日本船舶」とされない。はたして、これで国際化社会に対応できるであろうか。また、国家の管理の下で勤務する公船で船舶法一条の要件を充足しないものをどう扱うかという問題もある。[22] これらの問題を速やかに解決するための立法ないし法改正が望まれる。[23] 整備されている部分もあるが、総じて海事関係法令の不備が目立つことを一言しておきたい。刑事法の領域でも、海上事犯のための法整備はなお不十分である。

なお、第三伸栄丸事件では、船舶法上の問題点は特になく、船舶の所有権移転時期だけが争点となった。そして本決定は、国際商取引・海運実務の慣行を尊重して、第三伸栄丸の所有権はなお移転しておらず、「日本船舶」にあたると判断しているので、本決定に異論はない。

（5）　関東州船籍令（明治四四年一二月関東都督府令第三五号）第一条は、「左ノ船舶ヲ以テ日本船舶トス」「一　官庁又ハ公署ノ所有ニ属スル船舶」「二　関東州ニ住所ヲ有スル日本臣民ノ所有ニ属スル船舶」「三　関東州ニ本店ヲ有スル商事会社ニシテ合名会社ニ在リテハ社員ノ全員、合資会社及株式合資会社ニ在リテハ無限責任社員ノ全員、株式会社ニ在リテハ取締役ノ全員カ日本臣民ナルモノノ所有ニ属スル船舶」「四　関東州ニ主タル事務所ヲ有スル法人ニシテ其ノ代表者ノ全員カ日本臣民ナルモノノ所有ニ属スル船舶」、と規定する。

（6）　当時の船舶法（明治三二年法律第四六号）一条は、「左ノ船舶ヲ以テ日本船舶トス」「一　日本ノ官庁又ハ公署ノ所有ニ属スル船舶」「二　日本臣民ノ所有ニ属スル船舶」「三　日本ニ本店ヲ有スル商事会社ニシテ合名会社ニ在リテハ社員ノ全員合資会社及ヒ株式合資会社ニ在リテハ無限責任社員ノ全員株式会社ニ在リテハ取締役ノ全員カ日本臣民ナルモノノ所有ニ属スル船舶」「四　日本ニ主タル事務所ヲ有スル法人ニシテ其代表者ノ全員カ日本臣民ナルモノノ所有ニ属スル船舶」「旧商法ノ規定ニ従ヒテ設立シタル合資会社ニ在リテハ業務担当社員ノ全員カ日本臣民ナルモノノ所有ニ属スル船舶ヲ以テ日本船舶トス」、と規定する。

（7）　朝鮮船舶令（大正三年勅令第七号）一条は、「左ノ船舶ヲ以テ本令ニ依ル日本船舶トス」「一　官庁又ハ公署ノ所有ニ属スル船舶」「二　朝鮮ニ住所ヲ有スル日本臣民ノ所有ニ属スル船舶」「三　朝鮮ニ本店ヲ有スル商事会社ニシテ合名会社ニ在リテハ社員ノ全員、合資会社及株式合資会社ニ在リテハ無限責任社員ノ全員、株式会社ニ在リテハ取締役ノ全員ガ日本臣民ナルモノノ所有ニ属スル船舶」「四　朝鮮ニ主タル事務所ヲ有スル法人ニシテ其ノ代表者ノ全員ガ日本臣民ナルモノノ所有ニ属スル船舶」、と規定する。

(8) 台湾船籍規則（明治三一年律令第四号）一条は、「台湾ニ住所ヲ有スル帝国臣民ノ所有ニ属スル船舶ハ帝国船舶トシテ其船籍港ヲ定メ所轄弁務署ノ船籍ニ編入スヘキモノトス」「台湾ニ住所ヲ有セサル帝国臣民又ハ法人ノ所有ニ属スル船舶ト雖内地ニ於テ船籍ヲ有セスシテ台湾沿岸ヲ航行シ又ハ台湾ヲ起点トシ内地若クハ外国ニ航行スルモノハ前項ニ依ル」「前ニ項ノ船舶ニシテ船籍ニ編入セントスルトキハ所轄弁務署ヲ経由シテ地方官庁ニ其積量ノ測度ヲ申請スヘシ」、と規定する。

(9) 関東州船籍令については前出注（5）を見よ。

(10) 小野清一郎『新訂刑法講義総論』（一九五二・有斐閣）七五頁、泉二新熊『日本刑法論上巻（総論）』（四三版・一九三三・有斐閣）二四二頁、中野次雄『ポケット註釈刑法』（小野清一郎ほか編・三版・一九八〇・有斐閣）五〇頁。

(11) 福田平『注釈刑法(1)』（団藤重光編・一九六四）一九頁、大塚仁『注解刑法』（増補二版・一九七七・青林書院新社）一七頁、荘子邦雄『刑法総論』（新版・一九八一・青林書院新社）三八頁、香川達夫『刑法講義（総論）』（三版・一九九五・成文堂）二九頁、芝原邦爾「国際犯罪と刑法」中山＝西原＝藤木＝宮澤編『現代刑法講座第五巻：現代社会と犯罪』（一九八二・成文堂）三二二頁、大谷實『新版・刑法講義総論』（二〇〇〇）七九頁、宮野・前出注（3）五八頁以下、愛知・前出注（3）中京法学一九巻四号八四頁。

(12) 河上和雄『捜査官のための実務刑事手続法』（一九七八・東京法令）二九八頁、中野佳博「船舶法」平野龍一ほか編『注解特別刑法2交通編(2)』（一九八三・青林書院新社）のVの八頁、林弘正・前出注（3）一一五頁。

(13) 以上の点について、福田・前出注（11）一九頁、坂井・前出注（3）五五頁参照。

(14) 河上・前出注（12）二九八頁。

(15) 中野・前出注（12）七—八頁。なお、同八頁の割注では、「古畑恒雄・船舶法（法務総合研究所特別法シリーズ六号）五頁は、シンガポール領海内で操業中の日本法人であるサルベージ会社所有の起重機船内において大麻を不法に所持していた事犯に関し、刑法一条二項を適用できる例として引用する」との具体例が示されている。

(16) 中野佳博『罰則を中心とした海事関係法令の研究』（法務研究報告書六七集二号・一九八〇）一四頁。

(17) この点についての行政法的観点からの考察として、廣瀬肇「船舶法の問題点(1)」海保大研究報告三〇巻二号（一九八四）三

九頁以下、同「船舶法の問題点(2)――船舶の登録、国籍、船旗――」同誌三一巻一号（一九八五）四七頁以下参照。

(18)　南正彦『船舶法解説』（一九五九・海文堂）六頁。なお、本書第7章二二〇頁以下参照。

(19)　中野・前出注（12）四頁。

(20)　中野・前出注（12）一―二頁。

(21)　同旨、愛知・前出注（3）名大法政論集九七号二五六―二五七頁注（5）。なお、旧刑法時代の共有船舶瓊港丸費消事件判決（大判明治三六・四・一〇刑録九輯五一五頁）では、被告人と清国人（当時の呼称――筆者）とが汽船瓊港丸と称する船舶を共有し、これを被告人一人の所有の如く日本船舶に登録して日本の国旗を掲げ、被告人がこれを管理していたところ、被告人がこの船舶を別の清国人に売却したという事案で、旧刑法三九五条の受寄物費消罪（「受寄ノ財物借用物又ハ典物其他委託ヲ受ケタル金額物件ヲ費消シタル者ハ一月以上二年以下ノ重禁錮ニ処ス」）の成立を否定した。判決要旨文によれば、その理由は、次のとおりである。「日本ノ船舶ハ日本臣民ノミ所有シ得ヘク外国人ハ日本船舶ノ単独ノ所有者タルコト能ハサルハ勿論日本船舶ノ共有者トシテ其持分ヲモ所有スルコト能ハス（船舶法第一条）従テ日本臣民カ其所有スル船舶ヲ日本ノ船舶トシテ外国人ト共有スヘキ契約ヲ為スモ其契約ハ国法上日本船舶タルノ資格ナキ内外人ノ共有船舶ヲ日本船舶タラシムルノ効ヲ生セサルノミナラス公益上ノ理由ニ基ク国法ノ禁令ヲ回避スルヲ目的トスル不法ノモノナレハ所謂公ノ秩序ニ反スル事項ヲ目的トスル法律行為ニ該当シ全然無効ニシテ何等ノ効力ヲ生セサルモノトス」。本判決は、刑法一条二項に直接関係ないものの、船舶法が施行されてまもなく下された判決だけに興味深いものがあり、日本の国益優先の考えが背後に看取されるという問題点を度外視すれば、外国人との船舶の共有の是非と刑法上の犯罪の成否とが関連した問題で、船舶法に厳格に準拠した点は、罪刑法定主義の観点から評価しうる。「船舶」の解釈においては、その基本法たる船舶法に準拠しなければ法的安定性を確保しえないであろう。

(22)　宮野・前出注（3）五九頁は、これを肯定する。

(23)　宮野・前出注（3）五七頁も同旨と思われる。

四　海上犯罪と犯罪地の確定

一　つぎに、以上の問題と関連して、そもそも何をもって刑法一条二項にいう「日本国外にある日本船舶内において罪を犯した」といいうるかという問題は、国外犯も含めて、いわゆる犯罪地をどこにみるかという問題と深い関係がある。この点については、従来、①犯罪の実行行為が行われた地をもって犯罪地とする行為説、②犯罪の結果が発生した地をもって犯罪地とする結果説、③実行行為か結果かのいずれか一部でも発生した地をもって犯罪地とする遍在説（混合説）がある。(24)遍在説に対しては、主権主義の傾大傾向の典型的現象である等の批判があるにもかかわらず、今日では世界的にもわが国でも遍在説が通説的地位を占めている。(25)古く、大審院は、ドイツの貨物汽船ゴーベン号が明治四三年五月五日、油紙（レザーペーパー）を日本国内（横浜港）で船積みする際の過失により国外（香港付近）航行中に出火したという事案（ゴーベン号事件）について、国内犯として刑法（一一六条）の適用があると判示したことがある（大判明治四四・六・一六刑録一七輯一二〇二頁）。すなわち、「失火罪ノ一構成要件タル過失行為ニシテ日本帝国ノ版図内ニ於テ行ハレタル以上ハ假令其犯罪構成ノ他ノ要件タル結果ハ日本帝国ノ版図外ニ於テ発生シタリトスルモ該罪ハ日本帝国内ニ於テ犯サレタルモノトシ日本帝国ノ法令ニ依リ処罰セラルヘキモノトス」、と。即成犯、状態犯、接続犯などの犯罪形態を考えた場合、統一的解釈として遍在説をもって妥当と解すべきものと思われる。

しかし、遍在説を採っても、共犯の場合には問題点が出てくる。(26)すなわち、共同正犯の場合には正犯の一人についての犯罪地が常に他の者の犯罪地となり、「共謀共同正犯の場合も、共謀自体も構成要件該当事実の一部であるから、結論は同じとなる(27)」、と解釈されているが（東京地判昭和五六・三・三〇判例タイムズ四四一号一五六頁参照）、教唆犯および従犯の場合には、見解が分かれる。ひとつは、刑法の場所的効力の範囲をもっぱら国の法秩序維持という観点から把握しようとする立場であり、これによれば、正犯または共犯のうちの一人の行為・結果もしくは中間影響の場所が国内にあれば、関与者全員の行為を国内犯として処罰できる。(28) これに対してもうひとつは、犯罪行為関与者について個別的に考察しようとする立場であり、これによれば、「教唆犯・幇助犯の犯罪地は教唆・幇助の場所の他に正犯の犯罪地も含まれるが、正犯にとっては自己の犯罪地のみが犯罪地であって、教唆・幇助の場所は犯罪地とならない。したがって正犯行為が国内で行われれば、教唆行為・幇助行為が国外で行われても、これを国内犯として処罰できるが、反対に正犯行為が国外で行われ、教唆・幇助のみが国内で行われた場合は、教唆行為・幇助行為は国内犯として処罰できるが、正犯は国内犯としては処罰できないことになる(29)」。

論理としては、正犯を中心に考えるべきであり、後者が妥当であると解する。この点に関して、最高裁が営利目的の覚せい剤輸入罪の事案について、「日本国外で幇助行為をした者であっても、正犯が日本国内で実行行為をした場合には、刑法一条一項の『日本国内において罪を犯した者』に当たる」との決定を下したのは（最決平成六・一二・九刑集四八巻八号五七六頁）、この脈絡で理解すべきである。いずれにせよ、第三伸栄丸事件の場合は、共謀共同正犯の事案であり、「日本船舶」内での犯罪と解されるので、共謀共同正犯論の問題性を別とすれば、特にこれらの問題は生じない。以上の点を考慮しつつ、むしろここで検討しておくべきことは、前述のように、何をもって刑法一条二項にいう「日本国外にある日本船舶内において罪を犯した」といえるか、である。

二　過去の判例を概観すると、漁業関係の事案二件と船舶衝突の事案一件がある。これらを素材として本決定の位置づけをしておこう。

まず、昭和四年の機船底曳網漁業取締規則違反に関する長栄丸＝金八丸事件がある（大判昭和四・六・一七刑集八巻七号三五七頁)。被告人Y(螺旋推進器を備えた発動機付機帆船長栄丸の船主兼船長代理)とG(同様の機帆船金八丸の船長代理)が共同して、昭和四年一月二五日から二七日までの間に、機船底曳網漁業禁止区域内である愛知県渥美郡大山沖および三重県志摩郡長岡村国崎沖合(公海上)において機船底曳網漁業をしたという事案である。争点の第一は、裁判所の土地管轄違いの有無についてである。第二は、原判決が機船底曳網漁業取締規則一九条一項二号および二四号に規定する禁止区域を静岡県掛塚燈台から三重県神の島頂上に至る線内と規定したのをみてその線内全部を禁止区域であると解し、公海における判示漁業を規則違反として処罰するのは違法ではないか、という点である。

大審院は、第一点については、刑訴法一条によれば裁判所の土地管轄は犯罪地または被告人の住所、居所もしくは現在地によるとあり、同条にいう現在地とは公訴提起当時被告人が現在する地域を指称し、そこに現在する事由の如何を問わないので、任意出頭か否かに関係なく(検事の呼出を受けて出頭した場合でも)、被告人の現在する地域が裁判所の管轄内にある以上、当該裁判所は同条により土地管轄権を有する、と判示した。同条の法意を裁判所での審理の便宜および被告人の利益のためと一応論じてはいるが、あまりに職権主義的色彩の強い解釈だと思われる。第二点については、領海三海里説は［当時の］一般の国際慣例であるが、「假令領海外ニ於テモ帝国ハ帝国臣民ニ対シ或行為ヲ命令シ又ハ禁止スルコトヲ得ルハ国民ニ対スル国家主権ノ性質上当然ナリト言フヘク公海ニ行ハレタルノ理由ヲ以テ直ニ犯罪ニ非スト為スコトヲ得サルハ勿論ナリ而シテ刑法第一条ノ規定ニ依ルトキハ帝国外ニ在ル帝国船舶内ニ於テ罪ヲ犯シタル者ニ付テモ亦帝国内ニ於テ罪ヲ犯シタル者ト同シク帝国刑法ヲ適用スヘキ」である、と判示した(懲役一月確定)。その際、「本件ノ犯罪ハ帝国船舶ニヨリテ行ハレタルモノニシテ帝国船舶内ニ於テ罪ヲ犯シタルモノト言フコトヲ得レハナリ」、と述べている点に注意する必要がある。

右第二点は、重要な論点を含む。弁護人上告趣意に、それはよく出ている。すなわち、公海は何国の版図にも属さず、属地的法律もない。もちろん、わが国の版図外にあっても国民に法律の属人的効力（自国法規の拘束保護）が及ぶ場合もあるが、版図外の一定の場所を区別してその場所内においては一定の漁業を行うことができないとし、公海に属地的法規を制定することは、公海自由の原則に反するのではないか。また、その違反者が外国人の場合、これを処罰する理由がなく（刑法二条）、その結果、自国漁業者は近海において漁業を行うことができず、逆に外国人は自由かつ無制限に漁業を行いうるので、自由漁業者は指をくわえて傍観するほかなく、結局は本規則が魚類の蕃殖保護を目的とする趣旨を貫徹しえなくなるのみならず、自国民の権利利益を不法に制限して外国人を保護するという矛盾を生ぜしめる。よって本則禁止区域は、その線内の領海だけをいうのであって、線内の公海に属する部分は当然これを除外すべきものと解さざるをえない、と。

同様の事件である昭和七年の第三八号蛭子丸＝第五一号蛭子丸事件（大判昭和七・七・二一刑集一一巻一四号一一二三頁）についても併せて概観しておく必要がある。機船底曳網漁業を営む被告人は、新造した石油発動機船第三八号蛭子丸および第五一号蛭子丸（いずれも螺旋推進器備え付け）の漁業については当局が新規許可をしない方針であったため、一船は漁業廃止中である被告人の実父所有の第一一号蛭子丸に対する漁業許可の変更申請を行い、他の一船は他人に許可された漁業権の譲渡を受け、先の新造二船に係る機船底曳網漁業の許可を得るべくその手続申請をMに依嘱していたが、その手続が遅延していまだ所轄地方長官の許可がなかったのを了知しながら、昭和五年九月から昭和六年四月三日に至るまでの間、数回に亘り、右二船にそれぞれ船長を乗込ませ、長崎県南松浦郡玉之浦村大瀬崎西南方約一五〇浬付近の沖合（公海）で、手操網を使用し、二艘曳の機船底曳網漁業を行い、「エソ」等価額四、六二九円四七銭相当の漁獲物を得た、という事案である。主たる争点は、機船底曳網漁業取締規則は公海における漁業自由の原則まで制限するものではないので、格別の明文（禁止区域の設定のようなもの）がないかぎり公海上で操業するものに適用すべきではなく、これは同規則二条二項に「地方長官ノ管轄ニ属スル水面ニ及フ」と記し領海内に関することを明らかにしているので、本件のように領海外で行う漁業には適用がないのではないか、という点にあった。大審院は、「帝国外ニ在ル船舶内ノ行為ハ刑罰法規ノ適用上帝国内ニ於ケル行為ト同一視スヘキモノナレハ(刑法第一条第二項第八条参照)帝国ニ船籍ヲ有スル機船ニ依リ帝国ノ領海外ニ於テ底曳網漁業ヲ為スモノニ対シテモ機船底曳網漁業取締規則ヲ適用スルヲ当然ナリトス」、と判示して、上告を棄却した(罰金百円確定)。しかし、但書において、この種の漁業の特性を考慮して、次のように論じている点に注意を要する。「但同規則ハ日本近海ニ於ケル魚族ノ繁殖ヲ保護スルヲ以テ目的トスルモノニシテ世間到ル所ノ行為ニ付例外ナク之ヲ適用セントスルカ如キハ其ノ制定ノ趣旨ニ反スルコト疑ヲ容レスト雖機船底曳網漁業ニ付テハ機船ノ航続カ底曳網ノ用法漁獲物処分ノ時期其ノ他ノ事情ニ依リ自ラ事実ノ制限ヲ存スルカ故ニ上叙ノ見解ヲ採ルモ同規則ノ目的ヲ超越シテ必要以上ニ罰則ヲ適用スルノ憂ヲ生スルモノニ非ス又漁業禁止区域ハ絶対ニ漁業ヲ禁止セラルル区域タルニ止マリ同規則ノ適用範囲ヲ制限スルモノニ非サルコト明白ナリ要之同規則ノ適用ヲ領海内ノ行為ニ限ルヘキモノト為スノ根拠ナキカ故ニ原判決カ判示行為ニ付同規則ヲ適用シタルハ毫モ違法ニ非ス」。

右にみた年代的にも近い二件は、いずれも公海上での機船底曳網漁業違反について、「日本船舶」を用いた「国内犯」であるとされたわけであるが、大審院がそうまでしてこの論旨を堅持したのには、次のような理由があると思われる。すなわち、もともと底曳網漁業(袋状の網に長いロープをつけ海底を曳きずって逃げ足の遅い魚や底棲の魚介を網の中にすくい捕る漁業)に関しては、①沿岸諸漁業との対立関係(漁具の破損ないし魚道の遮断等の直接的加害や能率性・機動性の優劣)、②資源との関係(魚卵の破壊、稚魚の乱獲、魚類の減少、資源乱獲)をめぐって明治以前から紛争が絶えなかった。明治一四年頃から底曳の有害論がやかましくなったにもかかわらず、明治三九年ころには漁船の動力化が試みられ、数年後には普及し、これが手繰網漁業にも用いられ、さらに動力による網の捲揚機が考案されるや（大正六年）、「底曳網漁業の生産力が飛躍的に高まった」と同時に「底曳網に宿命的な問題性も飛躍的に高まることとなった」。また大正八年から九年にかけては、二艘曳による機船底曳網漁業も試みられるようになり、さらにトロール漁業の出現と相俟って、いよいよ問題に拍車がかかった(30)。この規制をめぐる諸問題(31)の一端が、右の二つの判決に現れているといえよう。規制が次第に強化されていく中で、機船底曳網漁業者が公海上での操業の正当性を大審院においてまで争ったのは、当然の成りゆきであったといえよう。まさに、沿岸諸漁業や資源をめぐる利益・権利衝突がここにみられる。大審院は、「日本船舶」を用いた公海上での機船底曳網漁業の違反行為を「国内犯」とみなして法益保護を優先したのである。

しかし、このような解釈に対しては、「船舶を使用する違反漁業を『日本船舶内ニ於テ』行ったものと解す文理上の不自然さは別としても、漁業に対する規制は日本船舶によって行われる漁業たるところに特に意味があるわけではなく、公共水面における漁業である点に規制を必要とする根拠がある。そうだとすると、公海上（国外）の違反漁業は端的に国外犯と見るのが自然であろう。また刑法一条二項に根拠を求めたのでは外国船による日本人の違反漁業も規制外といわざるを得ず、規制の趣旨にも反する(32)」、という大國仁教授の批判がある。この批判は、漁業の本質を衝いた鋭いものである。漁業法違反の犯罪地をどうみるかについてなお検討すべき余地があるが、結論的にはやはりこの種の漁業を「日本船舶内において罪を犯した」と解するのは、「航空機内」との対比からしても無理といえる。現に戦後、最高裁自身、領海外での漁業法違反に関する第八北島丸事件（最判昭和四五・九・三〇刑集二四巻一〇号一四三五頁）、第十二、三光丸事件（最判昭和四六・四・二二刑集二五巻三号四五一頁）、第十一ゆき丸事件（最判昭和四六・四・二二刑集二五巻三号四九二頁）およびウタリ共同事件（最決平成八・三・二六刑集五〇巻四号四六〇頁）の一連の判例において、国外犯として対処している。[33] もっとも、国外犯だと解しても、これを処罰できるかどうかについては別途国外犯の問題として慎重に検討する必要がある。[34] 法益保護は重要だが、そこには自ずと限界がある。その限界を問うことが重要である。

三　最後に、船舶衝突に関する戦後の事件が挙げられる。テキサダ号・銀光丸衝突事件（大阪高判昭和五一・一一・一九判時八四四号一〇二頁、刑月八巻一一＝一二号四六五頁）がそれである。兵庫県広畑港を出航したリベリア船籍の鉄鉱石運搬船である機船テキサダ号（総トン数三万五〇〇一・〇五トン、乗組員三六名）が、昭和四一年一一月二九日午後八時三分過ぎころ、和歌山県日高郡美浜町紀伊日の御崎燈台から三一〇度、六・八海里付近の海上において、当直航海士である日本人の乗組員二名（一等航海士と三等航海士）の過失（前方確認不十分、当直引継不十分等）により、クェートから原油三万二二一六トンを積載して和歌山県下津港に向けて航行していた日本国機船銀光丸（総トン数二万一五〇一・八五トン、乗組員三四名）と衝突し、同船の左舷の一部に曲損、亀裂を生ぜしめ、その船橋の一部を破損させるとともに、これらに基因して火災を生ぜしめて、その外板全般、船尾楼（船橋を含む）全般、機関室内部天井付近を焼毀し、もって同船を損壊し、よって同船乗組員一六名に対しそれぞれ全治約五日ないし約四〇日間を要する火傷、打撲傷などの傷害を負わせた事案である。[35] 主たる争点は、本件衝突場所に関する日本刑法の適用の有無にあった。弁護人は、第一に、本件水域は公海に属し、日本国の領域（内水又は領海＝沿岸海）内に属しないから、日本国裁判所にはその所為の刑事責任を裁決する刑事裁判権がないのではないか、第二に、かりにそれがあっても、刑法二一一条前段、一二九条二項の各罪は刑法の適用される国外犯を定めた刑法二条ないし四条に列記されていないから、日本国の領海外でなされた前掲各所為に刑法を適用してこれを処罰の対象とすることはできないのではないか、と争った。

第一審和歌山地裁は、昭和四九年七月一五日、本件過失行為の場所であり結果発生の場所でもある本件水域が本件発生時において日本国の領海であったことを認め、[36]刑法一条一項により国内犯として被告人両名にそれぞれ禁錮一〇月、禁錮六月の有罪判決を下した。その際、本題との関係で次のように述べている点に注目しなければならない。すなわち、機船テキサダ号は船舶法一条所定の日本船舶のいずれにも該当しないが、「判示認定の業務上過失傷害罪、業務上過失往来危険（艦船破壊）罪はいずれも結果の発生を要件とする犯罪であるところ、右の傷害、艦船破壊の結果が発生したのは、前記法条所定の日本船舶である機船銀光丸内であると認めるのが相当である。そして、刑法一条の『罪ヲ犯シタル』とは、犯罪行程の何らかの一部が行われたこと、すなわち、犯罪構成要件に該当する事実の全部又は一部の発生したことと解するのが相当である……から、結果発生の場所が日本船舶内である判示認定の業務上過失傷害罪、業務上過失往来危険（艦船破壊）罪は、刑法一条二項により国内犯であると解すべきである」、[37]本題との関係では基本的に原判断を支持し、「かりに本件衝突場所をわが国の内水と解することができないとしても、……本件は刑法一条二項の定める場合に該当し、同項により被告人の本件所為についてわが国の刑法が適用されるものと解すべきである」、[38]と判示した。

紀伊水道の法的地位については、領海一二海里時代の今日、わが国の領海であることに疑いはないし、歴史的湾についてもわが国には現在は存在しないので、ここでは言及しない。本題との関係では、領海外での船舶衝突事案において、加害船が外国船舶（ただし行為者は日本人）で被害船が日本船舶であった（かつそれに乗船する被害者が日本人であった）場合にも、刑法一条二項の適用ありとした点に意義を認めることができる。これは、本章で取り上げた第三伸栄丸事件のように一船のみが犯罪に供せられた場合とは明らかに異なる。しかし遍在説を応用すると、構成要件の一部である（しかも重要な）結果が日本船舶内に生じているので、右判決は支持されるであろう。ただし、外国船舶との衝突事案では、「公海に関する条約」一一条一項[39]との調和の問題も考えておく必要がある。テキサダ号・銀光丸衝突事件の場合、外国船舶に日本人が乗船していてその過失で事故が起きたのである。昭和六〇年に起きた第一豊漁丸事件[40]と事情が異なる。

(24) これらの学説の詳細については、森下・前出注（1）「国際刑法」七八―七九頁、同・前出注（1）『国際刑法の潮流』七―八頁、同・前出注（1）『国際刑法入門』二八頁以下、同・後出注（35）四七―四八頁、山本和昭「国際犯罪と共犯の処罰について」警察学論集二八巻九号（一九七五）七九―八二頁参照。

(25) 森下・前出注（1）「国際刑法」七九頁、福田・前出注（11）二〇頁、大塚・前出注（11）六二頁、平野龍一『刑法総論II』（一九七五・有斐閣）四三九頁、団藤重光『刑法綱要総論〔三版〕』（一九九〇・創文社）八七頁以下、中山研一『刑法総論』（一九八二・成文堂）九一頁、下村康正「刑法の場所的適用範囲――とくに国外犯について――」ジュリスト七二〇号（一九八〇）四四―四五頁、芝原・前出注（11）三二二頁、山本・前出注（24）八〇頁。Vgl. auch Oehler,（前出注（1））S. 200 f., 206–210, 314.

(26) 詳細については、山本・前出注（24）七三頁以下参照。なお、森下忠「国際刑法における共犯」斉藤金作博士還暦祝賀『現代の共犯理論』（一九六四・有斐閣）五一七頁以下参照。

(27) 芝原・前出注（11）三二三頁。

(28) 植松正「刑罰法の場所的効力範囲」警察研究二一巻五号（一九五〇）五七頁、同旨、山本・前出注（24）八一頁。古田佑紀「刑事司法における国際協力」石原一彦＝佐々木史朗＝西原春夫＝松尾浩也編『現代刑罰法大系1　現代社会における刑罰の理論』（一九八四・日本評論社）三六六―三六七頁も同旨と思われる。

(29) 芝原・前出注（11）三二三頁。

(30) 以上の叙述については、大國仁『漁業制度序説』（一九八〇・中央法規）一三三―一三七頁参照。

(31) その後の変遷等の詳細については、大國・前出注（30）一三七頁以下参照。

(32) 大國・前出注（30）一九頁。

(33) これらの事件についても、いずれ取り上げて検討を加える予定である。

(34) 大國・前出注（30）二〇頁は国外犯処罰を肯定する。なお、国外犯一般については、下村・前出注（25）四三頁以下、および内藤謙「刑法の適用」法律時報四七巻五号（一九七五）四三頁以下、さらには芝原・前出注（1）特に三四九頁以下等参照。

(35) 本件の第一審判決の評釈として、高林秀雄・龍谷法学八巻一号（一九七五）六〇頁以下、第二審判決の評釈として、森下忠・判例評論二二五号四四頁（判例時報八六二号（一九七七）一五八頁）以下がある。

(36) この点については、次のように判示する。「本件水域は、紀伊水道、関門海峡および豊後水道の三海峡によって囲まれかつこれら三海峡によって、公海である日本海および大平洋に接続する水域内にある。……このような二つ以上の通路入口（海峡）で公海に接続する水域は、『内海』と呼ばれる」。「本件の水域全体のような内海は、古くから『湾』の場合を類推して法的地位が定められ、その沿岸がすべて同一の国に属し、公海とのすべての通路が一定の幅員以下であるとき、沿岸国の内水とされることは両条約（――「領海及び接続水域に関する条約」＝領海条約と「公海に関する条約」のことであり、昭和三三年四月二九日にジュネーブで作成され、当事国に効力を生じたのは前者が昭和三九年九月一〇日、後者が同年九月三〇日であって、わが国の加入書寄託によりわが国に条約として発効したのは、昭和四三年七月一〇日である――甲斐）作成以前からの国際慣習法とみることができる」。「……両条約、特に領海条約七条四項のような、当事国から留保が付せられず、有力な反対意見の表明もなく、加入以前にも実行されている条項の創設的部分は、その成立経過の権威および国際条理に照らし、昭和三九年の前記条約発効時ころには大多数の国家に法的確信を抱かせ、一般国際慣習法に生成していたと解するのが相当である」。「そうであるならば、同条項の要件を充足する本件の水域全体が本件発生当時わが国の内水としてその領域内にあったことを認めることができる」。「加えるに、本件水域は、いわゆる歴史的湾（領海条約七条六項）を類推してもわが国の内水とみることができる」。

(37) この点について大阪高裁は、次のように判示する。①「……昭和三三年に初めて提唱された右二四海里ルールが、いかに条約において成文化されたとはいえ、それから六年しか経たない昭和三九年当時において、また、それより二年後の本件発生当時においても、原判決のいうようにすでに大多数の国家に法的確信を抱かせ、慣行として反復されて一般国際慣習法に生成していたといえるかどうか疑問であり、むしろ否定的に解するのが相当と思われる」。②他方、「内海もしくは湾の如く地理的に特殊な状況にある水域については、国際慣習法上、その水域につき沿岸国が長年にわたる慣習においてこれを領域として取扱い、有効に管轄権を行使し、これに対して諸外国も一般に異議を唱えていない場合には、既述のような一定幅員の要件を具備していなくとも、いわゆる歴史的水域として内水たる地位を有するとされるところ、本件水域はその地理的状況及びその取扱いの歴史的経過に照らし、右の歴史的水域の法理（原判決のいう歴史的湾の類推）によって、わが国の内水に該当すると解するのが相当であ」る（原判決の理由参照）。③「かりに瀬戸内海の範囲を所論のように狭く解しても、本件衝突場所は紀伊水道の最も狭い部分である日の御崎と蒲生田崎とを結ぶ線の北方の紀淡海峡、鳴門海峡及び紀伊水道によって囲まれる水域内にあり、その沿岸はすべてわが国に属するうえ、この水域については、原判決が瀬戸内海について述べているのと同様の継続的史的慣行事実及び非抗争性に関する事情を認めることができるので、依然として本件衝突場所付近は内水たる地位を失わない」。④かくして「本件衝突場所はいわゆる歴史的水域としてわが国の内水と解されるから、その水域内で行われた被告人の本件所為については刑法一条一項によりわが国の刑法が適用されるべきものである」。

(38)　国際法上のこの点については、高林・前出注(35)のほか、小田滋『海の資源と国際法Ⅰ』(一九七一・有斐閣)四三頁以下、大平善梧「瀬戸内海の法的地位」青山法学論集一四巻四号(一九七二)一〇七頁以下、中村洸「歴史的湾又は歴史的水域の法理」法学研究二九巻六号(一九五六)一頁以下、同「歴史的湾の制度・その法典化への構想」法学研究三二巻九号(一九五九)一頁以下、同「歴史的水域の制度の法典化について」法学研究三八巻四号(一九六五)三〇頁以下参照。

(39)　「公海に関する条約」一一条一項は、「公海上の船舶につき衝突その他の航行上の事故が生じた場合において、船長その他当該船舶に勤務する者の刑事上又は懲戒上の手続は、当該船舶の旗国又はこれらの者が属する国の司法当局又は行政当局においてのみ執ることができる」、と規定する。

(40)　第一豊漁丸事件とは、昭和六〇年三月三〇日午後零時ころから二時ころ、リベリア船籍のLPGタンカーワールドコンコルド号(総トン数三八、八二八トン)が、大阪府堺泉北港へ向け航行中、沖縄県八重山郡竹富町鳩間島北方七乃至八海里の海上において、わが国のまぐろはえ縄漁船第一豊漁丸(総トン数一七・六一トン)に衝突し、同船を両断し第一豊漁丸の乗組員五名を死に至らしめた事件である(沖縄地検は衝突場所が領海内か否か不明として不起訴処分とした)。本件も含め、公海上の船舶衝突の刑事裁判権を国際法的観点から考察したものとして、水上千之「公海上の船舶の衝突に対する刑事裁判権」海上保安問題研究会編『海上保安と海難』(一九九六・中央法規)一三頁以下がある。なお、最近では、二〇〇一年二月九日午後一時四五分(日本時間一〇日午前八時四五分)ころ、日本の宇和島水産高校のマグロはえ縄実習船「えひめ丸」(四九九トン)が、ハワイ沖(米国領海内)でアメリカの原子力潜水艦グリーンビル(六、〇八〇トン)に衝突され、えひめ丸の高校生、指導教官、船員ら計九名が行方不明となった事件があったことは、記憶に新しい。

五　結　語

以上の考察から、次のことが結論として確認される。第一に、刑法一条二項にいう「日本船舶」とは船舶法一条に該当する船舶であるという関東庁高等法院上告部判決以来の解釈は、最高裁においてもなお維持されていると推測され、基本的にはこの姿勢を評価すべきである。しかし、時代と共に変化する船舶事情に対応するため、船舶法等の海事関係法令を速やかに改正すべきである。第二に、大審院のゴーベン号事件判決、大阪高裁のテキサダ号・銀光丸衝突事件判決、そして第三伸栄丸事件最高裁決定により、船舶に直接関係する刑法の場所的適用範囲の問題は、遍在説を基軸としてかなり明確になっている。また、第三伸栄丸事件最高裁決定は、保険金詐取のための艦船覆没・破壊の事件処理にとって目安となる。ともかく、類型性を有する刑法犯については遍在説でよかろうが、その場合でも、実行行為、結果ないし保護法益を明確にしておかないと、必要以上の領土主権拡大に陥る危険があることも認識しておく必要がある。第三に、そのことは特に漁業法違反その他の行政犯について言えることである。しばしば用いられる「取締る事柄の本質に鑑み」という概念を限定解釈する必要がある。なお、領海外での漁業問題に関しては、大審院の国内犯説は、戦後最高裁によって国外犯説へと変更されている点に注意を要する。国外犯と解するにしても、罪刑法定主義感覚を重視して場所的適用範囲の問題を考える必要があるといえよう。とりわけ漁業問題にどう対応するかは、二〇〇カイリ経済水域時代となった今日、早急に解決すべき重要課題である。(41) 第四に、付随的ながら、公海下の公土部分（例えば青函トンネルの公土トンネル部分）での事件処理なども今後登場しうる問題である。(42)

(41)　漁業をめぐる犯罪の本格的研究として大國・前出注(30)のほか、同「漁業権侵害罪試論」井上正治博士還暦祝賀論集『刑事法学の諸相(上)』(一九八一)四〇頁以下、甲斐克則「漁業権の保護と刑法」海上保安問題研究会編『海上保安と漁業』(二〇〇〇・中央法規)一八一頁以下がある。

(42)　この点については、香川達夫「刑法の適用範囲をめぐる若干の問題」同著『刑法解釈学の諸問題』(一九八一・第一法規)一頁以下、特に三頁以下参照。

終章

以上、第一部においては、個別事情を考慮した伝統的過失犯論に基本的に立脚して海上交通事故と過失犯の問題を論じ、様々な形態の海上交通事故の事例分析を行い、第二部においては、公共危険罪である艦船覆没・破壊罪について論じてきた。これによって、海上交通に関わる犯罪の理論的・実践的問題がある程度解明されたのではないかと思う。冒頭でも述べたように、刑罰の前提には責任がなければばらず、「責任なければ刑罰なし」という責任原理は、理論の世界のみならず可能なかぎり実務においても尊重されなければならない。

また他方、数々の海難事故は、その原因を究明して、今後の海難事故防止に役立てなければならない。これは、狭義の刑法の枠を超えるが、広義には、刑法学には刑事政策が当然の内容として含まれていることからすれば、海難政策も併せて研究する必要がある。(1) しかし、それは、海難についての総合的理解がなければ不可能であり、一個人でなしうるものではない。すでに関係省庁を中心にこれまでも様々な苦心がなされていて、例えば、海上交通の難所には、海上交通センターが作られ、海難事故防止に寄与し、事故が減少した部分もある。(2) 一方、強制水先制度の規制緩和で、港によっては、割り込み、信号無視、急ブレーキ等に起因するトラブルないしニアミスが続発しているともいわれており、(3) 予断を許さない事態もなお続いている。したがって、今後も多方面からの海難事故防止の地道な努力が続けられる必要がある。

（1）例えば、福島弘『海難防止論』（一九七二）、藤岡賢治『海難政策論』（一九八九・成山堂）がある。後者は、刑事政策からヒントを得て海難政策論を展開する。

（2）例えば、海の難所といわれる瀬戸内海の来島海峡では、第六管区海上保安本部が、船舶の運航状況をレーダーで監視する海上交通センターを一九九八年一月に今治市に開設して約三年半、海難事故が大幅に減っている。航路を外れると、同センターが無線で連絡し、座礁などを回避する仕組みになっている。一九九三年に三四件あった海難事故が、二〇〇〇年には一三件に減っているという。中國新聞二〇〇一年六月一八日付報道参照。なお、全国の海上交通情報機構の整備状況は、次頁［別図］のとおりである。

（3）神戸港の例について、朝日新聞一九九八年一一月三〇日付報道参照。

［別図］海上交通情報機構等の整備状況

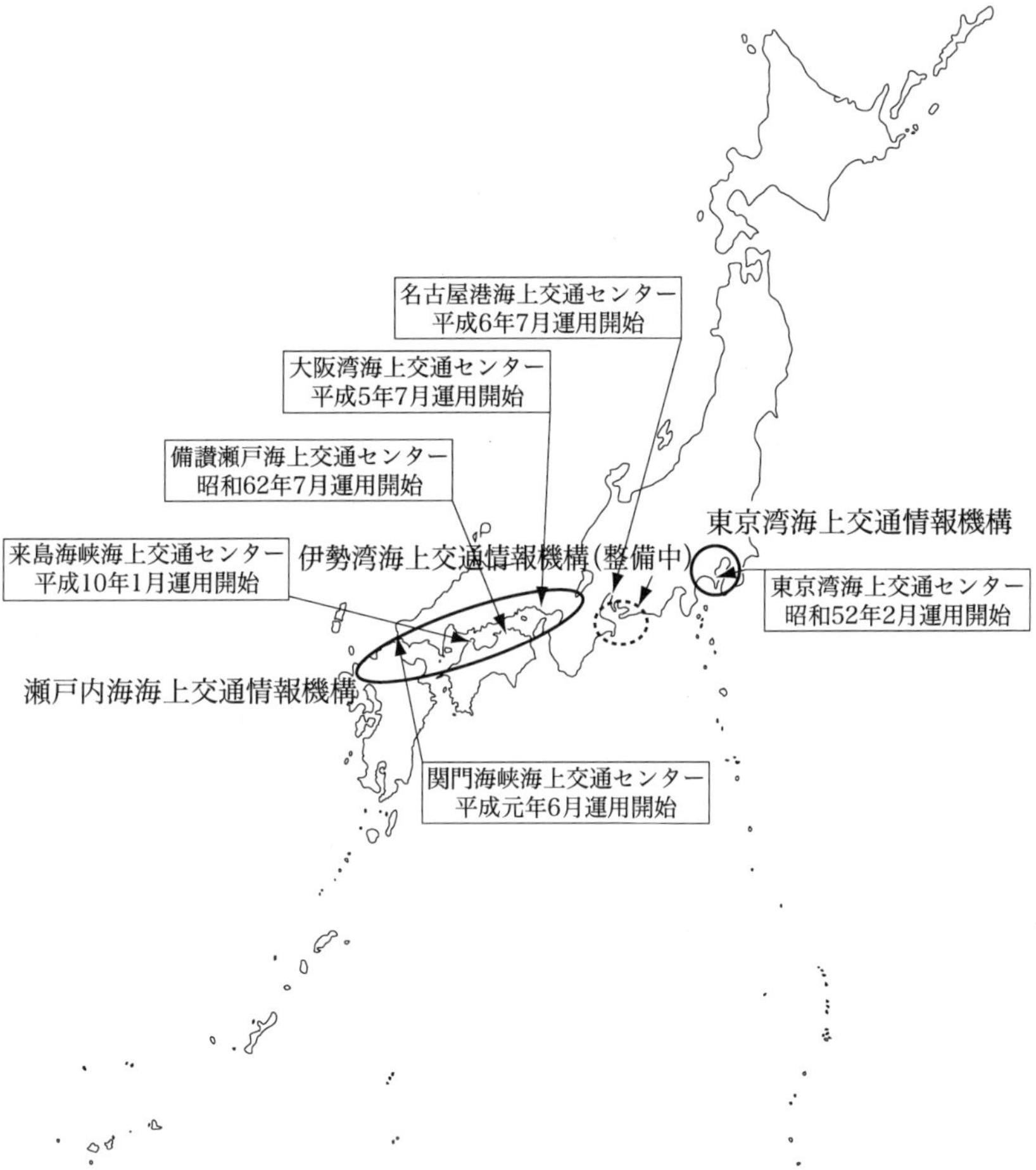

（平成 12 年版海上保安白書 73 頁より）

山口地判平成 5 年 11 月 17 日新・海難刑事判例集 371 頁 ……………………………173
千葉地判平成 7 年 12 月 13 日判例時報 1565 号 144 頁 ………………………………188
松山地判平成 8 年 12 月 9 日新・海難刑事判例資料集 334 頁 ………………………12
鹿児島地判平成 9 年 1 月 10 日判例タイムズ 649 号 276 頁 …………………………177

[簡易裁判所]

松山簡判昭和 30 年 5 月 30 日刑集 10 巻 6 号 936 頁 ……………………………………98
佐世保簡略式昭和 36 年 8 月 3 日下刑集 3 巻 728 号 816 頁 ……………………149
阿南簡略式昭和 44 年 7 月 9 日海難刑事判例集 406 頁 ……………………………178
姫路簡判平成 3 年 7 月 24 日判例集不登載 …………………………………………133
呉簡判平成 10 年 3 月 22 日日弁連刑事弁護センター『無罪事例集第 5 集』56 頁
…………………………………………………………………………………………44,135

[関東庁高等法院]

関東庁高等法院上告部判決昭和 2 年 12 月 24 日法律新聞 2848 号 14 頁 ………254

福岡高判昭和 63 年 6 月 28 日高刑集 41 巻 2 号 145 頁 ……202
福岡高判昭和 63 年 8 月 31 日新・海難刑事判例集 246 頁 ……44,71,119
大阪高判平成 4 年 6 月 30 日判例タイムズ 831 号 236 頁 ……12,44,71,132
東京高判平成 6 年 2 月 28 日判例タイムズ 851 号 100 頁 ……49,59
広島高判平成 6 年 10 月 27 日新・海難刑事判例集 373 頁 ……176
福岡高判平成 9 年 3 月 13 日判例時報 1614 号 140 頁 ……44,72,134

［地方裁判所］

横浜地判昭和 31 年 2 月 14 日裁判所時報 202 号 38 頁 ……33,166
松山地八幡浜支判昭和 32 年 7 月 18 日裁判所時報 240 号 4 頁 ……145
広島地尾道支判　昭和 33 年 7 月 30 日一審刑集 1 巻 7 号 1121 頁 ……33,139,165
高知地判昭和 34 年 2 月 27 日下刑集 1 巻 2 号 486 頁 ……160,165
旭川地判昭和 34 年 8 月 6 日下刑集 1 巻 8 号 32 頁 ……228
高松地判昭和 36 年 5 月 31 日新・海難刑事判例集 190 頁 ……98
大分地判昭和 36 年 12 月 13 日下刑集 3 巻 11＝12 号 1181 頁 ……30,150
高松地判昭和 37 年 9 月 8 日下刑集 4 巻 9＝10 号 813 頁 ……31,161
神戸地判昭和 43 年 12 月 18 日下刑集 10 巻 12 号 1244 頁 ……26,69,116
横浜地判昭和 44 年 3 月 20 日高刑集 23 巻 3 号 531 頁 ……227
和歌山地田辺支判昭和 45 年 4 月 18 日刑事裁判月報 2 巻 4 号 400 頁 ……170
津地判　昭和 45 年 10 月 12 日海難刑事判例集 516 頁 ……249
千葉地八日市場支判昭和 46 年 9 月 27 日高刑集 25 巻 6 号 956 頁 ……193
徳島地判昭和 48 年 11 月 28 日判例時報 721 号 7 頁 ……41
和歌山地判昭和 49 年 7 月 15 日判例時報 844 号 105 頁 ……268
高知地判昭和 50 年 12 月 12 日海難刑事判例集 520 頁 ……249
長崎地佐世保支判昭和 51 年 11 月 12 日海難刑事判例集 97 頁 ……98
広島地判昭和 52 年 5 月 23 日判例集不登載 ……91
新潟地判昭和 53 年 3 月 9 日判例時報 893 号 106 頁 ……205
広島地判昭和 53 年 9 月 11 日判例時報 944 号 129 頁 ……29,70,78,102,116
釧路地判昭和 53 年 12 月 13 日刑集 34 巻 7 号 522 頁 ……231
横浜地判昭和 54 年 9 月 28 日刑事裁判月報 11 巻 9 号 1099 頁 ……27,69,95
長崎地平戸支判昭和 54 年 11 月 30 日高刑集 33 巻 2 号 210 頁 ……180
東京地判昭和 56 年 3 月 30 日判例タイムズ 441 号 156 頁 ……262
神戸地判昭和 57 年 3 月 29 日刑集 37 巻 8 号 1243 頁 ……252
旭川地判昭和 57 年 7 月 2 日新・海難刑事判例集 365 頁 ……146
東京地判昭和 58 年 6 月 1 日判例時報 1095 号 27 頁 ……39,199
長崎地判昭和 63 年 1 月 26 日判例時報 1266 号 155 頁 ……70,119
長崎地厳原支判昭和 63 年 6 月 8 日判例時報 1312 号 155 頁 ……189
岡山地判平成 1 年 3 月 9 日判例時報 1312 号 12 頁 ……205
横浜地判平成 4 年 12 月 10 日判例時報 1450 号 28 頁 ……48
千葉地判平成 5 年 3 月 31 日判例タイムズ 835 号 246 頁 ……146

最判昭和 45 年 12 月 22 日裁集 261 号 265 頁 ……………………………………86
最判昭和 46 年 4 月 22 日刑集 25 巻 3 号 451 頁 ……………………………………267
最判昭和 46 年 4 月 22 日刑集 25 巻 3 号 492 頁 ……………………………………267
最判昭和 46 年 4 月 22 日刑集 25 巻 3 号 530 頁 ……………………………………227
最判昭和 46 年 6 月 25 日刑集 25 巻 4 号 665 頁 ……………………………………86
最判昭和 46 年 10 月 14 日刑集 25 巻 6 号 817 頁 ……………………………………86
最判昭和 47 年 11 月 16 日刑集 26 巻 9 号 538 頁 ……………………………………86
最判昭和 48 年 3 月 22 日刑集 27 巻 2 号 240 頁 ……………………………………87
最判昭和 48 年 5 月 22 日刑集 27 巻 5 号 1077 頁 ……………………………………87
最判昭和 48 年 12 月 25 日裁集 190 号 1021 頁 ……………………………………87
最判昭和 55 年 4 月 18 日刑集 34 巻 3 号 149 頁 ……………………………………188
最決昭和 55 年 12 月 9 日刑集 34 巻 7 号 513 頁 ……………………………………230,249
最決昭和 58 年 10 月 26 日刑集 37 巻 8 号 1228 頁 ……………………………………248,249
最決昭和 63 年 5 月 11 日刑集 42 巻 5 号 807 頁 ……………………………………187
最決平成 1 年 12 月 15 日刑集 43 巻 13 号 879 頁 ……………………………………186
最決平成 2 年 11 月 16 日刑集 44 巻 8 号 744 頁 ……………………………………186,203
最決平成 2 年 11 月 29 日刑集 44 巻 8 号 871 頁 ……………………………………186
最判平成 4 年 7 月 10 日判例タイムズ 795 号 96 頁 ……………………………………132
最決平成 5 年 11 月 25 日刑集 47 巻 9 号 242 頁 ……………………………………186,204
最決平成 6 年 12 月 9 日刑集 48 巻 8 号 576 頁 ……………………………………263
最決平成 8 年 3 月 26 日刑集 50 巻 4 号 460 頁 ……………………………………267

［高等裁判所］

仙台高判昭和 28 年 4 月 13 日高刑集 6 巻 3 号 338 頁 ……………………………14,44,129
広島高判昭和 29 年 9 月 9 日高等裁判所判決特報 31 号 23 頁 ……………………221
高松高判昭和 30 年 9 月 30 日刑集 10 巻 6 号 936 頁 ……………………………………98
高松高判昭和 38 年 3 月 19 日高刑集 16 巻 1 号 168 頁 ……………………………11,98
東京高判昭和 45 年 8 月 11 日高刑集 23 巻 3 号 524 頁 ……………………………227
東京高判昭和 47 年 12 月 20 日高刑集 25 巻 6 号 946 頁 ……………………………192
札幌高判昭和 51 年 3 月 18 日高刑集 29 巻 1 号 78 頁 ……………………………39,199
大阪高判昭和 51 年 11 月 19 日判例時報 844 号 102 頁 ……………………………268
広島高判昭和 53 年 5 月 18 日刑事裁判月報 10 巻 11＝12 号 1369 頁 ……………224
広島高判昭和 53 年 9 月 12 日判例集不登載 ……………………………34,43,91,92
札幌高判昭和 54 年 7 月 12 日刑集 34 巻 7 号 529 頁 ……………………………232
東京高判昭和 54 年 10 月 25 日判例時報 952 号 31 頁 ……………………………117
福岡高判昭和 55 年 5 月 2 日高刑集 33 巻 2 号 193 頁 ……………………………179,183
福岡高判昭和 57 年 9 月 6 日高刑集 35 巻 2 号 85 頁 ……………………………39,199
福岡高判昭和 57 年 11 月 2 日新・海難刑事判例集 356 頁 ……………………………145
大阪高判昭和 58 年 3 月 8 日刑集 37 巻 8 号 1255 頁 ……………………………253
大阪高判昭和 62 年 9 月 28 日判例時報 1262 号 45 頁 ……………………………203